Saggi
Scienze

Gregory Hickok

Il mito dei neuroni specchio

Comunicazione e facoltà cognitive
La nuova frontiera

Traduzione di Simonetta Frediani

Bollati Boringhieri

Prima edizione febbraio 2015

Titolo originale *The Myth of Mirror Neurons. The Real Neuroscience Of Communication and Cognition*

Torino, corso Vittorio Emanuele II, 86
Gruppo editoriale Mauri Spagnol
ISBN 978-88-339-2615-5

www.bollatiboringhieri.it

Stampato in Italia da Press Grafica – Gravellona Toce (VB)

Anno				Edizione						
2018	2017	2016	2015	1	2	3	4	5	6	7

Indice

Prefazione

Un progetto neurale per il comportamento umano?

La scoperta e la descrizione del DNA nel 1953[1] cambiarono per sempre la biologia. Il DNA è la formula della vita, la chiave per comprendere come si formano e come si evolvono gli organismi e come possono andare male le cose nella malattia.

Nel 2000, lo psicologo Vilayanur Ramachandran fece riferimento all'impatto epocale del DNA in una previsione riguardante una classe di cellule cerebrali all'epoca appena scoperte, i neuroni specchio:

> Prevedo che i neuroni specchio saranno per la psicologia ciò che il DNA è stato per la biologia: forniranno un quadro unificante e contribuiranno a spiegare un gran numero di capacità mentali che finora sono rimaste misteriose e inaccessibili agli esperimenti.[2]

(A giudicare dal titolo della conferenza TED sui neuroni specchio tenuta da Ramachandran nel 2010, *The Neurons that Shaped Civilization*, si direbbe che dieci anni di ricerche approfondite sulle cellule abbiano confermato le sue previsioni).

Nel 2008, anche Marco Iacoboni, neuroscienziato dell'UCLA, si è dichiarato entusiasta come Ramachandran per questa classe di neuroni:

> La nostra capacità penetrante di capire gli altri è dovuta a cellule cerebrali chiamate neuroni specchio. Queste sono le cellule che creano i piccoli miracoli della nostra quotidianità, che sono alla base del modo in cui governiamo le nostre vite, che ci legano gli uni agli altri, sul piano mentale e su quello emotivo [...] Senza dubbio i neuroni specchio forniscono, per la prima volta nella storia, una spiegazione neurofisiologica plausibile per forme complesse di cognizione e di interazione sociale.[3]

Ramachandran e Iacoboni non sono gli unici a provare entusiasmo. Le riviste scientifiche sono piene di spiegazioni basate sui neuroni specchio del linguaggio, dell'imitazione, della percezione sociale, dell'empatia, della lettura della mente, dell'apprezzamento della musica e dell'arte, del piacere di assistere a un evento sportivo, della balbuzie e dell'autismo. Nel 2005, un articolo del «Wall Street Journal» ha spiegato «Come i neuroni specchio ci aiutano a identificarci, a provare davvero il dolore degli altri»; nello stesso anno, è andato in onda un documentario della NOVA intitolato semplicemente *Neuroni specchio* e nel 2006 il «New York Times» ne ha discusso in un articolo intitolato *Cellule che leggono nella mente*. Libri e blog reclamizzano le virtù dei neuroni specchio per qualsiasi cosa, dall'insegnamento in classe al gioco del golf. Si è sostenuto che la misura dell'erezione dell'uomo è correlata con l'attività dei neuroni specchio.[4] Se una notizia di cronaca recente corrisponde a verità, anche il Dalai Lama è stato indotto a visitare l'UCLA per informarsi sul ruolo dei neuroni specchio nello sviluppo della compassione (come si confà a cellule che sono state chiamate anche «neuroni del Dalai Lama»).

Che cosa sono queste miracolose cellule cerebrali umane capaci di spiegare tutto, dalle erezioni all'autismo? Curiosamente, tutte queste congetture sul comportamento umano non si fondano affatto sulla ricerca nel settore delle neuroscienze *umane*. La chiave di volta teorica è invece una classe di cellule scoperte nella corteccia motoria dei macachi nemestrini, animali che non sanno parlare, non apprezzano la musica e, francamente, non sono tanto gentili gli uni con gli altri. Il comportamento dei neuroni specchio è modesto, quanto meno nel contesto delle capacità umane che secondo alcuni permettono. La caratteristica fondamentale è che rispondono («scaricano», come dicono i neuroscienziati) sia quando una scimmia allunga una mano per afferrare un oggetto sia quando la scimmia lo vede fare da qualcun altro. Questo è tutto. Da questo semplice schema di risposta i neuroscienziati e gli psicologi hanno costruito una delle teorie di più ampia portata della storia della psicologia per la base neurale del comportamento umano.

Quale aspetto di questo schema di risposta apparentemente semplice dei neuroni specchio dei macachi ha entusiasmato un'intera generazione di scienziati? Com'è possibile che una cellula nella corteccia motoria di una *scimmia* possa fornire il progetto neurale per il linguaggio, l'empatia, l'autismo e molto altro?

L'idea di base è semplice – e questo è il suo fascino. Quando una scimmia cerca di afferrare un oggetto, «capisce» la propria azione, qual è l'obiettivo, perché mira a quel particolare obiettivo e così via. In breve, la scimmia «sa» ciò che fa – e perché. Questa parte è banale. Ciò che la mente avida di sapere della scimmia vuole *davvero* sapere, tuttavia, è che intenzioni ha un'*altra* scimmia. *Vuole impadronirsi del mio cibo o sta solo andando alla pozza d'acqua?* Questo è un po' più difficile da capire. La domanda è quindi: come interpretiamo (o capiamo) le azioni altrui? I neuroni specchio offrono una risposta semplice perché scaricano *sia* quando la scimmia esegue un'azione *sia* quando osserva azioni simili eseguite da altre scimmie: se la scimmia capisce il significato delle proprie azioni, allora *simulando* le azioni di altri nel proprio sistema neuronale di azione può, per la stessa ragione, capire il significato delle azioni altrui.

È uno stratagemma ingegnoso – usare la conoscenza delle proprie azioni per raccogliere informazioni sulle intenzioni altrui – con applicazioni potenziali che vanno ben al di là del laboratorio in cui si studiano le scimmie. Dato questo punto di partenza, i passi deduttivi dai neuroni specchio alla comunicazione e alla cognizione umana non sono difficili da immaginare. Anche gli esseri umani hanno bisogno di capire le intenzioni dei loro simili, quindi forse anche noi abbiamo un sistema specchio. Parlare è un'azione umana importante; forse un meccanismo di simulazione basato sui neuroni specchio è alla base della punta di diamante della cognizione umana: il linguaggio. Anche lo sport si basa senza dubbio sull'azione; forse siamo tanto fanatici della nostra squadra perché i neuroni specchio ci fanno sentire sul campo di gioco, simulando ogni lancio, ogni presa e ogni calcio. Non siamo capaci di capire soltanto le azioni degli altri, ma ne comprendiamo anche le emozioni e gli stati mentali; forse dietro all'empatia c'è un qualche meccanismo specchio. Di alcune malattie, come l'autismo, si pensa comunemente che abbiano a che fare con una mancanza di empatia; forse l'autismo deriva da un malfunzionamento dei neuroni specchio. La teorizzazione sui neuroni specchio ha una clausola nascosta che riguarda l'evoluzione: illustrando un collegamento (in precedenza mancante) tra un neurone di scimmia che partecipa al riconoscimento delle azioni altrui e le capacità cognitive umane di alto livello, i neuroni specchio offrono un appiglio a una teoria dell'evoluzione della mente umana. Esempio: se nelle scimmie i neuroni specchio permettono la comprensione di semplici azioni gestuali, come afferrare un oggetto, per iniziare il percorso di evoluzione verso il linguaggio la selezione naturale non deve fare altro che ampliare la portata della comprensione delle azioni in modo che includa azioni collegate alla vocalizzazione, come i richiami. Il potere esplicativo di queste cellule solo apparentemente semplici sembra davvero impressionante.

Come molti neuroscienziati cognitivi, quando sentii parlare per la prima volta dei neuroni specchio, negli anni novanta, ne fui affascinato, ma mi interessai seriamente alle loro proprietà e al vortice di ipotesi che li circondava soltanto quando il turbine teorico sollevò un pandemonio nella mia area di ricerca. Il settore di cui mi occupo è lo studio delle basi neurali del linguaggio in generale e del parlato, con una particolare attenzione alla percezione del linguaggio e alle funzioni sensomotorie. Come fa il cervello a prendere un flusso variabile di onde di pressione dell'aria (ciò che colpisce le orecchie quando ascoltiamo qualcuno parlare) e trasformarlo in suoni riconoscibili, parole, frasi e idee? Come impariamo ad articolare i suoni della nostra lingua? Perché abbiamo un accento quando impariamo una nuova lingua? Perché l'eco della nostra voce in un cattivo collegamento telefonico ci rende tanto difficile parlare? Da dove proviene la nostra «voce interiore» – la sensazione di poter udire la propria voce quando «si parla tra sé e sé» – e a che cosa serve? Queste sono alcune delle domande a cui mi interessava (allora come oggi) rispondere.

Secondo un numero crescente di scienziati, i neuroni specchio fornivano la risposta a tutte queste domande e ad altre ancora. In breve tempo, mi ritrovai a rispondere a domande sui neuroni specchio ogni volta che presentavo una relazione sulla mia ricerca in un congresso o in un seminario. *I neuroni specchio non lo spiegano? Ciò che ha detto non può essere vero perché sappiamo che i neuroni specchio sono la base del...* Pur nutrendo forti dubbi sul fatto che un tipo di cellula dei macachi potesse spiegare il linguaggio umano, non potei più ignorare i neuroni specchio.

Nella primavera del 2008 organizzai e tenni un corso per dottorandi sulle cellule dei macachi. Il programma di studio era semplice. Ogni settimana i miei studenti ed io leggevamo alcuni articoli di ricerca originali sui neuroni specchio e andavamo in classe pronti a discutere e dibattere le questioni. Per ampliare la conversazione, tenevo il corso on line su *Talking Brains*, un blog che avevo creato due anni prima insieme a David Poeppel, mio collaboratore di vecchia data. Usavo il blog per rendere noto l'elenco degli articoli da leggere, riassumere le discussioni e ospitare una conversazione internazionale sull'argomento.

Fui sorpreso da ciò che scoprii leggendo da cima a fondo quegli articoli. Le varie tesi non sembravano affatto coerenti. Ripensandoci, un certo commento che pubblicai sul blog dopo una discussione in classe di un autorevole articolo di rassegna sui neuroni specchio[5] riassumeva la mia impressione riguardo a tutta l'impresa:

> Una lettura davvero interessante, tuttavia devo dire che non è certo l'articolo più rigoroso che abbia letto. Una gran quantità di congetture, tracce di ragionamenti circolari, generalizzazione eccessiva ecc. Siamo tutti d'accordo sul fatto che i neuroni specchio siano creature neurali molto interessanti, ma l'idea che siano la base della comprensione delle azioni ha ben poca coerenza.

Dopo essermi preparato sugli aspetti fondamentali dei neuroni specchio ed essermi formato un'opinione scettica, iniziai a rendere pubbliche le mie riflessioni. Nelle mie presentazioni, dedicavo una decina di minuti a mettere in rilievo perché i neuroni specchio non risolvevano tutti i problemi a cui ero interessato. Voleva essere un'autodifesa teorica, ma in una di queste occasioni tra il pubblico era seduto il direttore del «Journal of Cognitive Neuroscience», su cui erano stati pubblicati molti articoli relativi ai neuroni specchio, che mi domandò se fossi interessato a scrivere un saggio critico sull'argomento da pubblicare sulla sua rivista. Accettai l'offerta e nel 2009, nonostante un bel po' di resistenza da parte di un revisore anonimo, il direttore decise che il lavoro sarebbe stato pubblicato. L'articolo, intitolato *Eight Problems for the Mirror Neuron Theory of Action Understanding in Monkeys and Humans*, ha ricevuto una discreta attenzione. Nel momento in cui scrivo, è l'articolo della rivista che ha registrato il maggior numero di download.

Molti dei problemi messi in luce in quell'articolo compaiono in vari punti e in vari contesti nei capitoli che seguono:

- Non abbiamo prove dirette del fatto che nelle scimmie i neuroni specchio siano alla base della comprensione delle azioni (cap. 3).
- I neuroni specchio non sono necessari per la comprensione delle azioni (capp. 4 e 6).
- Le risposte dei neuroni specchio dei macachi e le risposte di tipo specchio negli esseri umani sono diverse (cap. 3).
- L'esecuzione e la comprensione delle azioni negli esseri umani sono separate (capp. 4-8).
- Danni all'ipotizzato sistema specchio umano non causano deficit di comprensione delle azioni (capp. 4-6).

Essendomi gettato a capofitto nel dibattito, iniziai a condurre una ricerca per verificare la teoria dei neuroni specchio nell'ambito della sua applicazione umana più importante (che è anche il settore di cui mi occupo): il linguaggio (capp. 5 e 6). La teoria non ha retto bene alla verifica. Per esempio, in uno studio a grande scala sul riconoscimento del linguaggio, a cui hanno partecipato più di cento soggetti con lesioni cerebrali (dovute per lo più a un ictus), abbiamo scoperto che i deficit di comprensione del linguaggio erano associati a danni non al presunto sistema specchio, ma a regioni cerebrali collegate all'udito (cap. 5).

In parallelo, da allora ho continuato a documentarmi su applicazioni dei neuroni specchio in settori diversi dal linguaggio, tra cui l'imitazione (cap. 8), l'autismo (cap. 9) e l'empatia (capp. 2, 8 e 9), e a riportare sul blog ciò che imparavo.

Come avrete ormai capito, i miei scritti sui neuroni specchio sono per lo più critici, poiché danno rilievo ai molti modi in cui la teoria non regge per motivi logici o empirici. Ci si può fare una reputazione tutt'altro che favorevole con questo approccio. Come disse una volta Sam Rayburn, ex presidente della Camera dei Rappresentanti degli Stati Uniti, «Un asino può distruggere una stalla a calci, ma per costruirne una ci vuole un falegname». Ho il sospetto che molti sostenitori dei neuroni specchio, e forse anche altri, considerino i miei commenti come i calci dell'asino di Rayburn. Dopo tutto nella scienza, come nella falegnameria, è più facile distruggere che costruire e sono il primo ad ammettere di aver fatto la mia parte quanto a distruzione. A mia difesa posso dire che quanti di noi hanno domande serie da porre sulle tesi relative ai neuroni specchio devono affrontare qualcosa di meno semplice di una stalla. A metà del primo decennio di questo secolo, la «congettura» (per citare gli scopritori dei neuroni specchio) si era praticamente trasformata in un caposaldo teorico. Di fronte a una tale potenza soverchiante, l'unico modo per sostenere idee alternative consiste nel far luce quanto più possibile sulle debolezze della teoria. Questo era esattamente l'obiettivo del mio articolo sugli «otto problemi» e in una certa misura è anche l'obiettivo di questo libro.

Va detto, però, che non me la cavo male neanche come falegname, o quanto meno so riconoscere una stalla ben costruita quando ne vedo una. Di conseguenza, *Il mito dei neuroni specchio* non è soltanto un esercizio di distruzione. I capitoli che seguono presentano numerose discussioni di spiegazioni alternative di ciò che fanno in realtà i neuroni specchio (cap. 8) e di come funzionano la comunicazione e la cognizione nel cervello (capp. 5-10).

Quando iniziai a occuparmi dei neuroni specchio, gli scettici (o per lo meno quanti si dichiaravano apertamente tali) erano pochi. Per esempio, all'incirca nel 2010 la voce di Wikipedia sui neuroni specchio conteneva ben tre frasi che riassumevano la mia critica degli «otto problemi» sotto il sottotitolo «critiche». Il punto è non tanto che l'unica voce di dissenso fosse la mia, ma solo che probabilmente ero l'«asino» più in vista. Oggi la pagina di Wikipedia contiene una parte intitolata *Dubbi sui neuroni specchio* che consta di sette capoversi e riassume le critiche di vari scienziati importanti di diverse discipline. Il dibattito internazionale sui neuroni specchio e sulla natura della cognizione umana oggi è più animato. I neuroni specchio non sono più come un tempo le rock star delle neuroscienze e della psicologia e, a mio modo di vedere, una descrizione più complessa e interessante in relazione alle neuroscienze della comunicazione e della cognizione incontra un favore crescente. Ma è meglio andare con ordine.

Il mito dei neuroni specchio

A Krissy, per trent'anni di incoraggiamento,
sostegno e amore

1.

Serendipità a Parma

Nel 1988, a Parma, un gruppo di neuroscienziati guidato da Giacomo Rizzolatti iniziò a lavorare a un esperimento mirato a cercare di capire in che modo i neuroni della corteccia premotoria del macaco controllano l'azione di afferrare (si veda l'Appendice A per un'introduzione elementare all'organizzazione del cervello e per la terminologia relativa). L'équipe utilizzò il metodo di «registrazione di singole unità», in cui microelettrodi inseriti nel cervello misurano l'attività elettrica di singoli neuroni («unità») mentre l'animale esegue un dato compito. In maniera specifica, i microelettrodi raccolgono i *potenziali d'azione*, detti anche *spike*, che sono i segnali elettrici generati da un neurone per comunicare con altri neuroni. Possiamo pensare ai potenziali d'azione come agli elementi costitutivi del linguaggio dei neuroni e alla registrazione di singole unità come a un modo per intercettare questa conversazione. Il metodo è ben sperimentato – le ricerche che usano la registrazione di singole unità hanno portato a più di un premio Nobel[1] – e spesso nella ricerca neurofisiologica sugli animali è considerato un esempio di eccellenza. È fallibile, tuttavia, in particolare in relazione all'interpretazione del contenuto del codice neurale – di ciò che rivelano i cambiamenti della frequenza di scarica riguardo alla funzione cellulare di elaborazione delle informazioni.

Quando l'équipe di Parma iniziò l'esperimento, uno studio condotto in quello stesso laboratorio aveva già mostrato che le cellule di una regione particolare del cervello del macaco chiamata F5 (area 5 del lobo frontale; si veda la figura) scaricavano più intensamente quando la scimmia afferrava qualcosa, spesso con una presa

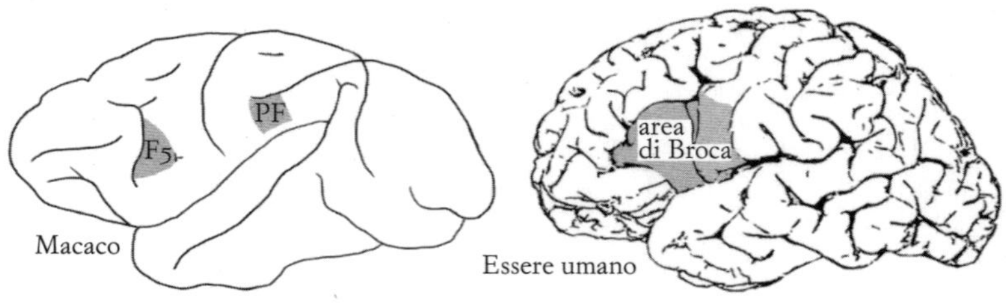

specifica: la risposta di alcune cellule era più intensa nel caso di una «presa di precisione» (una posizione del pollice e dell'indice che noi useremmo per prendere un acino), mentre altre scaricavano di più nel caso di una presa a piena mano (come per afferrare un'arancia), e così via. Le cellule parevano quindi codificare tipi specifici di prese di cui può avere bisogno la scimmia per afferrare un oggetto. Alcuni dati preliminari indicavano altresì che alcuni di questi neuroni dell'afferrare scaricavano, in aggiunta, anche quando la scimmia *vedeva* oggetti afferrabili.

Un punto interessante è che il tipo di presa «preferito» dalle cellule durante l'afferramento (vale a dire quello che provocava più scariche) e il tipo di oggetto preferito durante la visione tendevano a corrispondere; i neuroni della presa di precisione, per esempio, rispondevano soltanto in presenza di un oggetto piccolo. Ciò fece pensare che le configurazioni di scarica dei neuroni codificassero la relazione tra la forma dell'oggetto e il tipo di presa richiesto. Data questa osservazione, l'ipotesi di lavoro sui neuroni in F5 era che il gruppo di queste cellule rappresentasse una specie di vocabolario di possibili azioni motorie e che lo stimolo delle caratteristiche sensoriali degli oggetti selezionasse le azioni appropriate da questo vocabolario motorio.[2] Per esempio, vedere un oggetto grande come una palla da tennis attiverebbe neuroni che codificano una presa con tutta la mano, mentre vedere un oggetto grande come un acino attiverebbe neuroni che codificano una presa di precisione.

L'idea che i neuroni in F5 potessero coordinare le informazioni visive sugli oggetti con programmi motori per afferrare era interessante e importante, ma per confermare l'ipotesi erano necessari altri dati. In particolare, la risposta di queste cellule dell'afferramento a informazioni visive sull'oggetto non era descritta in maniera completa. Una complicazione di ordine pratico era il problema di separare la risposta di una cellula alla vista dell'oggetto dalla risposta associata all'azione di afferrare immediatamente seguente. Poiché i due eventi – vedere e afferrare – presentavano una sovrapposizione temporale, era impossibile determinare quale fosse responsabile dei cambiamenti nella configurazione di scarica della cellula. L'équipe ideò un esperimento per superare questo problema.[3]

Mentre i ricercatori registravano l'attività di singoli neuroni, una scimmia eseguiva il compito stabilito seduta di fronte a un contenitore con un'apertura trasparente. La scimmia era stata addestrata a premere e a rilasciare un interruttore che illuminava l'interno del contenitore, rivelando la presenza di un oggetto di una certa forma e grandezza. Con un ritardo di uno o due secondi, lo sportello si apriva e la scimmia poteva rilasciare l'interruttore, inserire la mano nel contenitore, afferrare l'oggetto e prendere un boccone di cibo nascosto dietro l'oggetto. Se la scimmia rilasciava l'interruttore prima della fine del ritardo programmato, lo sportello non si apriva. L'esperimento così congegnato garantiva che i ricercatori potessero misurare la risposta neurale alla vista dell'oggetto prima dell'apertura dello sportello e separarla in maniera precisa dalla risposta associata al movimento di raggiungimento una volta che lo sportello si era aperto.

L'esperimento finì per fornire un risultato che non aveva molto a che vedere con il progetto originario dello studio. Tra una prova e l'altra, lo sperimentatore inseriva la mano nel contenitore, sostituiva gli oggetti e rimpiazzava il boccone di cibo mentre la scimmia osservava, in attesa di eseguire la prova successiva. Anche durante queste interruzioni, tuttavia, i microelettrodi inseriti nel cervello della scimmia continuavano a registrarne l'attività neurale. Durante questi intervalli, gli sperimentatori notarono qualcosa. Una percentuale piuttosto grande delle cellule monitorate sembrava rispondere alle azioni di raggiungimento e di afferramento dello *sperimentatore* che preparava la prova successiva. Studi precedenti avevano segnalato neuroni che rispondevano ad azioni osservate, ma si trattava di neuroni di aree sensoriali, mai di aree motorie.[4] In breve tempo fu allestito un esperimento più formale per registrare la risposta all'*osservazione delle azioni* nel cervello della scimmia.

Dopo aver misurato la risposta di un neurone nel compito di afferramento secondo il progetto dello studio originario, gli sperimentatori usarono sé stessi come stimolo, eseguendo una serie di azioni di fronte alla scimmia. Alcune azioni avevano a che fare con un boccone di cibo, per esempio poggiarlo su una superficie, raccoglierlo, porgerlo a un altro sperimentatore e metterselo in tasca. Altri oggetti venivano rotti, ripiegati o strappati. Gli sperimentatori facevano cenni con le mani, sollevavano le braccia, compivano gesti minacciosi; inoltre, mimavano azioni dirette a un oggetto (come prendere un acino invisibile) e afferravano un oggetto non con le mani, ma con uno strumento.

Alla fine dell'esperimento, l'équipe aveva registrato i dati relativi a 184 neuroni. Quasi tutti i neuroni registrati rispondevano quando la scimmia eseguiva un certo tipo di azione, in accordo con il fatto che F5 è un'area motoria. Ma 87 di questi neuroni rispondevano anche a stimoli visivi di un dato tipo. Come rilevato in precedenza, le risposte visive per la maggior parte (48 casi) erano stimolate da oggetti semplici, ma in 39 casi dall'osservazione di un'azione. In 12 di queste 39 risposte, i ricercatori osservarono una corrispondenza tra il tipo di azione preferito dalla cellula nell'osservazione e nell'esecuzione: se la cellula aveva una reazione più forte quando la scimmia eseguiva una presa con tutta la mano, rispondeva in maniera più forte anche osservando un'azione con quella stessa presa. Le altre 27 cellule rispondenti all'azione erano meno selettive in termini di corrispondenza tra osservazione ed esecuzione. Una cellula, per esempio, poteva rispondere all'osservazione di una mano che *poneva* un oggetto sul tavolo e durante l'esecuzione dell'*afferramento* di un oggetto o dell'avvicinamento di un oggetto alla bocca. Queste cellule mostravano una sorta di relazione logica tra le preferenze nell'osservazione e nell'esecuzione, come se codificassero qualcosa di simile a «tu metti sul tavolo un acino, io lo afferro». Le cellule che avevano questo tipo di comportamento erano undici. Nessuna delle 39 cellule che scaricavano durante l'osservazione di un'azione dava segno di rispondere agli altri tipi di azione (azioni mimate, afferramenti con uno strumento ecc.) eseguite di fronte alla scimmia.

L'équipe pubblicò un breve articolo sui risultati nel 1992.[5] Gli autori proponevano innanzitutto una spiegazione del motivo per cui alcune cellule della corteccia motoria potevano rispondere alle azioni:

> Una delle funzioni fondamentali della corteccia premotoria è recuperare gli atti motori appropriati in risposta agli stimoli sensoriali. Se si considerano le ricche interazioni sociali all'interno di un gruppo di scimmie, la comprensione da parte di un individuo delle azioni eseguite dagli altri deve essere un fattore molto importante nella determinazione della scelta delle azioni [...] [questa idea] è in buon accordo con il quadro concettuale dell'attuale teoria della funzione della corteccia premotoria.[6]

Sono perfettamente d'accordo. Così come le dimensioni e la forma di un oggetto sono determinanti durante la scelta dell'azione (per esempio, la scelta di usare una presa a tenaglia o con tutta la mano), sono importanti anche le azioni degli altri animali. Pertanto è sensato che il cervello abbia un meccanismo per comunicare le informazioni sulle azioni percepite degli altri ad aree motorie che codificano le proprie azioni da eseguire.

Se il resoconto fosse finito con questa interpretazione, il risultato sarebbe stato comunque interessante e importante per la comunità scientifica, ma non avrebbe mai dato origine a una teoria che è finita sulle prime pagine dei giornali. Nell'ultimo capoverso, però, erano prese in considerazione le 12 cellule che avevano mostrato una stretta corrispondenza tra le azioni preferite nell'osservazione e nell'esecuzione.

Gli autori citavano due settori di ricerca sull'uomo che sembravano indicare una corrispondenza simile. Il primo era l'aprassia degli arti, una malattia che rende difficile l'*esecuzione* di movimenti volontari. Era stato segnalato il caso di alcuni pazienti colpiti da questa malattia che mostravano anche deficit di *comprensione* dei movimenti degli arti di altre persone.[7] Il secondo settore citato dagli autori era il linguaggio parlato; in particolare, i ricercatori facevano riferimento alla teoria motoria della percezione del linguaggio, sviluppata negli anni cinquanta dall'équipe diretta da Alvin Liberman ai Laboratori Haskins di New Haven, nel Connecticut. L'idea di base è che percepiamo il linguaggio ricostruendo nel nostro cervello non i suoni stessi, ma i gesti motori che li hanno generati (il capitolo 5 presenta maggiori dettagli di questa teoria). La teoria motoria della percezione del linguaggio aveva prodotto decenni di ricerche, che per lo più non hanno corroborato l'ipotesi; pertanto, quando l'équipe di Parma iniziò le sue registrazioni, gran parte degli studiosi del parlato l'aveva già abbandonata. Ciò nonostante, in base alla teoria motoria della percezione del linguaggio, come in base ai resoconti sull'aprassia degli arti, la percezione delle azioni (compresi gli atti locutori) dipendeva dal sistema motorio. Questa era la conclusione dell'articolo dei ricercatori di Parma:

> Benché non dimostrino affatto teorie motorie della percezione, le nostre osservazioni indicano che nelle aree corticali premotorie vi sono neuroni dotati delle proprietà richieste da tali teorie. È interessante notare che la posizione anatomica di [...] F5 corrisponde in gran parte a quella dell'area di Broca nel cervello umano.[8]

Il collegamento con l'area di Broca è stato cruciale. Anche se i dettagli della sua funzione continuano a essere oscuri, si ritiene da tempo che l'area di Broca sia un'area motoria del linguaggio. È una delle due aree cerebrali classiche del linguaggio ed è un elemento fondamentale dei modelli delle relazioni tra linguaggio e cervello sin dagli anni sessanta dell'Ottocento, quando il neurologo francese Paul Broca ipotizzò per primo che fosse la sede dell'articolazione del linguaggio.[9] Come vediamo nell'ultima citazione, in generale si considera che, in termini anatomici, l'equivalente dell'area di Broca nelle scimmie sia l'area F5. Prima della scoperta dei neuroni specchio ciò era quasi privo di un fondamento logico perché, per quanto F5 e l'area di Broca possano essere affini dal punto di vista anatomico, in base agli assunti comunemente accettati non esisteva un collegamento funzionale reale: l'area di Broca è un'area del linguaggio e le scimmie non parlano. A quel punto, però, alla luce dell'esistenza dei neuroni specchio in F5, i ricercatori di Parma suggerirono un tale collegamento funzionale. L'implicazione era che le radici evoluzionistiche del linguaggio umano si trovano in F5: sono le cellule *monkey-see-monkey-do* (la scimmia vede, la scimmia fa), come vennero chiamati per un po' i neuroni specchio.[10] Ciò alzò sostanzialmente la posta teorica in gioco, aprendo la porta alla possibilità di spiegare aspetti della cognizione umana in funzione di meccanismi neurali presenti nelle scimmie.

Il resoconto del 1992 non citava mai l'espressione «neuroni specchio» e per gran parte del decennio successivo gli scienziati dei più vasti settori delle neuroscienze e della psicologia furono per lo più ignari della scoperta dei neuroni specchio, come dell'importante congettura degli autori.

Il gruppo di Rizzolatti pubblicò un articolo più approfondito su questa nuova classe di cellule sulla rivista «Brain» nel 1996.[11] L'articolo, intitolato *Action Recognition in the Premotor Cortex,* descriveva essenzialmente lo stesso esperimento, in cui però erano coinvolte due scimmie e le registrazioni di 532 neuroni nell'area F5. I risultati presentati nell'articolo del 1992 erano stati in gran parte riprodotti. Nell'area F5 erano state trovate cellule che rispondevano sia quando le scimmie afferravano un oggetto sia quando osservavano uno sperimentatore eseguire le stesse azioni o altre simili. Per indicare questa classe di cellule, gli autori coniarono l'espressione *neuroni specchio*.

L'articolo di «Brain» del 1996 mostrava che le osservazioni iniziali in una delle scimmie non erano casuali. I risultati si ripetevano. L'articolo inoltre sosteneva in maniera più decisa l'importanza dei neuroni specchio per il comportamento umano. «Esiste un sistema specchio negli esseri umani?», si domandavano gli autori. E la risposta era affermativa. Venivano discussi tre tipi di prove a sostegno di questa conclusione, due ottenute dal loro gruppo e una terza basata sulla letteratura:

1. *Uno studio di stimolazione magnetica transcranica (*TMS*) aveva mostrato che quando gli esseri umani osservano atti di afferramento la loro eccitabilità motoria relativa alla mano aumenta.*[12] La TMS è una tecnica non invasiva in cui si fanno passare attraverso il cranio forti campi magnetici, concentrandoli sulle regioni cerebrali sottostanti (per una descrizione dettagliata dei metodi delle neuroscienze cognitive, si veda l'Appendice B). I campi magnetici influenzano le proprietà elettriche dei neuroni nell'area stimolata. A bassi livelli di stimolazione, la TMS può eccitare i neuroni; a livelli alti, può interferire con l'attività neurale. In uno studio del 1995, il gruppo di Parma aveva utilizzato la TMS per stimolare l'attività neurale in regioni della corteccia motoria primaria che controllano la mano e

il braccio. La stimolazione di queste aree provoca contrazioni involontarie dei muscoli della mano e del braccio. Le ampiezze di queste contrazioni possono essere registrate con elettrodi posti sulla cute direttamente al di sopra dei muscoli della mano; si chiamano potenziali evocati motori (PEM). Lo studio aveva rilevato che quando i soggetti osservavano qualcun altro afferrare un oggetto i PEM erano maggiori rispetto a quando osservavano soltanto gli oggetti. Gli autori dello studio interpretavano il risultato come una prova del fatto che l'osservazione di azioni attiva automaticamente il sistema motorio coinvolto nell'azione di afferramento.

2. *Uno studio di tomografia a emissione di positroni* (PET) *aveva mostrato che quando gli esseri umani osservano azioni eseguite da altri si verifica un aumento di attività neurale nell'area di Broca, la regione che si ritiene essere l'omologo umano dell'area F5 nei macachi.*[13] La PET è un metodo di *imaging* cerebrale funzionale (si veda l'Appendice B), il che significa semplicemente che, invece di costruire immagini statiche della struttura del cervello, ne registra l'attività. La PET registra indirettamente l'attività cerebrale misurando le variazioni regionali del flusso ematico. Quando una data regione cerebrale è attiva, il flusso ematico verso quella regione aumenta per fornire il combustibile metabolico, ossigeno e glucosio, necessario per sostenere l'attività supplementare. Benché il flusso ematico sia un riflesso piuttosto indiretto dell'attività dei neuroni, le tecniche che lo misurano – come la PET e una sua cugina sviluppata più di recente, la risonanza magnetica funzionale – si sono dimostrate preziose per le neuroscienze umane. La scoperta del gruppo di Rizzolatti dell'aumento del flusso ematico nell'area di Broca durante l'osservazione di azioni era in accordo con l'idea che il sistema motorio umano fosse attivo durante la percezione dell'azione.

3. *Erano stati descritti pazienti con lesioni dei lobi frontali che manifestavano deficit di riconoscimento di azioni mimate.* La letteratura neurologica documenta che a volte i pazienti affetti da disturbi del linguaggio (afasie) hanno difficoltà a riconoscere le azioni mimate. Ciò è chiaramente pertinente alla questione del possibile ruolo dei neuroni specchio, poiché il riconoscimento di azioni mimate può

essere interpretato come una forma di comprensione delle azioni. Benché in generale intorno al 1996 si ritenesse che il danno responsabile di questi deficit non riguardasse l'area di Broca, il gruppo di Parma suggerì che fosse proprio un danno all'area di Broca a causare i deficit di riconoscimento di azioni mimate.

Armati di dati che confermavano l'esistenza dei neuroni specchio nelle scimmie e di tre risultati sperimentali che suggerivano l'esistenza di un sistema simile negli esseri umani, nell'articolo di «Brain» del 1996 Rizzolatti e i suoi collaboratori arrivarono a concludere non solo che esiste un sistema specchio umano, ma anche che vi svolge un ruolo cruciale l'area di Broca, l'equivalente umano dell'area F5 delle scimmie, e che il sistema partecipa al riconoscimento delle azioni: «a quanto pare le tre diverse prove appena esaminate indicano che F5 e l'area di Broca hanno entrambe una rappresentazione del movimento della mano e che, probabilmente, sono entrambe dotate di un meccanismo simile per il riconoscimento delle azioni».[14]

Come nell'articolo del 1992, il gruppo di ricerca concludeva con una congettura formulata in maniera ancora più decisa riguardo al ruolo dei neuroni specchio nel linguaggio: «considerando l'omologia tra l'area F5 delle scimmie e l'area di Broca degli esseri umani, si è tentati di ipotizzare che nell'area di Broca esistano neuroni dotati di proprietà simili a quelle dei "neuroni specchio" delle scimmie, ma codificanti gesti fonetici, e che essi rappresentino il substrato neurofisiologico della percezione del linguaggio».

Qualche anno più tardi, nel 2002, si rilevò la presenza di neuroni specchio all'esterno di F5, in una regione sensomotoria del lobo parietale della scimmia chiamata PF. Se si fossero scoperti per primi i neuroni specchio parietali, il legame con la parola forse non sarebbe stato altrettanto ovvio o importante. Le cose però andarono diversamente e al momento della scoperta dei neuroni specchio parietali il collegamento proposto tra i neuroni specchio di F5 nella scimmia, l'area di Broca negli esseri umani e la parola aveva ormai permeato l'intero settore. L'effetto è stato profondo. Se i neuroni specchio delle scimmie potevano risolvere la questione di come il cervello elabora i suoni linguistici, avrebbero potuto aprire la porta alla comprensione di una gamma più ampia di comportamenti umani. Alla fine degli anni novanta e per tutto il decennio successivo, la quantità di ricerche e di teorizzazioni sulla portata delle applicazioni umane di questi «piccoli miracoli», per citare Iacoboni, crebbe rapidamente. Come vedremo nel capitolo seguente, sembrava proprio che i neuroni specchio delle scimmie avrebbero rivelato i misteri della mente *umana*.

2.

Come ciò che il DNA è stato per la biologia

> I neuroni specchio rivelano i segreti del linguaggio, della lettura della mente, dell'empatia e dell'autismo.

Sentii parlare per la prima volta dei neuroni specchio ascoltando la relazione presentata da Giacomo Rizzolatti nel 1999 alla riunione annuale della Cognitive Neuroscience Society, che si tenne a San Francisco. A quell'epoca, le potenziali implicazioni dei neuroni specchio iniziavano ormai a insinuarsi nella coscienza dei neuroscienziati e degli psicologi. Ricordo di aver visto alcuni filmati degli esperimenti originali durante la presentazione di Rizzolatti e di aver pensato che fossero cellule davvero interessanti, ma per molti anni non pensai più di tanto ai neuroni specchio. Nonostante la congettura sul ruolo dei neuroni specchio nel mio settore di ricerca neuroscientifica – il linguaggio parlato e il linguaggio in generale – all'epoca non mi parevano attinenti. Era ben noto che una lesione dei sistemi motori del lobo frontale coinvolti nella produzione del linguaggio, compresa l'area di Broca, dove si pensava che si trovassero i neuroni specchio, non causa deficit di riconoscimento del linguaggio, una funzione a cui si presumeva partecipassero. Ovviamente, pensavo, le cellule non erano tanto importanti per il linguaggio.

In seguito mi capitò di incontrare Rizzolatti a una riunione della Society for Neuroscience e quindi posi direttamente a lui alcune domande sul «problema del linguaggio» per la sua teoria della funzione dei neuroni specchio. In base a questa teoria, la capacità di percepire i suoni linguistici – di riconoscere o «capire» la differenza, per esempio, tra *cat* e *pat* – dipende dal sistema specchio umano, in particolare dall'area di Broca. (Nel contesto della ricerca umana, si usa spesso l'espressione «sistema specchio» al posto di «neuroni specchio» perché il comportamento delle singole cellule non è direttamente osservabile negli esseri umani; per i dettagli di questo argomento, si veda il capitolo 3). Manifestai a Rizzolatti le mie preoccupazioni riguardo alla validità della sua previsione: sapevamo da decenni che una lesione dell'area di Broca e delle regioni adiacenti può compromettere la produzione del linguaggio, ma risparmia in gran parte la capacità di comprenderlo, quindi poteva essere vero che i neuroni specchio delle scimmie contribuiscono alla comprensione delle azioni, ma di certo non poteva essere vero per il linguaggio. Rizzolatti non aveva da obiettare sulla mia descrizione dei dati, ma non era d'accordo con la mia conclusione. Mi spiegò che il sistema specchio è complesso e coinvolge una rete di diverse regioni interagenti la cui attività sarebbe difficile da interrompere con un danno focale in un'unica regione. In seguito, mentre tenevo un corso sui neuroni specchio, mi imbattei nello stesso argomento in un articolo di rassegna sui neuroni specchio del 2004 scritto da Rizzolatti e da Laila Craighero:

> A prima vista, il modo più semplice, e diretto, per provare che il sistema dei neuroni specchio è alla base della comprensione delle azioni consiste nel distruggerlo per esaminare l'effetto della lesione sulla capacità della scimmia di riconoscere le azioni compiute da altre scimmie. In pratica, non è così. In primo luogo, il sistema dei neuroni specchio è bilaterale [coinvolge entrambi gli emisferi] e comprende, come si è visto poc'anzi, grandi porzioni della corteccia parietale e premotoria. Inoltre vi sono altri meccanismi che potrebbero mediare il riconoscimento delle azioni [...] In terzo luogo, lesioni ampie come quelle necessarie per distruggere il sistema dei neuroni specchio può produrre deficit cognitivi più generali che renderebbero difficile l'interpretazione dei risultati.[1]

Neanche questa specie di controargomentazione mi convinse. Le prove fornite dalle ricerche sul linguaggio erano troppo convincenti per poterle ignorare. Dopo tutto, i danni all'area di Broca e alle regioni adiacenti causano effettivamente deficit di *produzione* del linguaggio – il sistema umano di produzione del linguaggio non è bilaterale, come lo è, secondo Rizzolatti, il sistema specchio delle scimmie – e se questo sistema «di esecuzione di azioni» linguistiche è importante per la comprensione delle azioni, perché chi ha subito un ictus che ha danneggiato questo sistema non presenta deficit di comprensione del linguaggio? I conti non mi tornavano e quindi, nonostante le tesi contrarie, conclusi che i risultati delle ricerche sui neuroni specchio non si potevano applicare al mio settore di ricerca.

Apparentemente, la mia era una visione minoritaria. A partire dalla fine degli anni novanta, altri ricercatori hanno visto profonde implicazioni della ricerca sui neuroni specchio, non solo per il linguaggio e il parlato, ma anche per la cognizione sociale (l'insieme delle funzioni mentali che permettono l'interazione sociale e culturale). Il crescendo di entusiasmo seguì la pubblicazione nel 1998 di due articoli teorici. Uno, intitolato *Language Within Our Grasp* e scritto da Rizzolatti, lo scopritore dei neuroni specchio, e da Michael Arbib, neuroscienziato computazionale dell'Università della California meridionale, sosteneva che i neuroni specchio potrebbero svelare i segreti del linguaggio.[2] L'altro, intitolato *Mirror Neurons and the Simulation Theory of Mind Reading*, frutto di una collaborazione tra Vittorio Gallese, coscopritore dei neuroni specchio, e il filosofo Alvin Goldman, avanzava la proposta che i neuroni specchio fossero alla base della capacità umana di leggere la mente altrui.[3]

Il concetto di «lettura della mente» non è inverosimile come sembra. È qualcosa che facciamo tutti i giorni. Se vedete un uomo in piedi di fronte alla portiera dell'auto che con una mano tiene un sacchetto della spesa e con l'altra si fruga frenetico nelle tasche, deducete all'istante i suoi pensieri e le sue sensazioni, e forse anche quale sarà la sua prossima mossa. È questa la lettura della mente a cui si riferivano Gallese e Goldman e il settore di ricerche sociocognitive che se ne occupa è la «teoria della mente», la capacità di riconoscere in modo conscio i nostri stati mentali – «sono stanco», «sono frustrato», «voglio un hamburger» – e di rendersi conto che gli altri hanno stati mentali distinti che possono essere diversi dai nostri.

Questi due articoli, che sono stati un punto di svolta nella ricerca sui neuroni specchio, affrontavano in maniera diretta due capacità della mente umana tra le più sofisticate e socialmente importanti, il linguaggio e la lettura della mente (teoria della mente), collegandole a un meccanismo neurale apparentemente semplice già presente, presumiamo, nell'antenato comune agli esseri umani e alle scimmie. D'un tratto, i neuroni specchio sembrarono svelare i misteri dell'evoluzione della mente umana. Di conseguenza, i due articoli ricevettero molta attenzione da parte di ampi settori della scienza e continuano a essere due degli articoli più citati di tutta la psicologia e di tutte le neuroscienze degli ultimi quindici anni. Dopo la loro pubblicazione, gli articoli scientifici comparsi *ogni anno* contenenti l'espressione «neuroni specchio» nel titolo o nell'abstract iniziarono a crescere vertiginosamente di numero, raddoppiando all'incirca ogni due anni tra il 2000 (4 articoli) e il 2010 (135 articoli).

I due articoli del 1998 presentavano tesi molto simili, sostenendo che i neuroni specchio sono i precursori evolutivi dell'una o dell'altra capacità umana. Entrambe le tesi, inoltre, si fondavano sul presupposto di un meccanismo per il riconoscimento delle azioni costituito dai neuroni specchio – gli esseri umani capiscono le azioni altrui *simulandole* nel proprio sistema motorio. Per citare Rizzolatti e Arbib:

> La nostra proposta è che lo sviluppo del circuito laterale umano per il linguaggio sia una conseguenza del fatto che il precursore dell'area di Broca era dotato, prima della comparsa del linguaggio, di un meccanismo per riconoscere le azioni degli altri individui. Questo meccanismo era il requisito neurale indispensabile per lo sviluppo della comunicazione tra individui e da ultimo del linguaggio.[4]

Gli autori dell'altro articolo, Gallese e Goldberg, dichiarano:

> La nostra proposta speculativa è che nel dominio dell'attribuzione di stati intenzionali [deduzione delle intenzioni altrui, lettura della mente] esista una «continuità cognitiva» dai primati non umani agli esseri umani e che [i neuroni specchio] ne rappresentino il correlato neurale [...] La capacità di capire lo scopo delle azioni, già presente nei primati non umani, dipende da un processo che associa il comportamento osservato ai piani di azione dell'osservatore [...] La comprensione dello scopo delle azioni [...] costituisce uno stadio [...] necessario nel percorso evoluzionistico che conduce alle capacità pienamente sviluppate degli esseri umani.[5]

La logica sembra semplice. Se i neuroni specchio permettono alla scimmia di riconoscere le azioni di altre scimmie (o degli sperimentatori) simulando tali azioni, con uno o due passi di evoluzione i *circuiti* dei neuroni specchio (nel gergo delle neuroscienze, «circuito» indica un sistema neurale che esegue una data funzione) arrivano a fare altrettanto nel dominio linguistico o della lettura della mente. Linguaggio: so parlare e so che cosa intendo quando parlo, quindi capisco gli atti linguistici degli altri simulando i loro discorsi nel mio cervello. Lettura della mente: so di avere una mente che può rappresentare stati mentali diversi (pensieri, desideri, credenze), quindi capisco ciò che pensano gli altri simulando la loro situazione nella mia mente. La *simulazione*, o l'*accoppiamento osservazione-esecuzione*, spiegava come si realizzano queste capacità e come i neuroni specchio forniscono il meccanismo neurale.

Questo è il contesto dell'ormai famosa previsione di Vilayanur Ramachandran che la scoperta dei neuroni specchio sarà per la psicologia e le neuroscienze ciò che il DNA è stato per la biologia. In effetti, come previsto, ben presto si spiegarono altre capacità mentali con un meccanismo specchio di simulazione. In realtà nel 2001, un anno dopo la pubblicazione del saggio di Ramachandran su Edge.org, due nuovi articoli attribuirono ai neuroni specchio un potere esplicativo ancora maggiore. Il primo articolo era *The «Shared Manifold» Hypothesis: From Mirror Neurons to Empathy*, di Gallese, che generalizzando il modello di simulazione basato sui neuroni specchio proponeva una spiegazione dell'empatia: «il meccanismo neurale di accoppiamento costituito dai neuroni specchio – o da neuroni equivalenti negli esseri umani – [...] è determinante per stabilire un collegamento empatico tra individui diversi».[6] L'idea si ispira alla nostra sensazione che l'empatia comporti il mettersi nei panni di un altro emotivamente, *simulare* i suoi sentimenti. L'altro articolo, intitolato *Imitation, Mirror Neurons and Autism*, era di un gruppo inglese che non aveva partecipato alla scoperta dei neuroni specchio, ma l'aveva giudicata pertinente al proprio lavoro.[7] Il gruppo di ricercatori diretto da Justin Williams, studioso dell'autismo, vi avanzava la proposta che la disfunzione dei neuroni specchio potesse spiegare l'autismo. Gli autori affermavano che molte delle presunte caratteristiche dell'autismo – difficoltà ad assumere il punto di vista altrui, mancanza di empatia, deficit della capacità di imitare, problemi linguistici e così via – possono essere viste come deficit di simulazione mentale. Poiché i neuroni specchio sono alla base della simulazione mentale, l'elemento centrale dell'autismo deve essere una disfunzione del sistema specchio (per una discussione dettagliata di questa idea, si veda il capitolo 9).

Se si fa un piccolo passo indietro, può sembrare poco plausibile che il comportamento di una classe di neuroni nella corteccia motoria di una scimmia possa svelare i segreti della mente umana. Tuttavia, se si parte dall'assunto che i neuroni specchio dei macachi siano alla base della comprensione delle azioni in quei primati (una possibilità teorica) e che negli esseri umani esista una classe simile di neuroni (un fatto corroborato da prove *dirette* piuttosto deboli per il momento, ma a mio avviso molto probabile), estendere la funzione dei neuroni specchio a capacità umane come il linguaggio, la lettura della mente e l'empatia è un passo ragionevolmente diretto. In maniera ancora più diretta, l'autismo, che comporta alcuni presunti deficit del linguaggio, della lettura della mente e dell'empatia, è quindi perfettamente spiegato da una disfunzione del sistema specchio. Erano argomenti scientifici ponderati e legittimi e la comunità scientifica li prese molto sul serio.

Mentre proseguivano con grande vigore le ricerche sulle applicazioni teoriche fondamentali dei neuroni specchio (comprensione delle azioni, capacità linguistiche e verbali, lettura della mente, empatia e autismo), l'entusiasmo si diffuse in tutta la comunità scientifica. In poco tempo, i neuroni specchio furono chiamati in causa in relazione a una moltitudine di capacità, malattie e fenomeni umani, in alcuni casi in modo ragionevole, in altri meno. Sembrava che tutti saltassero sul carro del vincitore. Nel decennio successivo, nel getto continuo di pubblicazioni sulle riviste scientifiche i neuroni specchio sono stati tirati in ballo in relazione ai seguenti fenomeni:

- Lettura labiale[8]
- Balbuzie[9]
- Schizofrenia[10]
- Comprensione dei verbi[11]
- Imitazione[12]
- Arti fantasma[13]
- Neuroriabilitazione[14]

- Ipnosi[15]
- Percezione erronea di collera nella musica di sassofonisti di jazz d'avanguardia[16]
- Orientamento sessuale[17]
- Vizio del fumo[18]
- Apprezzamento della musica[19]
- Opinioni politiche[20]
- Percezione di presenze[21]
- Riconoscimento delle espressioni emotive del volto[22]
- Obesità[23]
- Grado di erezione maschile[24]
- Disturbi psicopatici della personalità[25]
- Amore[26]
- Contagiosità dello sbadiglio[27]
- Leadership nel mondo degli affari[28]
- Consapevolezza dei propri stati emotivi[29]
- «La nostra reazione estetica all'arte, alla musica e alla letteratura, la dinamica degli spettatori e la resistenza ai movimenti totalitari di massa» [da un articolo pubblicato][30]
- Comunicazione madre-neonato ed elaborazione delle emozioni[31]
- Percezione di emozioni comunicate a voce[32]
- Piacere di assistere a un evento sportivo[33]
- Sviluppo degli archetipi junghiani dell'inconscio collettivo e del sentimento di agentività[34]
- Isteria di massa[35]
- Abuso di farmaci[36]
- Favoritismo[37]
- Attaccamento madre-neonato[38]
- Efficacia della psicoterapia di gruppo[39]
- Valutazione del rischio[40]
- Sogni di deambulazione in pazienti affetti da paraplegia congenita[41]
- Sinestesia del dolore[42]
- Consapevolezza nei delfini[43]

Va notato che questi esempi sono estratti soltanto da articoli contenenti «neuroni specchio» nel titolo o nell'abstract e presenti in *PubMed*, un database di pubblicazioni scientifiche sviluppato dal National Center for Biotechnology Information della US National Library of Medicine. Ecco alcuni titoli e citazioni che si ottengono cercando semplicemente «neuroni specchio» su Google:

- Imparate a usare i neuroni specchio per influenzare le persone
- Barack Obama ha accesso al vostro cervello [attraverso i neuroni specchio]
- I neuroni specchio – che alcuni chiamano «neuroni del Dalai Lama» – ci obbligano a ripensare gli aspetti più profondi di noi stessi
- I neuroni che hanno modellato la civiltà
- Sesso = neuroni specchio!
- Preghiera e neuroni specchio
- I neuroni specchio gay fanno *coming out*
- Dio ha creato gli esseri umani con questi neuroni specchio affinché la regola «non fare agli altri » fosse comprensibile a tutti
- Insegnare e allevare i propri figli sono alcune delle attività umane che più dipendono dal corretto funzionamento dei neuroni specchio
- Come Pinterest trae profitto dall'attività dei neuroni specchio

Tutte le conoscenze sui neuroni specchio si sono chiaramente diffuse ben al di là dei laboratori fino a entrare nella nostra vita quotidiana.

Prima di entusiasmarci troppo, è importante riconoscere che tutte queste generalizzazioni teoriche della funzione dei neuroni specchio si basano su due assunti. Il primo è la tesi che i neuroni specchio dei macachi siano alla base della capacità di quella specie di comprendere le azioni. Il secondo è l'idea che anche gli esseri umani abbiano un sistema specchio che assolve la stessa funzione. Questi assunti dipendono l'uno dall'altro. In realtà, come vedremo nel capitolo che segue, ciascuno poggia sull'altro in un modo piuttosto pericoloso, specie dato che, se il primo assunto non è corretto, il ragionamento che porta a considerare i neuroni specchio alla base di capacità umane quali ad esempio la parola, la lettura della mente e l'empatia crolla miseramente.

3. Uomo-vede-uomo-fa?

La ricerca sul sistema dei neuroni specchio negli esseri umani è mirata a determinare se i neuroni specchio esistano effettivamente negli esseri umani e, in tal caso, quale sia la loro funzione. Le prove dirette della loro esistenza sono poco convincenti, ma in definitiva ciò non mi preoccupa granché. Secondo me, è praticamente certo che i neuroni specchio umani esistono. Come faccio a essere tanto sicuro? Lo sono perché gli esseri umani sanno imitare facilmente le azioni osservate (si veda il capitolo 8) e per poterlo fare deve esistere un collegamento neurale tra un'azione osservata e un'azione eseguita personalmente; in altre parole, *qualche* sistema deve trasformare le azioni osservate in azioni eseguite.

A mio avviso, la domanda che conta è la seconda: che cosa fa il nostro sistema?

Prime indagini sul sistema specchio umano

Come abbiamo visto, nel 1992 la prima pubblicazione preliminare sui neuroni specchio dei macachi ipotizzò un ruolo di queste cellule nel comportamento degli esseri umani, in particolare nella percezione del linguaggio. Questa proposta scatenò subito una marea di ricerche per individuare i neuroni specchio umani e per comprendere le loro proprietà funzionali (in quali condizioni si attivano) e il tentativo viene perseguito seriamente ancora oggi. Questo programma di ricerca, però, presenta un problema metodologico. I neuroni specchio, per definizione, sono cellule che rispondono sia quando l'animale compie un'azione sia quando osserva un'azione identica o simile. Per identificare un neurone specchio occorre quindi registrare direttamente l'attività di una singola cellula usando un elettrodo inserito nel tessuto cerebrale. Con gli esseri umani, però, questo non si può fare, se non in condizioni mediche eccezionali. Di conseguenza, la maggior parte delle ricerche sul sistema specchio umano si è dovuta accontentare di metodi indiretti, come la PET, la fMRI, l'EEG e la TMS, che misurano (o provocano) l'attività di vaste popolazioni di neuroni. Sfortunatamente, quando si ha a che fare con grandi popolazioni, non si può stabilire che cosa fanno i singoli neuroni, il che significa che un'identificazione diretta di un neurone specchio in un cervello umano sano è impossibile. Ciò che invece *si può* fare con questi metodi è documentare proprietà di tipo specchio nell'ambito di un *sistema* neurale, che si tratti di un sistema locale in un'unica regione cerebrale contenente molti milioni di neuroni o di un sistema a scala più grande che coinvolge una rete di regioni e decine o centinaia di milioni di neuroni. In decenni di esperimenti, questo è ciò che hanno fatto gli scienziati, usando una grande varietà di tecniche e affrontando una vasta gamma di problemi delle neuroscienze cognitive umane.

Torniamo ai due studi che indagarono per primi il sistema specchio umano. I due esperimenti usavano metodi diversi, la TMS e la PET, e furono pubblicati rispettivamente nel 1995 e nel 1996, quasi contemporaneamente all'articolo comparso su «Brain» nel 1996. Questo articolo fondativo sui neuroni specchio *delle scimmie* cita entrambi gli esperimenti su soggetti umani come prove a favore dell'interpretazione secondo la quale la funzione dei neuroni specchio delle scimmie è la comprensione delle azioni. Un esame più attento degli studi umani, tuttavia, mette in luce alcuni problemi nascosti nella storia che il gruppo di Parma cercava di raccontare.

Come abbiamo già visto, il risultato principale dello studio di TMS è che l'osservazione di un'azione di afferramento provoca un aumento dell'eccitabilità del sistema motorio dell'osservatore.[1] In parole povere, lo studio rilevò che quando i soggetti osservavano un'azione di afferramento avevano più contrazioni ai muscoli della mano. In una condizione di controllo in cui i partecipanti osservavano oggetti afferrabili, non si rilevarono aumenti dell'eccitabilità motoria; l'effetto era caratteristico dell'osservazione di azioni. Questo risultato venne presentato come una prova dell'esistenza di un sistema specchio umano perché rivelava un collegamento funzionale tra la percezione e l'esecuzione di azioni simili; percepire un'azione in qualche modo facilita movimenti che sono «specchi» di tale azione. Due aspetti dello studio, tuttavia, inducono alla prudenza nei confronti di questa interpretazione. L'eccitabilità motoria aumentava anche durante l'osservazione di azioni di altro genere, come tracciare forme nell'aria. I neuroni specchio delle scimmie rispondono soltanto ad azioni dirette a un oggetto, come stendere la mano per prendere un acino, non ad azioni mimate o altri tipi di gesti. Se dietro i risultati dello studio di TMS vi sono i neuroni specchio umani, non sono della stessa specie dei neuroni specchio delle scimmie. Non è necessariamente un problema per lo studio e non è una critica – dopo tutto, gli esseri umani e le scimmie sono diversi. Se i sistemi specchio delle scimmie e degli esseri umani sono dimostrabilmente diversi, però, occorre prudenza nel trarre conclusioni per una specie sulla base dei dati relativi all'altra. L'articolo del 1996 sui neuroni specchio delle scimmie, che attribuisce funzioni simili al sistema specchio delle scimmie e a quello umano, sembra non usare questa prudenza. Se i sistemi si comportano in maniera diversa, come possiamo concludere che svolgono la stessa funzione o addirittura che le misure provengono dalla stessa rete?

La prudenza potrebbe essere resa ancor più necessaria dalla mancanza di un effetto di facilitazione motoria durante l'osservazione di *oggetti*. Questo risultato venne fatto passare dagli autori dello studio come una virtù dell'esperimento: attestava la specificità dell'effetto dell'osservazione di azioni. Può darsi, invece, che indichi un problema. Per capire perché, dobbiamo esaminare più a fondo la logica dell'esperimento.

Nello studio di TMS, veniva stimolata la corteccia motoria primaria per provocare contrazioni – in termini tecnici, potenziali evocati motori – nei muscoli della mano. Sebbene sostenessero anche che non esistono neuroni specchio nella corteccia motoria primaria (M1) – la regione della corteccia più direttamente collegata ai muscoli – i ricercatori conclusero che i neuroni specchio nell'area di

Broca dovevano essere collegati a M1, in modo da poter esercitare un'influenza di facilitazione sui neuroni di M1 se attivati dall'osservazione di un'azione. Quindi la TMS non influenzava direttamente i neuroni specchio. Il percorso era piuttosto questo: la stimolazione veniva applicata ai motoneuroni in M1 solo per far contrarre i muscoli della mano e l'entità della contrazione veniva misurata mentre i soggetti osservavano azioni e mentre non ne osservavano; quando risultò che la contrazione era maggiore durante l'osservazione di un'azione, i ricercatori supposero che ciò fosse dovuto al fatto che tale osservazione attivava i neuroni specchio, i quali attivavano le cellule di M1, le quali rendevano più intensa del normale la contrazione in risposta all'impulso di TMS. Se questo ragionamento è corretto, *qualunque cosa* possa attivare i neuroni in M1 dovrebbe portare a una contrazione più pronunciata.

Un punto cruciale è che i neuroni specchio furono scoperti indagando su un'altra classe di cellule che rispondono sia durante l'afferramento sia durante l'osservazione di *oggetti* afferrabili. Queste cellule delle scimmie, oggi chiamate *neuroni canonici*, si trovano nella regione F5 come i neuroni specchio e sono ritenute alla base della selezione delle azioni – la scelta della presa giusta per afferrare un oggetto particolare. I neuroni canonici, come i neuroni specchio, sono collegati alle cellule motorie della corteccia motoria primaria. In base alla logica dello studio, quindi, l'osservazione di oggetti afferrabili dovrebbe attivare i neuroni di M1 proprio come sembra fare l'osservazione di azioni. Come riferito dagli autori dello studio, tuttavia, l'osservazione di oggetti afferrabili non provocava un aumento delle contrazioni. Perché?

Forse perché gli esseri umani non hanno un «sistema di neuroni canonici»? È improbabile. Innanzitutto, gli esseri umani afferrano oggetti dalla mattina alla sera e deve esistere un meccanismo che collega la forma di un oggetto alla forma che assume la mano per afferrarlo. Inoltre, alcuni esperimenti hanno mostrato che osservare oggetti di dimensioni diverse facilita automaticamente i tipi di presa collegati. In uno studio ingegnoso, ai partecipanti veniva chiesto di classificare come naturali oppure fabbricati dall'uomo una serie di oggetti fotografati e di indicare la risposta afferrando o un quadratino di plastica che richiedeva una presa di precisione o un cilindro di plastica più grande per cui era necessaria una presa a piena mano. Però l'oggetto da classificare e il tipo di presa associato alla risposta giusta a volte concordavano e a volte no. Le risposte erano più veloci quando il tipo di presa (per esempio, una presa di precisione) era adatto alle dimensioni dell'oggetto da classificare (per esempio, una chiave).[2] Il solo fatto di vedere un oggetto sembra attivare la presa appropriata per afferrarlo.

Se è vero che gli esseri umani hanno un «sistema di neuroni canonici», allora nello studio di TMS anche l'osservazione di oggetti avrebbe dovuto produrre, come l'osservazione di azioni, un effetto di facilitazione motoria, che invece non è stato rilevato. Perché ciò è un motivo di disappunto? Perché rivela che sono stati usati due pesi e due misure nell'interpretazione dei risultati della TMS:

Azioni: osservare azioni produce una facilitazione motoria che viene rilevata usando la TMS. Pertanto negli esseri umani deve esistere un sistema che associa azioni osservate e azioni eseguite, cioè il sistema specchio umano.

Oggetti: osservare oggetti non produce una facilitazione motoria rilevata usando la TMS. Pertanto gli esseri umani non hanno un sistema per associare oggetti osservati e azioni eseguite; in altre parole, gli esseri umani non hanno un «sistema di neuroni canonici» e non dovrebbero essere capaci di afferrare oggetti.

Sappiamo che la conclusione relativa agli oggetti non può essere corretta. Certamente il risultato non è stato interpretato in questo modo. Ciò nonostante, la stessa logica che per ovvie ragioni non è stata usata nel caso degli oggetti *viene usata* per concludere che percepire azioni attiva il sistema motorio.

Lo studio di TMS presenta quindi alcuni problemi. In ogni caso, indica che esistono associazioni tra la percezione e l'esecuzione di azioni, ma questo lo sapevamo già. Che cosa fate quando incontrate qualcuno che vi porge la mano, vi dà un biglietto da visita e poi vi fa un cenno di saluto quando ve ne andate? Gli stringete la mano, prendete il biglietto e ricambiate il saluto, naturalmente. Come fece notare il gruppo di Parma nel suo primo articolo del 1992, le azioni degli altri hanno a che vedere con le nostre ed è abbastanza ovvio che il cervello umano abbia un meccanismo per collegare le une alle altre. Tuttavia l'esistenza di un'associazione tra azioni percepite e azioni eseguite come nello scenario dell'incontro appena descritto, che in realtà è tutto ciò che ha mostrato lo studio, non getta luce sulla domanda vera: i neuroni specchio (o un sistema specchio umano) sono alla base della nostra capacità di *capire* le azioni?

L'altro esperimento cruciale sul sistema specchio umano è uno studio di PET che rilevò l'attività dell'area di Broca durante l'osservazione di azioni.[3] Come ricorderete, si ritiene che l'area di Broca sia omologa all'area F5 delle scimmie. Se si registrasse l'attività di questa regione durante l'osservazione di azioni, secondo logica si otterrebbe una prova dell'esistenza di un sistema specchio umano. Questo è proprio il ragionamento riferito da Rizzolatti e collaboratori in questo loro primo studio con tecniche di *imaging* funzionale del sistema specchio *umano*, pubblicato nel 1996.[4] I soggetti dell'esperimento, sette ventenni in buone condizioni di salute, dovevano osservare uno sperimentatore afferrare un oggetto oppure afferrarne uno essi stessi. L'attivazione cerebrale associata a queste due situazioni era messa a confronto con il valore di riferimento relativo alla semplice osservazione di uno sperimentatore che teneva in mano un oggetto. In accordo con i dati dei neuroni specchio delle scimmie, l'osservazione di azioni di afferramento provocava attività cerebrale in due regioni, una regione sensoriale nel lobo temporale superiore e una porzione dell'area di Broca nell'emisfero sinistro. L'attivazione del lobo temporale superiore era interessante perché a metà degli anni ottanta – prima della scoperta dei neuroni specchio – in un'area simile della scimmia si erano trovate cellule che si attivano durante l'osservazione di movimenti della mano.[5] In ogni caso, tutta la gloria andò all'attivazione dell'area di Broca. Come nello studio sulle scimmie, era stata rilevata l'attività di un'area motoria durante l'osservazione di azioni di afferramento e ciò sembrava una prova piuttosto diretta dell'esistenza di un sistema specchio negli esseri umani.

C'era un problema, però: il settore dell'area di Broca che rispondeva durante l'osservazione di azioni *non* rispondeva anche durante l'esecuzione di azioni di afferramento. Di fatto, *non* c'erano regioni che si attivavano sia durante l'osservazione sia durante l'esecuzione, la caratteristica distintiva dei neuroni specchio. Rispetto alla situazione di semplice osservazione di un oggetto, quando i soggetti afferravano qualcosa si attivavano aree di controllo motorio più tradizionali: la corteccia motoria primaria, la corteccia somatosensoriale adiacente (un risultato previsto, perché gli oggetti venivano toccati), parti dei gangli della base e del cervelletto (due strutture che partecipano al controllo motorio – si veda l'Appendice A) e qualche altra regione. L'attività della parte essenziale del sistema motorio era un risultato atteso, mentre la mancanza di attivazione dell'area di Broca non era stata prevista in base ai dati sui neuroni specchio delle scimmie.

In generale, la totale mancanza di sovrapposizione tra osservazione ed esecuzione di azioni sembrerebbe offrire una prova abbastanza diretta del fatto che *non esiste* un sistema specchio umano. Rizzolatti e i suoi collaboratori, però, offrirono un'interpretazione diversa dei dati, sostenendo che la mancanza di attivazione dell'area di Broca durante l'esecuzione delle azioni era dovuta alla semplicità del compito: l'atto di afferrare un oggetto non era abbastanza impegnativo da portare all'attivazione. L'articolo citava molti altri esperimenti sull'attivazione del cervello durante l'esecuzione di un'azione descritti nella letteratura, nessuno dei quali aveva rilevato l'attività dell'area di Broca. Però ne segnalava anche altri che *avevano* rilevato l'attività dell'area di Broca durante l'esecuzione di compiti motori complessi, come compiere uno alla volta una *sequenza* di movimenti e non una semplice azione di afferramento. Nonostante la mancanza di risposte di tipo specchio nei dati, gli autori concludevano: «La presenza di un'attivazione della regione di Broca durante l'osservazione di azioni [...] [suggerisce] un possibile meccanismo evoluzionistico comune per il riconoscimento del linguaggio e delle azioni»;[6] in altre parole, gli esseri umani hanno neuroni specchio, che formano la base neurofisiologica del riconoscimento delle azioni (compresi gli atti linguistici) e sono l'anello mancante che spiega l'evoluzione del linguaggio a partire da meccanismi di riconoscimento delle azioni presenti nelle scimmie.

Può sembrare strano che uno studio che da un certo punto di vista non è riuscito a dimostrare un effetto simile a quello dei neuroni specchio sia citato come prova dell'esistenza di un sistema specchio umano, ma in realtà non è poi tanto strano. I dati scientifici contengono rumore. Le misurazioni a volte non riescono a rilevare fenomeni che esistono realmente e a volte forniscono prove false di fenomeni inesistenti. Sono eventualità possibili per mille motivi progettuali, sperimentali, tecnologici e statistici e si presentano sempre negli studi di *imaging* cerebrale funzionale di soggetti umani. Di conseguenza, noi ricercatori non possiamo interpretare ogni piccola informazione proveniente da un solo studio come il verdetto finale su un dato argomento. Date le dimensioni relativamente piccole del campione e la mancanza di sensibilità delle tecniche di *imaging* funzionale a metà degli anni novanta, penso che fosse ragionevole per Rizzolatti e i suoi collaboratori suggerire che l'area di Broca è coinvolta nell'esecuzione di azioni e che l'esperimento di PET del 1996 molto semplicemente non l'aveva rilevato. Per la teoria, era una specie di dosso rallentatore e in situazioni simili, come di fronte ai dossi veri, si può rallentare oppure passare a tutta velocità. In quell'esperimento, però, si era già incontrato un altro dosso: la localizzazione dell'attivazione dell'area di Broca durante l'osservazione di azioni.

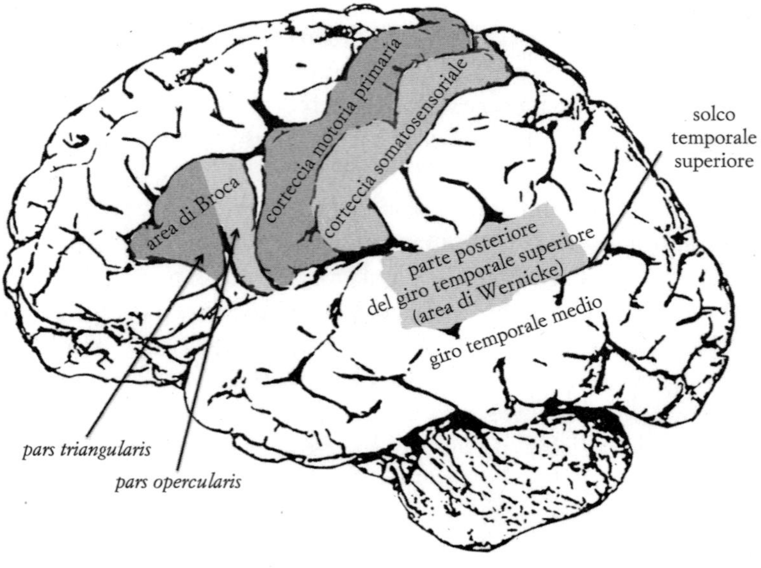

L'area di Broca comprende due settori principali: una porzione posteriore chiamata *pars opercularis* e una zona anteriore chiamata *pars triangularis* (si veda la figura). Queste due regioni si distinguono sia per le caratteristiche anatomiche macroscopiche sia per l'organizzazione cellulare interna, o *citoarchitettura*. Nell'esperimento di PET dell'équipe di Rizzolatti, l'attivazione durante l'osservazione di azioni era stata rilevata nella *pars triangularis*. Questo fatto è importante perché la regione che si presume omologa all'area F5 delle scimmie non è la *pars triangularis*, ma la *pars opercularis*. Quindi non solo l'esperimento non ha documentato un effetto specchio – attivazione sia per l'osservazione sia per l'esecuzione – ma l'unico effetto che è riuscito a rilevare non era nel posto giusto.

Forse anche in questo caso si può dire che si tratta soltanto di un dosso. I due settori dell'area di Broca sono adiacenti e le tecniche di *imaging* funzionale a volte possono sbagliare nel localizzare l'attivazione poiché considerano i valori medi di cervelli diversi (si veda l'Appendice B). O forse, come ipotizzato dagli autori dell'articolo, la differenza riflette una divergenza evolutiva tra gli esseri umani e i macachi. Ad aggravare la situazione, uno studio gemello su esseri umani pubblicato nel 1996 da alcuni degli stessi autori – che avevano messo a confronto l'osservare atti di afferramento non con l'eseguirli, ma con l'*immaginarli* – si imbatté negli stessi due dossi: l'osservazione delle azioni attivava la *pars triangularis* e non c'era sovrapposizione tra osservazione ed esecuzione (immaginata) delle azioni.[7] I risultati anomali si erano ripetuti. Nonostante tutto ciò, l'interpretazione della funzione dei neuroni specchio e la generalizzazione dell'esistenza e delle proprietà del sistema al caso umano iniziarono a diffondersi nella letteratura scientifica.

Per riassumere, nel 1995 e nel 1996 il gruppo di Parma e alcuni altri collaboratori pubblicarono quattro articoli sui neuroni specchio: l'articolo del 1995 sullo studio di TMS su soggetti umani, l'articolo fondativo del 1996 sulle scimmie, pubblicato su «Brain», in cui venne coniata l'espressione «neuroni specchio», e i due articoli gemelli del 1996 sullo studio di PET di soggetti umani. Questi articoli gettarono le fondamenta di tutto ciò che è venuto dopo. Benché i risultati relativi alle scimmie non corrispondessero granché a quelli relativi ai soggetti umani, le anomalie non indussero nessuno a riconsiderare il ruolo funzionale dei neuroni specchio delle scimmie e la loro relazione con un possibile sistema umano simile. Le anomalie furono invece attribuite a complicazioni associate ai compiti eseguiti o a differenze nell'evoluzione degli esseri umani e delle scimmie. La conclusione fu questa: le scimmie e gli esseri umani hanno neuroni/sistemi specchio, che sono la base neurale della comprensione delle azioni. Questa conclusione, a sua volta, suggerì che i neuroni specchio potessero gettare nuova luce su capacità umane complesse.

Sia chiaro, non vi è nulla di sbagliato in un'ipotesi forte, interessante e creativa. E non vi è nulla di sbagliato nel perseguirla anche nonostante qualche anomalia empirica, *a patto che il programma di ricerca proceda con estrema cautela*. Ma la ricerca sui neuroni specchio non l'ha fatto. Riesaminando la questione, l'aspetto particolarmente preoccupante di quelle prime pubblicazioni fondative è la circolarità degli argomenti:

- I neuroni specchio delle scimmie rispondono sia durante l'esecuzione di azioni sia durante la loro osservazione. Le interpretazioni possibili sono più di una e tuttavia – questo sostiene l'articolo del 1996 sui neuroni specchio *delle scimmie* – anche gli esseri umani hanno un sistema specchio, come mostrano gli studi di TMS e di PET. Nel caso degli esseri umani, esiste una teoria secondo la quale certe aree motorie sono determinanti per il riconoscimento del linguaggio. Quindi i neuroni specchio delle scimmie devono essere la base della comprensione delle azioni.
- Negli esseri umani non vi è sovrapposizione neuronale tra osservazione ed esecuzione di azioni come nelle scimmie e l'attivazione durante l'osservazione di azioni non è esattamente nello stesso punto del cervello, ma, secondo lo studio di PET del 1996 del sistema specchio *umano*, dato che «i dati relativi ai neuroni di F5 nelle scimmie suggeriscono che un'azione motoria viene riconosciuta associandola a un'azione simile che ha una codifica motoria nello stesso neurone, [la] presenza di un'attivazione della regione di Broca durante l'osservazione di azioni collega gli insiemi di osservazioni [relativi agli esseri umani e alle scimmie], indicando un possibile meccanismo evolutivo comune per il riconoscimento del linguaggio e delle azioni».[8]

In pubblicazioni successive – tra cui gli articoli teorici rivoluzionari del 1998 – si palesò la tendenza a minimizzare i dettagli preoccupanti. Per esempio, tanto l'articolo del 1998 di Gallese e Goldman sulla lettura del pensiero quanto l'articolo di Rizzolatti e Arbib del 1998 sui neuroni specchio alla base del linguaggio riassumono gli studi di PET del 1996 e li citano come prove dell'esistenza di un sistema specchio negli esseri umani, ma non discutono il fatto (o, più precisamente, il problema) della mancanza di sovrapposizione tra osservazione ed esecuzione in questi studi. È pur vero che Rizzolatti e Arbib citano molti *altri* articoli che descrivono un'attivazione dell'area di Broca durante l'esecuzione di varie azioni, ma questi studi non avevano affatto indagato l'osservazione delle azioni e l'attività che avevano rilevato era per lo più nella parte posteriore dell'area di Broca, la *pars opercularis*.

Anche se le discussioni teoriche successive sembrarono ignorarle, le complicazioni dei primi studi di PET non smisero di essere «piuttosto sgradevoli», come le descrissero in seguito Rizzolatti e i suoi collaboratori.[9] Certo, prendendo in esame *molti* studi si potevano trovare prove dell'attivazione dell'area di Broca durante l'osservazione in uno studio e durante l'esecuzione in un altro, ma considerando le sedi precise di queste attivazioni, come fece un'analisi dei dati condotta nel 2001,[10] risultava ben poca sovrapposizione diretta nella regione umana omologa all'area F5 delle scimmie, il cuore del sistema specchio. Per contro, una certa sovrapposizione era evidente in altre regioni cerebrali, come il lobo parietale, dove in seguito, nelle scimmie, si sono trovati neuroni specchio.[11]

Qualche segno di una sovrapposizione diretta nell'area di Broca emerse infine da uno studio basato sull'*imaging* funzionale pubblicato nel 1999 da un gruppo dell'UCLA diretto da Marco Iacoboni,[12] in cui i soggetti umani osservavano e poi imitavano gesti delle mani privi di significato, ma ciò introdusse un'ulteriore complicazione nella storia. I neuroni specchio dei macachi non rispondono ad azioni prive di significato né i macachi imitano come fanno gli esseri umani. Se lo studio comprovava l'esistenza di un «sistema specchio» umano, indicava, nuovamente, che il sistema umano fa qualcosa di molto diverso rispetto al sistema delle scimmie.

Prosegue la ricerca dei neuroni specchio negli esseri umani

Nel decennio successivo, la mancanza di prove dirette dell'esistenza di un sistema specchio umano esercitò un'attenzione crescente. Alcuni gruppi di ricerca iniziarono a mettere in dubbio l'esistenza dei neuroni specchio negli esseri umani, osservando la mancanza di sovrapposizione tra osservazione ed esecuzione e denunciando studi precedenti per l'impiego di ragionamenti circolari. Nel 2008, un gruppo formato da ricercatori della NYU e di Carnegie Mellon, per esempio, concluse un articolo di rassegna delle ricerche sui neuroni specchio scrivendo: «Noi speriamo che in futuro gli studi sul sistema specchio umano useranno protocolli nuovi simili a questo per valutare le risposte selettive ai movimenti invece di fare affidamento sul ragionamento circolare usato comunemente per interpretare i risultati di esperimenti sull'imitazione e sull'osservazione passiva di movimenti».[13]

La critica principale mossa agli studi precedenti che deducevano una sovrapposizione tra osservazione ed esecuzione era che i protocolli di *imaging* funzionale usati non isolavano le risposte neurali che dichiaravano di isolare. La maggior parte dei protocolli può soltanto misurare il comportamento di vaste popolazioni di neuroni, il che significa che non si può stabilire se le *singole* cellule che rispondono durante l'osservazione siano le stesse che rispondono durante l'esecuzione.

Supponiamo che la regione cerebrale che stiamo esaminando sia l'incrocio di due grandi strade e che i nostri neuroni siano una folla di pedoni che si accalca intorno all'incrocio. Questi pedoni-neuroni passano tutto il giorno all'incrocio e ogni volta che il semaforo diventa verde attraversano la strada («scaricano»). Vogliamo misurare l'attività dei pedoni-neuroni, ma possiamo farlo soltanto mediante un dispositivo che rileva la somma dei movimenti in tutto l'incrocio. Notiamo che quando il semaforo diventa verde in una direzione, poniamo quella nord-sud, registriamo un forte segnale di movimento. Anche quando il semaforo diventa verde nell'altra direzione, est-ovest, registriamo un segnale forte. Sono gli stessi pedoni-neuroni che rispondono a entrambi i tipi di stimolazione?

Non si può dire. Potrebbe essere che tutti i pedoni-neuroni continuano a passare avanti e indietro sullo stesso attraversamento, oppure che tutti attraversano in entrambe le direzioni, «attivandosi» a entrambe le stimolazioni. La stessa considerazione vale per le misurazioni fMRI: anche se si trova una regione che risponde a due diverse condizioni, non si può dire se siano gli stessi neuroni a rispondere a entrambe o se si tratti di due popolazioni di neuroni mescolate.

Esiste un modo per superare questa limitazione. Se lo stimolo si ripete, i neuroni si adattano, si abituano – l'abituazione è la base neurale del fenomeno per cui l'acqua un po' fredda in cui ci siamo tuffati, *appena ci abituiamo*, diventa piacevole. Se, nell'analogia dell'incrocio, i pedoni-neuroni si abituano, si può prevedere che gli individui che devono attraversare di continuo senza mai fermarsi lo faranno con meno vigore di quelli che fanno una pausa tra un attraversamento e l'altro. Possiamo quindi condurre l'esperimento seguente. Accendiamo due volte di seguito il semaforo nord-sud e misuriamo la differenza tra la prima risposta dei neuroni e la seconda; quest'ultima dovrebbe essere meno vigorosa, il che indicherebbe l'abituazione. Ora accendiamo prima il semaforo nord-sud e poi quello est-ovest. Se non si osserva abituazione, possiamo dedurre che i pedoni-neuroni che attraversano nelle due direzioni non sono gli stessi: gli attraversatori non sono stanchi, abituati, e rispondono con lo stesso vigore al segnale. Se invece le misure rivelano abituazione, possiamo concludere che almeno alcuni dei pedoni-neuroni attraversano in entrambe le direzioni perché *qualcuno* si è stancato di dover rispondere due volte di fila. Continuiamo a non sapere come si muovono esattamente i singoli pedoni-neuroni né quanti sono ad attraversare nell'una o nell'altra direzione, ma quanto meno sappiamo che un sottoinsieme della popolazione di pedoni-neuroni si muove in entrambe le direzioni.

Che cosa succede quando si applica questo metodo di *adattamento alla fMRI* alla questione dei neuroni specchio? Vi sono regioni in cui si rileva abituazione quando si associano osservazione ed esecuzione di azioni? I primi tentativi di rispondere a questa domanda indicarono una risposta *negativa*, attizzando le braci del dubbio riguardo al ruolo dei neuroni specchio nel comportamento umano.[14] Questi studi, tuttavia, erano incentrati sull'imitazione di gesti della mano, non sulle azioni dirette a un oggetto che sono le preferite dai neuroni specchio delle scimmie. Infine, nell'estate del 2009, a più di dieci anni di distanza dalle prime audaci congetture sull'esistenza dei neuroni specchio negli esseri umani, un'équipe di ricercatori dello University College di Londra pubblicò una relazione che forniva la prima prova relativamente diretta dell'esistenza di neuroni specchio nella regione cerebrale umana che si ritiene omologa all'area F5 delle scimmie. In 9 individui dei 10 studiati, il settore posteriore dell'area di Broca presentava effetti di abituazione tra osservazione ed esecuzione di azioni su oggetti.[15]

Non molto tempo dopo questo articolo del 2009, un gruppo dell'UCLA descrisse la prima e finora unica dimostrazione diretta dell'esistenza di neuroni specchio negli esseri umani. I soggetti dello studio erano 21 pazienti sottoposti a interventi chirurgici per una forma di epilessia non trattabile farmacologicamente. La procedura clinica per individuare la causa delle convulsioni comprendeva l'impianto di elettrodi nel cervello dei pazienti, permettendo di registrare l'attività di singoli neuroni. I soggetti osservavano videoclip di azioni di afferramento, che poi venivano invitati a ripetere; un altro compito consisteva nell'osservare ed eseguire movimenti del volto. Lo studio ha rilevato singole cellule che rispondevano sia durante l'osservazione sia durante l'esecuzione in diverse regioni cerebrali situate in prossimità della linea mediana dei due emisferi, tra cui un'area motoria, nota come area motoria supplementare. La presenza di neuroni specchio nelle regioni cerebrali delle scimmie omologhe a queste non è ancora stata valutata, ma per lo meno ora abbiamo una prova diretta del fatto che alcune cellule, da qualche parte nel cervello umano, hanno una risposta di tipo specchio.

Questo risultato, però, non è poi così utile per cercare di chiarire *che cosa* fanno realmente i neuroni specchio nei macachi e negli esseri umani. A tal fine, dobbiamo esplorare più a fondo l'idea della simulazione motoria alla base della comprensione delle azioni. E quando si inizia a esplorare, si trovano alcune preoccupanti anomalie.

4. Anomalie

Se guardiamo il cielo, sembra che sia il Sole a ruotare intorno alla Terra. Questa prova a favore della visione geocentrica dell'universo è tanto convincente che non sorprende il fatto che la teoria geocentrica abbia dominato la filosofia, la scienza e la religione per secoli. Nel corso del tempo, gli astronomi osservarono anomalie incompatibili con la teoria. L'anomalia principale era il moto retrogrado dei pianeti. Gli oggetti visibili nel cielo notturno, tra cui le stelle e i pianeti, si muovono da est a ovest nel corso della notte. I pianeti osservati in due notti consecutive, tuttavia, si muovono da ovest a est *relativamente allo sfondo delle stelle*. Questa azione è all'origine della parola *pianeta*, che viene dal greco πλανήτης, «errante, vagante». Di tanto in tanto, per qualche settimana i pianeti invertono la propria direzione di marcia relativamente alle stelle. Questo *moto retrogrado* anomalo è privo di senso in un modello del cielo in cui tutti i corpi celesti ruotano intorno alla Terra.

Nel II secolo, Tolomeo propose una soluzione contorta, ma in accordo con la teoria geocentrica, in cui le orbite dei pianeti non erano orbite circolari precise, ma erano associate a una serie di sfere concentriche, però fu soltanto nel XVI secolo che il moto retrogrado dei pianeti stimolò la rivoluzione eliocentrica di Copernico. Ponendo il Sole al centro delle orbite dei pianeti, Copernico mostrò che orbite planetarie ragionevolmente semplici erano compatibili con il moto retrogrado dei pianeti, essendo questo soltanto *apparente*, non reale. A noi sembra che i pianeti invertano la propria direzione di marcia perché ne osserviamo le orbite da una piattaforma mobile. Quando l'orbita della Terra supera quella di un altro pianeta, come quando si supera un veicolo in autostrada, il pianeta sembra muoversi in direzione opposta.

Che cosa ha a che vedere tutto ciò con i neuroni specchio? È un esempio che illustra la notevole influenza di un'intuizione di buon senso. Poiché la teoria geocentrica è intuitivamente in accordo con il fatto in apparenza evidente che il Sole «si muove» nel cielo, ci vollero secoli per arrivare a capire che cosa accade in realtà. Potremmo essere in una situazione simile riguardo ai neuroni specchio. I neuroni specchio scaricano *sia* quando la scimmia esegue un'azione *sia* quando osserva un'azione simile. Dato questo fatto evidente, i neuroni specchio *devono* essere coinvolti *sia* nella generazione di movimenti *sia* nella comprensione delle azioni altrui. Vi sono però alcune anomalie. Alcune sono state messe in luce nel capitolo precedente: il sistema specchio delle scimmie e quello umano sembrano comportarsi in modi diversi, il che complica le estrapolazioni da una specie all'altra. Appena si inizia a considerare più attentamente le prove, se ne vedono molte altre.

ANOMALIA 1: LA PERCEZIONE DEL LINGUAGGIO SENZA IL SISTEMA MOTORIO PER LA PRODUZIONE DEL LINGUAGGIO

La teoria motoria della percezione del linguaggio, sviluppata negli anni cinquanta, è stata un'importante fonte di ispirazione per la teoria dei neuroni specchio alla base della comprensione delle azioni (per i dettagli, si veda il capitolo 5). In poche parole, la teoria motoria afferma che percepiamo il linguaggio riconoscendo non i suoni, come si potrebbe pensare, bensì i movimenti del tratto vocale che hanno dato forma a quei suoni. A partire dai primi resoconti degli esperimenti sulle scimmie del 1992 e del 1996, i neuroni specchio sono stati pubblicizzati come possibile meccanismo neurofisiologico per la teoria motoria della percezione del linguaggio e così il linguaggio è stato il primo aspetto del comportamento umano presumibilmente spiegato dai neuroni specchio. Il problema della teoria motoria della percezione del linguaggio e dell'idea che i neuroni specchio ne costituiscano il meccanismo è rappresentato da un genere ben noto di disturbo del linguaggio chiamato afasia di Broca. Questo tipo di afasia è caratterizzato da una ridotta capacità di parlare dovuta a un danno di centri motori del linguaggio tra cui l'area di Broca, che si presume essere la regione omologa all'area F5 dei macachi. Se le tesi legate alla teoria motoria e ai neuroni specchio fossero corrette, cioè se le aree motorie del linguaggio avessero un ruolo determinante nella percezione del linguaggio, oltre ai deficit di produzione del linguaggio gli afasici di Broca dovrebbero avere problemi analoghi anche nel riconoscimento del linguaggio. E invece hanno una comprensione uditiva piuttosto buona del linguaggio. Nel resoconto del caso originario, Broca descrive un paziente soprannominato «Tan», dall'unica sillaba che riusciva a pronunciare, ma osserva che il suo paziente oggi famoso era in grado di capire quasi qualunque cosa gli venisse detta. Se la teoria dei neuroni specchio alla base della comprensione delle azioni fosse corretta, l'afasia di Broca non dovrebbe esistere.

ANOMALIA 2: LA COMPRENSIONE DI AZIONI CHE NON SAPPIAMO ESEGUIRE

Con me vivono un cane e una gatta ed ecco ciò che so. Quando il mio cane scodinzola, è felice. Quando nasconde la coda tra le gambe, ha paura. Le orecchie ritte indicano che è attento, pronto, ma quando sono rivolte all'indietro c'è qualcosa che non va. Emette parecchi latrati diversi e altre vocalizzazioni che significano aggressione, eccitazione, «questo è mio, non toccarlo», tristezza e paura. Quando la mia gatta fa le fusa, è ben disposta; quando soffia, devo ritrarmi. Se la sua coda va da una parte all'altra, vuol dire che è annoiata. Se tiene ritta la coda e la fa vibrare, significa che è socialmente ben disposta. Come faccio a sapere che cosa significano queste azioni? Io non abbaio e non faccio le fusa, non so muovere le orecchie e non ho una coda.

Il fatto che possiamo capire le azioni degli animali con cui viviamo, il volo di un uccello, il sibilo di un serpente, lo spruzzo di inchiostro di un calamaro o la schiacciata all'indietro di una stella dell'NBA indica che non abbiamo bisogno di saper eseguire un'azione per capirla. In effetti, da un punto di vista evoluzionistico, per non venire divorati o soffrire la fame è meglio essere capaci di capire e prevedere le azioni dei nostri predatori e delle nostre prede anche se non si muovono come noi.

I teorici dei neuroni specchio riconoscono questo fatto. In un autorevole articolo di rassegna del 2004 sul sistema dei neuroni specchio, Rizzolatti e Craighero ammettono che il cervello può capire le azioni senza il sistema specchio: «anche se siamo pienamente convinti [...] che il meccanismo dei neuroni specchio sia un meccanismo evoluzionistico di grande importanza grazie al quale i primati comprendono le azioni eseguite dai loro conspecifici, non possiamo sostenere che questo sia l'unico meccanismo che permette di capire le azioni degli altri individui».[1] Questo, però, solleva un problema. Se esiste un altro meccanismo, quale pressione selettiva può aver portato all'evoluzione dei neuroni specchio? Se in realtà le cellule sono ridondanti, non vi è nulla su cui la selezione naturale possa operare. I neuroni specchio dovevano accordare un altro vantaggio di sopravvivenza oltre a costituire una rete per la comprensione delle azioni «altrui».

Una congettura che è stata proposta riguardo al vantaggio extra è la «comprensione dall'interno», l'idea che soltanto se siamo collegati in qualche modo a un'azione dal punto di vista motorio possiamo capirla davvero. Pertanto possiamo riconoscere un volo, però non lo capiamo *veramente*, perché non abbiamo mai volato con le nostre sole forze. Ecco come viene spiegata questa ipotesi in un articolo di rassegna del 2010 di Rizzolatti e Corrado Sinigaglia.[2] La spiegazione segue il riassunto di uno studio di fMRI precedente[3] che ha mostrato che gli osservatori sanno riconoscere le azioni degli animali che non appartengono al repertorio motorio umano (per esempio, abbaiare) e che questo riconoscimento coinvolge il *flusso ventrale* (si veda l'Appendice A), una parte dei lobi temporali, e non il sistema specchio:

> Questi dati indicano che il riconoscimento del comportamento motorio degli altri può dipendere dalla mera elaborazione dei suoi aspetti visivi. Questa elaborazione è simile a quella effettuata dalle aree del «flusso ventrale» per il riconoscimento di oggetti inanimati. Permette l'etichettatura del comportamento osservato, ma non fornisce all'osservatore gli indizi necessari per una reale comprensione del messaggio trasmesso (per esempio, l'intento comunicativo del cane che abbaia). Per contro, quando l'azione osservata influenza [attiva] il sistema motorio mediante il meccanismo specchio, l'azione viene non solo etichettata visivamente, ma anche compresa, poiché la rappresentazione motoria del suo obiettivo è comune all'osservatore e all'agente. In altre parole, l'azione osservata è compresa dall'interno come una possibilità motoria e non solo dall'esterno come una mera esperienza visiva.[4]

Chi conosce bene i cani o di tanto in tanto li osserva potrebbe non essere d'accordo con questa tesi. Non è poi così difficile distinguere il significato di vari tipi di latrati, dall'eccitazione all'aggressione. I dati empirici confermano questa intuizione. Un gruppo di scienziati ha registrato i latrati di pastori ungheresi in varie situazioni: quando i cani venivano avvicinati da un estraneo, quando si preparavano a lottare, quando erano lasciati soli, quando stavano per giocare con la palla e in altre situazioni. Il compito richiesto ai 45 partecipanti era ascoltare i latrati e stabilire in quali situazioni erano stati registrati. Per quattro categorie di latrati (arrivo di un estraneo, lotta imminente, solitudine e gioco), i risultati sono stati nettamente superiori a quelli che si otterrebbero rispondendo a caso. Gli errori tendevano a essere tra categorie simili (come interpretare un latrato per un estraneo come un latrato di lotta). I partecipanti allo studio valutavano anche la qualità emotiva dei latrati. I latrati per un estraneo erano giudicati come i più aggressivi e i meno festosi e giocosi, i latrati di solitudine ottenevano punteggi alti per la paura e la disperazione e i latrati di gioco erano considerati i più allegri e giocosi. Un aspetto importante è che i partecipanti erano costituiti da tre gruppi: persone vedenti, non vedenti che avevano avuto esperienze visive e non vedenti dalla nascita (quindi completamente privi di esperienze visive). Le prestazioni dei tre gruppi sono risultate simili, un segno del fatto che la «comprensione» dell'intenzione che sta dietro il latrato si può raggiungere usando soltanto le caratteristiche acustiche e non sulla base di indizi visivi di cui si ha già esperienza associati a latrati.[5]

Dal punto di vista evoluzionistico, è un risultato sensato. Se una specie sa interpretare i vari tipi di azioni di altre specie, in modo innato o con l'apprendimento, ottiene un notevole vantaggio di sopravvivenza. La domanda è: la «comprensione dall'interno» che cosa aggiunge a questa capacità? Secondo Rizzolatti e Sinigaglia etichetta l'azione come una «possibilità motoria» – in altre parole, in più c'è la scoperta di una possibilità: «Ehi, lo so fare anch'io!» Anche se può essere vantaggioso per alcuni compiti motori, come quando si impara un comportamento osservando gli altri (il cosiddetto apprendimento osservazionale è un punto su cui ritorneremo nel capitolo 8), tutto ciò sembra secondario per comprendere le azioni a un livello fondamentale, come determinare se un cane sta per attaccarci o darci una leccata. Vale la pena notare, inoltre, che l'affermazione più limitata che i neuroni specchio permettono una «comprensione dall'interno» è una tesi piuttosto diversa e sostanzialmente più debole in confronto all'idea popolare che i neuroni specchio siano *la* base della comprensione delle azioni.

ANOMALIA 3: L'APRASSIA DEGLI ARTI

L'aprassia degli arti è una malattia neurologica, provocata di solito da un ictus o da una malattia neurodegenerativa come l'Alzheimer. Il paziente ha una ridotta capacità di eseguire compiti o movimenti su richiesta, anche se comprende il comando, è disposto a eseguire il compito, il compito gli è familiare e non ha problemi muscolari che gli potrebbero impedire l'esecuzione dei movimenti. In breve, si tratta di un deficit relativo all'esecuzione di movimenti non elementari finalizzati. Mimare e imitare gesti dimostrano di essere i compiti più difficili, mentre di solito la capacità di compiere azioni reali su oggetti concreti è molto meno compromessa. Nell'esempio classico, il paziente aprassico invitato a far vedere come risponderebbe al telefono avvicina la mano alla testa, però si porta le dita alla bocca come se mangiasse qualcosa invece di accostare all'orecchio un'immaginaria cornetta, poi può muovere le mani goffamente nella vana ricerca del gesto giusto. Quando il telefono suona davvero, tuttavia, solleva la cornetta e risponde senza difficoltà.

I due articoli del 1992 e del 1996 sui neuroni specchio delle scimmie citano l'aprassia degli arti come un possibile collegamento con i sistemi coinvolti nella comprensione delle azioni negli esseri umani. L'idea di base è che questi aprassici hanno tutti deficit di esecuzione delle azioni e alcuni anche di riconoscimento delle azioni. Questa è stata considerata come una prova neurofisiologica significativa a favore della tesi che i sistemi di esecuzione delle azioni siano la base della comprensione delle azioni. *Però* l'aprassia riguarda soprattutto il mimare e l'imitare, due capacità che le scimmie non possiedono e a cui i neuroni specchio non rispondono. Quindi un'associazione tra l'esecuzione e la comprensione di azioni nell'aprassia, anche se si potesse stabilire con certezza, rifletterebbe la funzione di un sistema che è diverso dal sistema dei neuroni specchio delle scimmie. Ciò nonostante, individuare *qualche* relazione tra controllo e comprensione delle azioni sarebbe un sostanziale passo avanti per lo studio dei neuroni specchio.

Come prevedibile, l'aprassia degli arti è diventata un argomento scottante nelle ricerche sui neuroni specchio. In particolare, ha ricevuto una grande attenzione uno studio del 2008, condotto da un gruppo di Roma, che sembra fornire una prova schiacciante del collegamento causale ricercato tra esecuzione e comprensione delle azioni.[6] I ricercatori hanno valutato 41 pazienti che avevano subìto un ictus (33 nell'emisfero sinistro e 8 nell'emisfero destro) in relazione alla capacità di compiere e comprendere gesti. L'aprassia degli arti è associata principalmente a una lesione dell'emisfero sinistro, quindi ci concentriamo sul gruppo corrispondente. Di questi 33 pazienti, 21 sono stati classificati come aprassici in seguito all'osservazione da parte dei ricercatori di deficit o in un compito di imitazione di un gesto (come quello dell'autostop) o in un compito che richiedeva l'esecuzione di una sequenza di movimenti con oggetti reali (per esempio, accendere una candela). In accordo con le ricerche precedenti, i deficit nel compito di interazione con oggetti reali erano meno gravi (82% di successi) rispetto ai deficit nel compito di imitazione (54% di successi). Ciò significa che le correlazioni considerate più avanti molto probabilmente sono dovute ai risultati ottenuti nel compito di imitazione. I 12 pazienti non aprassici non mostravano deficit nel compito con gli oggetti (100% di successi) e un lieve deficit nel compito di imitazione (91% di successi).

La domanda cruciale per verificare l'ipotesi dei neuroni specchio è questa: i pazienti affetti da aprassia degli arti presentano deficit di riconoscimento dei gesti? Per valutarlo, l'équipe di ricercatori mostrava ai pazienti alcuni videoclip in cui un attore eseguiva azioni su oggetti, come strimpellare una chitarra, e azioni non dirette a oggetti, come fare il gesto dell'autostop. Ai pazienti venivano mostrati anche videoclip di azioni sbagliate (strimpellare un flauto invece di una chitarra, o fare il gesto dell'autostop sollevando il mignolo al posto del pollice), che poi dovevano classificare come giuste o sbagliate.

Se la teoria dei neuroni specchio alla base della comprensione delle azioni fosse corretta (ignorando per il momento le complicazioni relative all'imitazione), i pazienti affetti da aprassia degli arti dovrebbero presentare deficit di riconoscimento delle azioni; inoltre, più grave è l'aprassia più gravemente compromessa dovrebbe essere la loro comprensione. Questo è proprio il risultato riferito. Nel compito di riconoscimento, i soggetti aprassici ottenevano il 68% di successi, mentre i pazienti non aprassici arrivavano al 90%. Per di più, si rilevò una forte correlazione positiva tra i risultati ottenuti nei due compiti: quanto più grave era il deficit espressivo (la difficoltà a eseguire azioni) tanto più grave era il deficit ricettivo (la difficoltà a classificare le azioni nei videoclip come giuste o sbagliate). I valori medi, tuttavia, possono nascondere importanti dettagli e le correlazioni non riflettono necessariamente un rapporto di causalità. Come ha osservato il matematico Des MacHale, «L'essere umano medio ha una mammella e un testicolo.» A ciò possiamo aggiungere che le dimensioni del seno destro e del seno sinistro sono fortemente correlate, ma ciò non significa che il destro abbia fatto sviluppare il sinistro.

In effetti, un esame più attento di questo studio rivela alcuni dettagli significativi. Uno di questi è il fatto che dei 21 pazienti aprassici 7 non avevano alcun deficit di riconoscimento delle azioni; dunque avevano difficoltà a eseguire azioni, ma non a riconoscere la differenza tra azioni corrette e azioni sbagliate nei video mostrati. Si tratta di un terzo dei pazienti aprassici, quindi di una minoranza piuttosto grande che non può essere trascurata come rumore statistico. Ciò mostra in modo conclusivo che la capacità di comprendere le azioni non richiede la capacità di eseguirle, contrariamente alle previsioni della teoria dei neuroni specchio alla base della comprensione delle azioni.

Restano da chiarire alcune questioni. Come spieghiamo gli altri due terzi del campione che presentano deficit sia di esecuzione sia di comprensione? E che cosa si può dire della correlazione tra la gravità dei deficit espressivi e di quelli ricettivi? Sono possibili molte spiegazioni. Consideriamone una. La regione o le regioni principalmente coinvolte nella comprensione delle azioni sono diverse da quelle che partecipano al controllo motorio, ma in alcuni pazienti aprassici sono danneggiate le une e le altre. Se i due circuiti sono relativamente vicini, i deficit possono presentarsi in maniera congiunta, dando luogo a correlazioni o effetti medi significativi che sembrano derivare da un danno dello stesso circuito.

Per riassumere i risultati relativi all'aprassia in una frase: i deficit di controllo delle azioni non danno sempre origine a deficit di comprensione delle azioni e questa è un'anomalia per la teoria dei neuroni specchio alla base della comprensione delle azioni.

ANOMALIA 4: LA SINDROME DI MOEBIUS

Quando siamo contenti, sorridiamo; quando proviamo collera, aggrottiamo le sopracciglia; quando siamo sorpresi, beh, sembriamo sorpresi. Le emozioni provocano espressioni del volto specifiche e facilmente riconoscibili. Almeno sette – collera, disprezzo, disgusto, paura, felicità, tristezza e sorpresa – sono riconosciute da tutte le culture umane.[7] Riconoscere le espressioni facciali ha implicazioni sociali ovvie ed è una fonte primaria di informazioni per leggere la mente, per capire ciò che gli altri pensano o provano. Questo è proprio il tipo di capacità che si suppone spiegata dal sistema specchio umano e i teorici della simulazione motoria hanno una spiegazione bell'e pronta per il modo in cui interpretiamo le emozioni sul volto degli altri. Poiché abbiamo già associazioni neurali innate tra le nostre emozioni e le corrispondenti espressioni del volto (per esempio, le emozioni di felicità provocano espressioni felici), possiamo interpretare le emozioni degli altri semplicemente simulando l'espressione osservata e usando l'associazione nella direzione opposta. Simulando l'espressione, abbiamo accesso all'emozione associata in noi stessi e proviamo letteralmente il dolore, la gioia o la sorpresa della persona che stiamo osservando.

Alcuni dati indicano che ciò potrebbe essere vero, che la relazione emozione-espressione del volto potrebbe funzionare nella direzione opposta. Lo psicologo americano Paul Ekman e i suoi collaboratori hanno scoperto che chiedendo semplicemente alle persone di muovere i muscoli facciali per creare certe configurazioni senza nominare la particolare emozione (invitando il soggetto ad abbassare le sopracciglia, stringere gli occhi e così via) si possono indurre risposte fisiologiche associate alla configurazione facciale; per esempio, una configurazione legata alla collera può far aumentare il battito cardiaco.[8]

Ma che cosa succede se non si hanno queste associazioni automatiche tra emozioni ed espressioni del volto? E se non si è assolutamente capaci di esprimere le emozioni con il volto? Questa è la situazione in cui si ritrovano le persone affette dalla sindrome di Moebius, una rara paralisi bilaterale congenita del volto che rende impossibile le espressioni facciali delle emozioni.[9] La sua causa è sconosciuta. L'incapacità di muovere le labbra influenza anche l'articolazione del linguaggio, ma se il resto del tratto vocale funziona questo ostacolo può essere superato con la logoterapia. La maggior parte dei pazienti può imparare a parlare in modo chiaro.

È difficile immaginare quanto sarebbe difficile la comunicazione sociale senza le espressioni del volto. Come hanno osservato Kathleen Bogart e David Matsumoto in un articolo recente, le persone affette dalla sindrome di Moebius sono incapaci di condividere uno dei pochi linguaggi universali, le espressioni facciali delle emozioni. Sorridere amichevolmente o mostrare un interesse attonito è impossibile. Come comunicate che cosa state provando? Lo potete esprimere con le parole, ma chi vi crede se il vostro volto è una tabula rasa? A chi non vi conosce sembrereste una specie di robot ostile. Non sorprende quindi che gli individui affetti dalla sindrome di Moebius tendano a essere inibiti e introversi e riferiscano di provare sensazioni di inadeguatezza e inferiorità più delle persone normali.

Gli effetti motori della sindrome di Moebius sono noti sin da quando il neurologo tedesco Paul Julius Moebius la descrisse per la prima volta, nel 1888, ma i suoi effetti sulla percezione sono stati indagati soltanto di recente. La questione è se l'incapacità motoria di esprimere emozioni facciali impedisca agli individui con questa sindrome di riconoscere le emozioni negli altri. L'ipotesi della simulazione motoria alla base della comprensione delle azioni prevede che sia così.

In uno studio del 2010 pubblicato sulla rivista «Social Neuroscience», Bogart e Matsumoto hanno valutato 37 adulti con la sindrome di Moebius e 37 soggetti di controllo appaiati per età e sesso in un compito di riconoscimento delle espressioni facciali.[10] Ai partecipanti venivano mostrate, una alla volta, 42 fotografie a colori di volti che esprimevano varie emozioni; il compito consisteva nel riconoscere quale delle sette emozioni universali esprimeva ciascun volto. I risultati ottenuti dal gruppo con la sindrome di Moebius sono paragonabili a quelli del gruppo di controllo. Non si sono rilevate differenze statisticamente significative. In realtà, il gruppo dei pazienti ha ottenuto punteggi grezzi superiori a quelli del gruppo di controllo in relazione a cinque delle sette categorie di emozioni. In altre parole, le persone con la sindrome di Moebius non manifestano deficit di riconoscimento delle espressioni emotive del volto. Contrariamente alle previsioni della teoria della simulazione motoria, non occorre essere capaci di esprimere le emozioni per riconoscerle.

A risultati di questo genere i teorici della simulazione motoria ribattono con un altro argomento. L'idea è più o meno questa: la sindrome di Moebius intacca la capacità di realizzare un piano motorio a causa di una disfunzione dei nervi facciali, ma il piano motorio si trova nella corteccia cerebrale ed è intatto, quindi le persone affette da questa sindrome possono ancora simulare *internamente* i movimenti facciali che vedono e questo livello superiore è la sede delle loro capacità di riconoscimento. È una possibilità legittima e l'argomento è potenzialmente valido.

Anche a questo argomento, però, si può ribattere. La corteccia cerebrale è una rete molto plastica e adattabile che può riorganizzarsi a seconda della particolare situazione sensomotoria. Per esempio, se per qualche motivo una particolare regione della corteccia non riceve più segnali, spesso quel pezzo di tessuto inizia a rispondere alla stimolazione di una fonte diversa.[11] Se per esempio vi capitasse la sfortuna di perdere il dito medio in un incidente stradale, il tessuto corticale che in precedenza rispondeva agli stimoli sensoriali provenienti dal dito medio diventerebbe sensibile a quelli provenienti dall'indice e dall'anulare, che arrivano a regioni corticali adiacenti. Non ricevendo più gli stimoli sensoriali normali, il tessuto viene efficacemente riprogrammato per elaborare informazioni sensoriali provenienti da regioni adiacenti del corpo, come se i territori corticali adiacenti invadessero il tessuto non utilizzato. Sappiamo inoltre, da situazioni di deafferentazione congenita e cronica, come viene chiamata la perdita degli impulsi, che un'area corticale può «dimenticare» (o non imparare) come elaborare le informazioni provenienti dalla fonte normale. Un esempio classico è la sordità periferica congenita, la perdita dell'udito a causa della disfunzione dell'orecchio interno (coclea) o del nervo uditivo. Con lo sviluppo della tecnologia di impianto cocleare, la stimolazione uditiva periferica può essere riportata a un livello che può permettere un udito ragionevolmente buono ed essere anche di sostegno per la capacità di parlare. Va detto, però, che i risultati dipendono dall'età a cui avviene l'impianto. Uno studio ha descritto risposte uditive anomale in bambini che avevano ricevuto l'impianto cocleare dopo i sette anni di età[12] e vi sono prove del fatto che i bambini che ricevono l'impianto prima dei due anni di età ne ricavano maggiori benefici rispetto ai bambini che lo ricevono tra i due e i tre anni.[13] Per le persone affette da sordità congenita che ricevono il primo impianto da adulti la situazione è sostanzialmente peggiore: la loro capacità di riconoscere il linguaggio migliora di poco o non migliora affatto.[14]

Il punto essenziale è ben noto – se non si usa qualcosa, lo si perde – e solleva la questione se le persone con la sindrome di Moebius, non avendo mai usato il sistema corticale che controlla l'espressione del volto, possano in realtà averlo perduto. Se fosse vero, questa possibilità minerebbe l'argomento dei teorici della simulazione motoria di un «piano» motorio che risiede nella corteccia.

ANOMALIA 5: IL RISPECCHIAMENTO PUÒ ESSERE MALADATTATIVO

I teorici dei neuroni specchio lodano le virtù della comprensione «diretta» attraverso la simulazione motoria *senza bisogno di inferenze cognitive complesse*. Per esempio, se osservate un amico che muove la mano verso un acino d'uva, non dovete esaminare tutte le possibilità logiche – *gli piace l'uva*, *ha fame*, *probabilmente vuole raggiungere l'acino per mangiarlo* –; simulando il suo movimento, lo capite in modo «diretto» e «automatico». Potrebbe essere considerato un vantaggio teorico poiché spiegare eventi complessi usando un meccanismo semplice è una buona cosa, dopo tutto, però ha anche alcune conseguenze potenzialmente catastrofiche. Se per capire le azioni altrui dovessimo simularle nel nostro sistema motorio, ciò potrebbe interferire con risposte non di tipo specchio che possiamo dover avere.

Gli sport offrono un buon esempio. In molti sport gli atleti devono rispondere alle azioni di altri giocatori, di solito con reazioni non di tipo specchio. In una partita di baseball un battitore deve preparare il colpo in risposta all'osservazione di un lancio. Un pugile deve schivare o bloccare il pugno in arrivo. Un portiere deve lanciarsi in avanti o saltare quando vede un tiro in direzione della porta. Gli esempi come questi sono molto numerosi e nella maggior parte dei casi il tempo di reazione è la chiave del successo. Se il battitore, il pugile e il portiere dovessero per prima cosa simulare le azioni che hanno osservato, ciò tenderebbe a rallentare i tempi di reazione poiché il sistema motorio dovrebbe attivare un programma simulato che compete e interferisce con quello necessario per rispondere nel modo corretto all'azione. Abbiamo già visto un esempio sperimentale di un'interferenza simile nel capitolo 3 (lo studio in cui i partecipanti dovevano classificare un insieme di oggetti e dovevano rispondere con una presa che a volte non era adatta all'oggetto in questione) e nel capitolo 6 ne vedremo un altro. Il rispecchiamento è quindi potenzialmente maladattativo in situazioni che richiedono reazioni veloci, non di tipo specchio, in risposta ad azioni osservate.

ANOMALIA 6: IL SISTEMA SPECCHIO È FLESSIBILE

Nel 2007, in un esperimento di TMS condotto allo University College di Londra, Caroline Catmur, Vincent Walsh e Cecilia Heyes hanno innanzitutto riprodotto il risultato fondamentale dello studio di TMS del 1995, mostrando che il dito indice di un soggetto si contrae di più durante l'osservazione di video di movimenti dell'indice che durante l'osservazione di video di movimenti del mignolo (e viceversa).[15] Nella fase successiva si sono dedicati ad allenare i soggetti a eseguire «movimenti specchio contrari» in risposta ai movimenti dell'indice o del mignolo mostrati in un video: quando osservavano il movimento di un indice, dovevano muovere il mignolo, e viceversa, per un totale di 864 prove. In seguito, usando anche in questo caso il paradigma sperimentale standard della TMS, il gruppo ha misurato la risposta cerebrale dei soggetti alla vista dei movimenti delle dita e ha scoperto che l'effetto specchio dell'osservazione si era invertito: vedere movimenti dell'*indice* faceva contrarre di più il *mignolo* dell'osservatore e vedere movimenti del *mignolo* gli faceva contrarre di più l'*indice*, anche se ai soggetti veniva chiesto semplicemente di osservare i movimenti e *non* di eseguire essi stessi un movimento.

Così come un finto pugno in faccia genera un indietreggiamento anticipatore nella persona a cui sarebbe diretto, i soggetti dello studio di TMS generavano una risposta motoria anticipatrice (nascosta) che rifletteva l'accoppiamento osservazione/esecuzione (indice/mignolo, mignolo/indice) a cui erano stati allenati. È un semplice caso di apprendimento stimolo-risposta. Un semaforo rosso in mezzo a un incrocio di per sé non richiede che solleviate il piede da un pedale per premerne un altro, ma dopo anni di esperienza di guida il vostro cervello ha stabilito un'associazione tra il colore del semaforo e i movimenti della gamba. Se usassimo la TMS per misurare le risposte dei muscoli della gamba alla vista di un semaforo rosso, rileveremmo senza dubbio un aumento delle contrazioni muscolari alla vista di un semaforo che cambia colore, anche se il vostro compito consiste nello stare seduti sul sedile del passeggero senza fare nulla. Con questo studio, i tre ricercatori hanno fondamentalmente dimostrato che il «sistema specchio» è capace dello stesso tipo di apprendimento associativo.

Per quale motivo ciò rappresenta un problema per la teoria dei neuroni specchio alla base della comprensione delle azioni? Perché è quasi certo che i soggetti, allenati a eseguire «movimenti specchio contrari», quando vedevano un movimento del mignolo (e di conseguenza i muscoli del loro dito medio si contraevano di più), non lo «scambiavano» per un movimento dell'indice. L'allenamento sensomotorio non modificava la percezione dei soggetti, ma ne modificava soltanto la *risposta motoria* stimolata dall'osservazione dell'azione, l'accoppiamento sensomotorio. L'esecuzione e la comprensione di azioni sono separate: se si può alterare la risposta motoria senza influenzare la percezione, la risposta motoria non può essere la base del percetto.

Jonathan Venezia, dottorando nel mio laboratorio, ha portato all'estremo l'idea di ridisegnare lo schema dello stimolo «specchio». Dopo essere giunto alla conclusione che le «risposte di tipo specchio» indotte dalla TMS non riflettono altro che l'accoppiamento associativo, ha progettato e condotto un esperimento simile a quello del gruppo di Londra. In primo luogo, ha rilevato l'«effetto specchio standard»: vedere movimenti del mignolo fa aumentare le contrazioni del mignolo e vedere movimenti dell'indice fa aumentare le contrazioni dell'indice. Poi, invece di allenare i soggetti a eseguire movimenti specchio contrari, li ha allenati a muovere il mignolo alla vista della fotografia di una nuvola e a muovere l'indice alla vista della fotografia di un edificio (o viceversa). Domanda: il «sistema specchio», così come viene misurato dalla TMS, richiede davvero l'osservazione dell'azione, o invece risponde a qualunque stimolo sensoriale che venga accoppiato all'azione? Domanda: la vista di una nuvola provoca contrazioni del mignolo e la vista di un edificio provoca contrazioni del medio? Risposta: sì. Il «sistema specchio» umano è così flessibile che non ha nemmeno bisogno di coinvolgere l'osservazione delle azioni. Possiamo associare uno stimolo arbitrario, anche qualcosa che non possiamo afferrare, a un movimento particolare della mano e, dopo un'oretta di allenamento, la semplice osservazione dello stimolo innesca la risposta motoria associata.

Riesaminiamo alla luce di questi risultati la logica della teoria dei neuroni specchio alla base della comprensione delle azioni. Il sistema specchio si attiva sia quando si esegue un'azione sia quando la si osserva. Secondo la teoria, questo schema di attivazione riflette un meccanismo che ci permette di capire le azioni degli altri simulandole nel nostro sistema motorio. Ma il «sistema specchio» si attiva anche durante l'esecuzione di un'azione e l'osservazione di una nuvola. Significa che capiamo le nuvole simulando la percezione delle nuvole nel nostro sistema motorio? Ovviamente no. Se non funziona per le nuvole, quindi, dobbiamo domandarci se non sia così anche per le azioni.

Vi è un'altra conclusione possibile, però. Forse la TMS non misura con precisione la funzione del sistema specchio, oppure misura sottoinsiemi diversi dei circuiti, di cui uno è il sistema specchio «vero» che codifica azioni e l'altro può codificare associazioni arbitrarie tra eventi sensoriali e azioni. È una possibilità da prendere in seria considerazione, ma se corrispondesse a verità solleverebbe la questione di che cosa misuri esattamente *qualunque* studio di TMS di interazioni sensomotorie.

Per fortunata, la TMS non è l'unica fonte di risultati a favore della plasticità del sistema specchio. La flessibilità del sistema specchio è evidente anche nelle registrazioni dell'attività di singole cellule delle scimmie. Ricordo che l'articolo fondativo del 1996 sui neuroni specchio delle scimmie riferiva che le cellule rispondono all'osservazione di azioni di afferramento compiute da mani umane, ma non se la presa è eseguita con uno strumento, come un paio di pinze. Questo risultato era stato interpretato come una prova della specificità del sistema nei confronti di azioni che appartengono al repertorio della scimmia (le scimmie non usano le pinze), avvalorando così l'esistenza di un meccanismo che accoppia o simula azioni osservate con azioni eseguibili. Nel 2005, l'affermazione è stata modificata sulla base di un altro esperimento pubblicato dal gruppo di Parma:

> Le osservazioni realizzate nel nostro laboratorio hanno mostrato che, alla fine di un periodo relativamente lungo di esperimenti, è stato possibile trovare neuroni specchio che rispondono anche ad azioni compiute dallo sperimentatore con uno strumento.[16]

In questo esperimento, come in quelli originari, le scimmie erano state addestrate per due mesi a eseguire compiti che richiedevano l'osservazione di oggetti e azioni e l'esecuzione di azioni sugli oggetti. Durante il periodo di addestramento, le scimmie avevano però osservato anche azioni effettuate con due strumenti: un bastoncino che poteva essere usato per infilzare oggetti e un paio di pinze usate per afferrarli. Questi strumenti venivano usati per prendere il cibo e darlo alla scimmia. Gli autori riferiscono di aver usato più di frequente il bastoncino durante l'addestramento.

Nell'esperimento principale, è stata misurata l'attività di 209 neuroni nella regione F5 di due scimmie durante l'osservazione di un'azione (con uno strumento o con le sole mani) o durante l'esecuzione di un'azione. Il risultato fondamentale relativo ai neuroni specchio è stato riprodotto: la maggior parte dei neuroni (più del 95%) rispondeva durante l'esecuzione di azioni e una parte di questi anche durante l'osservazione di azioni. Di tutti i neuroni, 74 si comportavano come neuroni specchio tipici, mostrando una maggiore attività durante l'osservazione di azioni senza strumenti. Però 42 neuroni (20,1%) erano più attivi durante l'osservazione di azioni con uno strumento. Di questi, che sono stati chiamati *neuroni specchio che rispondono agli strumenti*, 33 sono stati studiati ulteriormente e si è notato che la maggioranza (26) preferiva l'osservazione delle azioni con il bastoncino, mentre a 4 piacevano di più le pinze e 3 non mostravano preferenze. Di queste 33 cellule, 29 rispondevano, seppur più debolmente, anche all'osservazione di azioni regolari, senza strumenti.

Data la loro alta percentuale nel campione, è improbabile che i neuroni specchio che rispondono agli strumenti siano semplicemente sfuggiti agli esperimenti precedenti. I due mesi di addestramento devono aver portato alla loro esistenza, nel senso che prima dell'addestramento non rispondevano all'osservazione di azioni con strumenti e hanno acquisito questa risposta solo dopo un prolungato addestramento. Il fatto che fossero più numerosi i neuroni specchio che preferivano il bastoncino alle pinze avvalora questa conclusione, dato l'uso più frequente del bastoncino da parte dei ricercatori durante la fase di addestramento. Gli autori inoltre riferiscono che i neuroni specchio che rispondono agli strumenti sono stati individuati soltanto negli ultimi stadi dell'esperimento, quindi dopo molto addestramento.

Il significato di questi risultati è discutibile. Gli autori dell'articolo sostengono che i neuroni specchio che rispondono agli strumenti riflettono la capacità del sistema di generalizzare la comprensione delle azioni – da prendere qualcosa con la mano a prenderlo con uno strumento, poniamo. Secondo loro, i neuroni hanno acquisito la capacità di trattare uno strumento come un'estensione della mano e quindi sono alla base di una nuova capacità della scimmia di capire azioni in cui si utilizza uno strumento. È un'interpretazione plausibile. Non è affatto chiaro, tuttavia, se le scimmie «capissero» davvero l'uso di strumenti nella misura suggerita dagli autori dello studio.

Dopo la fine delle sessioni di registrazione di una delle scimmie, i ricercatori hanno piazzato una piattaforma di fronte alla sua gabbia e vi hanno posato sopra dei pezzetti di cibo, appena fuori dalla portata della scimmia. Dopo aver aspettato dieci minuti, hanno lasciato che la scimmia facesse qualche tentativo, vano, di prendere il cibo, poi hanno messo sulla piattaforma il bastoncino usato nell'esperimento, in modo che la scimmia potesse prenderlo. A quel punto, sono usciti dalla stanza e hanno osservato la scimmia per un'ora attraverso un monitor. Gli autori riferiscono che «la scimmia non ha mai cercato di usare lo strumento per raggiungere il cibo, anche se nei primi minuti lo ha afferrato e morsicato». Ignorando il bastoncino, la scimmia ha invece cercato di arrivare al cibo spostando la piattaforma. Quindi i neuroni specchio che rispondono agli strumenti erano stati allenati nel cervello della scimmia e inequivocabilmente registrati, tuttavia il comportamento successivo della scimmia non indica in alcun modo che l'animale capisse che lo strumento poteva essere usato per infilzare i bocconi. Il comportamento di rispecchiamento dei neuroni specchio che rispondono agli strumenti non si traduceva in una «comprensione», quanto meno non in una comprensione che portasse all'azione.

Questo esperimento con gli strumenti mette in luce un'intuizione potenzialmente cruciale che potrebbe aiutarci a capire da dove provengono e che cosa fanno i neuroni specchio. La scoperta originaria dei neuroni specchio è stata fatta dopo ore di addestramento a un compito di raggiungimento durante le quali le scimmie osservavano uno sperimentatore che usava la mano per posare e afferrare oggetti di forme e dimensioni diverse. Se l'osservazione di azioni manuali (come azioni con strumenti) viene associata all'esecuzione di azioni da parte della scimmia – in altre parole, se una scimmia osserva azioni manuali regolarmente collegate alle sue azioni (*quando la mano posa un oggetto, io afferro l'oggetto*) – una cellula che appartiene a un circuito di associazione sensomotoria per il controllo delle azioni può iniziare a rispondere alla sola osservazione dell'azione. E lo fa soltanto quando è coinvolto un oggetto (poiché ciò che ha a che fare con le azioni della scimmia è l'oggetto). Questa possibilità sarà discussa in maniera più approfondita nel capitolo 8.

ANOMALIA 7: I NEURONI SPECCHIO SONO OUTLIER FUNZIONALI NELL'ORGANIZZAZIONE DEI SISTEMI CORTICALI

Per capire per quale motivo i neuroni specchio non sono conformi all'organizzazione funzionale della corteccia cerebrale è necessaria una breve digressione su ciò che sappiamo attualmente di questa organizzazione. Prima però vorrei spiegare che cosa intendo per «funzionale» in questo contesto. La distinzione tra neuroanatomia, lo studio della struttura cerebrale nello stato statico, e neurofisiologia, lo studio del cervello in azione, è ben nota. A volte l'aggettivo «funzionale» è usato quasi come sinonimo di «fisiologico», come nel caso della MRI *funzionale*, che misura una parte della fisiologia del cervello, cioè le variazioni del flusso ematico, in contrasto con la MRI *anatomica* o *strutturale*.

Tuttavia il cervello non è solo anatomia e fisiologia, essendo fatto per eseguire una vasta gamma di compiti, o *funzioni*, come controllare la respirazione e i cicli sonno-veglia, percepire gli oggetti con la vista o l'udito, camminare, parlare e ricordare, per citarne alcune. Spesso si assume che il cervello realizzi varie funzioni eseguendo *computazioni*, un po' come i computer (torneremo su questo punto nel capitolo 6). Quando i neuroscienziati cognitivi parlano di *organizzazione funzionale* o di *sistemi funzionali*, si riferiscono ai diversi compiti che il cervello svolge e a come sono organizzati i sistemi, le reti o le aree cerebrali che partecipano allo svolgimento di questi compiti. Possiamo quindi parlare di *anatomia funzionale*, cioè della relazione tra varie funzioni e strutture anatomiche. Un esempio è l'affermazione che il sistema uditivo occupa il lobo temporale superiore, mentre il sistema visivo ha sede nel lobo occipitale (e in altre regioni). Qui ci concentriamo sull'organizzazione funzionale della corteccia cerebrale.

Nel corso degli ultimi due secoli abbiamo appreso che l'organizzazione funzionale della corteccia dei mammiferi non è una collezione di aree circoscritte, ciascuna responsabile di una funzione separabile dalle altre. Questo era il mito della frenologia, che immaginava che la corteccia fosse composta di decine e decine di isole funzionali e che ognuno di questi microscopici neuro-organi si dedicasse in maniera esclusiva a una data capacità o a uno specifico tratto. La frenologia era nel giusto riguardo alla non uniformità della corteccia dal punto di vista funzionale, ma aveva torto riguardo all'architettura neurale ad arcipelago. In realtà, i sistemi che partecipano a una data funzione sono organizzati in reti distribuite che coinvolgono decine e decine di sottoregioni interconnesse in comunicazione reciproca (il flusso di informazioni non è unidirezionale), che spesso interagiscono con altre reti funzionali (per esempio, senza la memoria il linguaggio non serve a niente). Un altro aspetto che abbiamo scoperto è che queste reti funzionali non sono prestabilite, ma sono organizzate in ampi flussi di elaborazione, superautostrade dell'informazione in parte isolate che condividono proprietà funzionali.

Probabilmente il lettore è a conoscenza di uno dei princìpi dell'organizzazione corticale, ovvero il fatto che l'emisfero sinistro è più logico, verbale e orientato al dettaglio, mentre l'emisfero destro è più creativo e passionale, spaziale e olistico. Anche questo è una specie di mito popolare, l'equivalente novecentesco della frenologia. Si basa sull'osservazione che i due emisferi non sono perfettamente simmetrici dal punto di vista funzionale. Nella cultura popolare, questa osservazione del tutto corretta è stata gonfiata a dismisura, generando l'idea che l'emisfero sinistro sia la versione neurale di un nerd che ama soltanto la matematica e la logica, mentre l'emisfero destro è l'artista creativo amante del divertimento. In realtà, dal punto di vista funzionale i due emisferi sono molto più simili di quanto possano essere due circuiti dello *stesso* emisfero. Per esempio, entrambi gli emisferi hanno sistemi visivi e uditivi. Con un'analisi approfondita, sarebbe possibile riuscire a individuare alcune lievi differenze tra il sistema sensoriale destro e quello sinistro; alcuni dati indicano che l'emisfero sinistro potrebbe essere superiore nell'elaborazione dei dettagli dell'ambiente sensoriale, mentre il destro potrebbe dare rilievo al quadro generale. Ma sono davvero sottigliezze in confronto alle differenze anatomiche e funzionali tra il sistema visivo e il sistema uditivo *all'interno* di un dato emisfero.

Oltre alle ovvie differenze tra sistemi sensoriali dello stesso emisfero, altre differenze nell'anatomia funzionale interessano tutti i sistemi. Un principio organizzativo importante è l'esistenza di due flussi di elaborazione, il «che cosa» ventrale e il «come» dorsale.[17]

Il cervello deve svolgere due tipi fondamentali di compiti con le informazioni sensoriali: capire *che cosa* sta percependo e capire *come* agire basandosi su ciò che viene percepito. Sono due obiettivi funzionali diversi che coinvolgono circuiti neurali distinti. Consideriamo i diversi compiti che affronta il cervello di una persona che vede una tazza. Per riconoscere *che cos'è* l'oggetto, il sistema visivo deve ignorare le informazioni sulle dimensioni della tazza, i dettagli della sua forma, la sua posizione nello spazio relativamente ad altri oggetti e al corpo e il suo orientamento. Dopo tutto, le tazze possono avere molte forme e dimensioni e non smettono di essere tazze soltanto perché sono vicine o lontane, di fronte o dietro a noi, dritte o inclinate. Per classificare un oggetto come una tazza, il sistema visivo deve estrarre le caratteristiche generali – apprese grazie a esperienze precedenti con le tazze. Questa è la funzione *che cosa*. Spesso non dobbiamo soltanto riconoscere che una tazza è una tazza, ma dobbiamo anche afferrarla. Di colpo i dettagli privi di importanza per il riconoscimento diventano importantissimi per l'azione. Dobbiamo sapere esattamente quanto è grande l'oggetto, qual è la sua forma particolare, se c'è qualcosa davanti all'oggetto che mi impedisce di raggiungerlo, qual è la sua posizione nello spazio e se è dritto o inclinato. Questa è la funzione *come*.

Le ricerche in campo visivo e uditivo hanno dimostrato che i circuiti neurali che realizzano le funzioni *che cosa* e *come* sono organizzati in reti anatomicamente distinguibili.[18] Nel campo della visione, un danno a regioni ventrali quali i lobi occipitali e temporali può portare alla *agnosia visiva*, un deficit della capacità di riconoscere gli oggetti percepiti con la vista.[19] Non è che i pazienti affetti da agnosia visiva non vedano gli oggetti, è solo che non riconoscono *che cosa* sono; possono essere in grado di identificare la forma o le caratteristiche generali, ma non riescono a cogliere l'essenza dell'oggetto. A volte descrivono gli oggetti come «non classificabili». Un medico affetto da agnosia visiva, per esempio, una volta descrisse un guanto come un contenitore con cinque rigonfiamenti e uno stetoscopio come una lunga corda con un disco a un'estremità. Non è un deficit generale, è specifico del riconoscimento visivo: alla vista di un mazzo di chiavi questi pazienti possono non avere idea di che cosa si tratti, ma appena lo prendono in mano lo riconoscono immediatamente. L'aspetto interessante è che la capacità di afferrare un oggetto nel modo appropriato, di sapere *come* interagire con l'oggetto, può restare inalterata.[20]

Una lesione di regioni più dorsali della corteccia nei lobi parietali può produrre un insieme di sintomi quasi complementare. I pazienti affetti da *atassia ottica* possono riconoscere facilmente gli oggetti, ma riuscire ad afferrarli guidati dalla vista si può dimostrare piuttosto difficile. Nei casi gravi, i pazienti vanno spesso a tastoni come se fossero al buio quando cercano di afferrare l'oggetto. Il deficit non è assoluto ed emerge con maggiore frequenza quando l'oggetto da raggiungere si trova alla periferia del campo visivo, quando condizioni mutate richiedono rapidi aggiustamenti o quando l'oggetto non è familiare[21] – esattamente le condizioni in cui per guidare l'azione sono determinanti i particolari dell'oggetto e non il *che cosa* dell'oggetto.

Se vi chiedessi di mostrarmi come fate per raggiungere una tazza con la mano, con tutta probabilità il vostro gesto sarebbe piuttosto generico: stendereste la mano di fronte a voi, all'incirca all'altezza di un tavolo di fronte al quale siete ipoteticamente seduti, con la mano orientata ad afferrare una tazza dritta, con un'apertura adatta a una tazza media di Starbucks. Essenzialmente, la vostra mano ha raggiunto così tante tazze da quando siete nati che avete un programma motorio immagazzinato per come raggiungere la tazza media in una posizione media. Una volta acquisito un tale programma, non occorre lo stimolo visivo della tazza per farlo. Se invece pongo un oggetto concreto nel vostro campo visivo periferico e vi chiedo di raggiungerlo senza guardarlo direttamente, dovete modificare il programma di default e a tale scopo avete bisogno dello stimolo visivo. Ciò accade anche se l'oggetto vi è poco familiare o se, mentre voi tendete la mano, io lo giro su un lato oppure ve lo avvicino. Queste situazioni richiedono un'analisi dei dettagli visivi della forma e della posizione dell'oggetto, non delle proprietà del tipo *che cosa*, ed è in queste situazioni che i pazienti affetti da atassia ottica sono più in difficoltà.

Osservazioni simili hanno portato alla concezione, difesa soprattutto dagli psicologi Melvyn Goodale e David Milner, secondo la quale in realtà esistono due sistemi visivi, un sistema ventrale per la percezione (riconoscimento) e un sistema dorsale per l'azione.[22] A pensarci bene, è quasi impossibile che sia altrimenti. Il riconoscimento e l'azione hanno necessità funzionali molto diverse. Per il riconoscimento, le informazioni visive devono entrare in contatto con codici neurali di ricordi immagazzinati del significato (o semantica) di un oggetto (è una tazza o un gatto?) e richiedono l'astrazione dai dettagli. Per l'azione, le informazioni visive devono entrare in contatto con i programmi motori per il controllo del corpo e ciò richiede un'analisi dettagliata dei particolari della scena visiva in relazione al corpo. Nella misura in cui i codici neurali sono diversi per la rappresentazione semantica astratta (il «che cosa») e per il controllo motorio (il «come»), i circuiti neurali per il riconoscimento e quelli per l'afferramento devono essere diversi.

In maniera analoga, se con la lente del vostro smartphone inquadrate un codice QR (un codice a barre bidimensionale) usando l'app macchina fotografica, l'input proveniente dal sensore appare sullo schermo come una configurazione di valori di intensità codificati a colori e conserva le informazioni su ombreggiatura, riverbero, alterazione e occlusioni dall'angolazione della foto. Se puntate il telefono sullo stesso codice usando una app per leggere codici QR, l'immagine viene elaborata in modo molto diverso. Una volta che il sensore ha fatto il suo lavoro, certe parti del codice vengono usate per trovare i bordi dell'immagine, altre per l'allineamento, altre per il formato (testo, collegamento a un sito web, caratteri cinesi) e altre per il contenuto vero e proprio; i dettagli dell'ombreggiatura, i punti più luminosi, l'orientamento, le alterazioni e le occlusioni sono scartati o corretti. Poi, invece di mostrare o immagazzinare l'immagine, i dati elaborati vengono usati per fare qualcosa, come stampare un testo o lanciare il browser e collegarsi a un sito. Lo stesso input è usato per fare operazioni molto diverse con risultati molto diversi. A tal fine sono necessari processi computazionali diversi. Un punto importante è che l'app macchina fotografica non funziona per leggere codici QR e il lettore di codici QR non funziona per riprodurre fotografie. Per quale motivo? Perché le computazioni sono fatte su misura per l'obiettivo, la funzione della app.

Nel cervello si ha la stessa situazione. Anche se la retina registra le stesse informazioni da una data tazza, quale che sia, i circuiti cerebrali (computazioni) che vengono coinvolti nella corteccia dipendono totalmente dalla neuroapp utilizzata dal compito in esecuzione. E in realtà la neuroapp di riconoscimento e la neuroapp di controllo motorio utilizzano circuiti diversi. Sono il *che cosa* ventrale e il *come* dorsale.

Questi due flussi non sono del tutto indipendenti. In realtà, a qualche livello è necessario che interagiscano: mentre tendiamo la mano per afferrare una corda, vorremmo sempre evitare di afferrare un serpente. A volte abbiamo bisogno di riconoscere l'oggetto prima di decidere che cosa farne. Ma ciò non cambia il fatto che le computazioni necessarie per riconoscere un oggetto e per raggiungerlo devono essere diverse. Le caratteristiche dell'oggetto utili per riconoscerlo o per raggiungerlo non sono le stesse e i due processi hanno obiettivi molto diversi (una rappresentazione nella memoria a lungo termine del significato o della categoria dell'oggetto oppure un codice per controllare i movimenti degli arti). Il fatto che fin troppo spesso reagiamo agli stimoli sensoriali senza comprenderli appieno – *Agisci, non reagire!* – indica che il circuito dorsale dell'azione non è completamente dipendente dall'output del circuito di riconoscimento. Può agire in maniera autonoma.

Da un punto di vista evoluzionistico si può capire perché dobbiamo avere due sistemi, uno che (re)agisce e l'altro che riconosce. Per un organismo non molto complesso può essere sufficiente percepire qualcosa, come un colpetto sgradevole, e spostarsi semplicemente fino a eliminarlo. Può far aumentare le probabilità di sopravvivenza e funziona bene quando si è sdraiati sul divano a guardare la TV. Ma il mondo è più complesso. In molte circostanze è utile reagire in maniera diversa a seconda di ciò che ha prodotto lo stimolo – è importante non scambiare il telecomando per una barretta Snickers – oppure non reagire affatto. Quindi un secondo sistema sensoriale predisposto a riconoscere gli oggetti collegando ciò che viene percepito con ricordi di oggetti simili o di eventi passati ha un valore di sopravvivenza ancora più alto. Non sostituisce il primo sistema, reattivo, poiché abbiamo comunque bisogno di essere in grado di reagire, ma accresce in misura notevole la *flessibilità* della nostra risposta. Possiamo agire subito, più tardi o mai, a seconda della nostra interpretazione dell'oggetto o della situazione.

Il flusso ventrale (il *che cosa*) e il flusso dorsale (il *come*) esistono anche nel dominio uditivo. Così come vi sono almeno due cose diverse che dobbiamo saper fare con l'immagine visiva di una tazza, esistono almeno due cose diverse che abbiamo bisogno di fare con la configurazione acustica della parola «tazza». Da una parte, dobbiamo capire che cosa *significa* quell'arabesco di suoni (e delle loro varianti legate alla voce e all'accento della persona) e questo è il compito del flusso ventrale. Dall'altra, dobbiamo essere capaci di riprodurre un arabesco acustico simile con il nostro tratto vocale e questo è il compito del flusso dorsale. Come nell'agnosia visiva e nell'atassia ottica nel caso dei flussi visivi, una lesione cerebrale può separare anche le funzioni dei due flussi uditivi.[23]

Ora siamo finalmente in grado di capire perché l'ipotesi che i neuroni specchio abbiano una funzione di comprensione delle azioni non è in accordo con il principio dei due flussi. I neuroni specchio, a detta di tutti, fanno parte del sistema motorio. Quindi fanno parte del flusso dorsale, del *come*. L'anomalia è questa, allora: che cosa ci fa una funzione *che cosa* nel flusso *come*? Le caratteristiche che servono per il controllo motorio non sono utili per il riconoscimento, come abbiamo visto. Ciò è ancora più sconcertante nel contesto dei vicini neurali dei neuroni specchio, i cosiddetti neuroni canonici. Come i neuroni specchio, queste cellule rispondono sia agli stimoli sensoriali (la percezione visiva di oggetti) sia durante l'esecuzione di azioni. L'interpretazione di queste cellule da parte del gruppo di Parma faceva riferimento alla funzione normale del flusso dorsale; specificamente, questi ricercatori hanno affermato che i neuroni canonici codificano un «vocabolario di atti motori e che a questo vocabolario possono avere accesso [...] gli stimoli visivi»,[24] che il sistema dei neuroni canonici è cruciale per «l'apprendimento di associazioni, comprese associazioni arbitrarie tra stimoli e schemi [motori]»[25] e che questa è «una modalità di elaborazione «pragmatica», la cui funzione è estrarre parametri che sono pertinenti all'azione e generare i corrispondenti comandi motori», in contrasto con «l'analisi "semantica" [che viene] effettuata nel lobo temporale».[26] Quindi i neuroni canonici rispondono agli oggetti non perché facciano parte di un meccanismo per capire gli oggetti, ma perché gli oggetti hanno caratteristiche utili per guidare l'azione. Tuttavia, i vicini neuroni specchio, la cui risposta ha le stesse proprietà di quella dei neuroni canonici (rispondono sia durante l'esecuzione sia durante l'osservazione), sono dotati di una funzione semantica tipica del flusso ventrale. Questa è un'anomalia, sia dal punto di vista funzionale sia da quello anatomico.

Potrebbe essere che in realtà i neuroni specchio sono outlier funzionali nel grande schema dell'organizzazione corticale. Se questo è vero, però, ci servono prove straordinariamente convincenti. Che ancora non abbiamo.

ANOMALIA 8: LA SIMULAZIONE E L'«ATTRIBUZIONE DI OBIETTIVI» COME VIA DI COMPRENSIONE

L'entusiasmo iniziale per i neuroni specchio era focalizzato su cellule che mostravano una congruenza tra le azioni motorie che sembravano codificare e le azioni osservate a cui rispondevano, i cosiddetti *neuroni specchio congruenti*. Ecco un commento a questo proposito del gruppo di Parma:

> L'aspetto più importante è che i neuroni specchio mostrano una stretta congruenza tra l'effettiva azione osservata e l'effettiva azione eseguita. Questa congruenza visuomotoria ha suggerito l'idea che la funzione fondamentale dei neuroni specchio consista nella comprensione delle azioni compiute da altri individui.[27]

Ricordiamo che questa congruenza permette la «comprensione» nel modo seguente, secondo Gallese e i suoi collaboratori:

> Quando un individuo compie un'azione, ne «conosce» (prevede) le conseguenze. Questa conoscenza molto probabilmente è il risultato di un'associazione tra la rappresentazione dell'atto motorio, codificata nei centri motori, e le conseguenze dell'azione. I neuroni specchio potrebbero essere il mezzo grazie al quale questo tipo di conoscenza può essere estesa ad azioni compiute da altri. Quando l'osservazione di un'azione eseguita da un altro individuo

provoca un'attività neurale che corrisponde a quella che, se generata internamente, rappresenta una certa azione, il suo significato dovrebbe essere riconosciuto, a causa della somiglianza tra le due rappresentazioni.[28]

E per Rizzolatti e Craighero:

Ogni volta che un individuo vede un'azione eseguita da un altro individuo, nella corteccia premotoria dell'osservatore si attivano i neuroni che rappresentano quell'azione. Questa rappresentazione motoria indotta automaticamente dell'azione osservata corrisponde a quella che si genera spontaneamente durante l'azione attiva e il cui risultato è noto all'individuo che agisce. Quindi il sistema specchio trasforma le informazioni visive in conoscenza.[29]

La complicazione qui è data dal fatto che di per sé il movimento – ciò che si suppone rispecchiato o simulato e che automaticamente porta a una previsione del risultato – è ambiguo. Consideriamo un esempio. Se siamo seduti in un caffè e io tendo la mano verso il tavolino come per afferrare un oggetto cilindrico, voi potete simulare la mia azione e forse prevedere, dall'orientamento e dalla posizione anticipatoria della mia mano, che sto per afferrare qualcosa di una certa grandezza e di un certo orientamento. Sono informazioni potenzialmente utili. Simulando il mio movimento, potreste arrivare a capire che sto per afferrare un oggetto cilindrico. Vengono subito in mente tre domande, tuttavia:

1. *Avete bisogno di simulare il mio movimento per «capire» tutto ciò riguardo alla mia azione?* No, potreste farlo per semplice associazione tra la posizione assunta dalla mano e la grandezza dell'oggetto. Al mio cane piace giocare a riportarmi la palla. Grazie a tutta l'esperienza che si è fatto con i miei lanci, oggi riesce sempre facilmente a prevedere dove volerà la palla dall'orientamento e dalla traiettoria del mio lancio. Poiché non sa tirare una palla, non è possibile che simuli il movimento per «capire» che cosa potrebbe accadere. Lo capisce per associazione. Anche noi possiamo farlo.

2. *I neuroni specchio fanno questo genere di previsione, cioè usano le informazioni sulla forma assunta dalla mano per prevedere quale tipo di oggetto potrebbe essere il bersaglio dell'afferramento?* In un senso semplice, no. In una variante della simulazione motoria, ispirata dalla descrizione del meccanismo appena citato, attivereste il

programma motorio corrispondente a quello che state osservando e vedreste quali conseguenze si attivano. «Presa di precisione» come per pizzicare → Ah, sta per afferrare un oggetto piccolo! «Presa di potenza» a piena mano → Ah, sta per afferrare un oggetto grande! Il processo inizia simulando il movimento effettivo e poi prosegue, ma questo non è il comportamento dei neuroni specchio. I neuroni specchio non simulano i movimenti stessi in un qualche modo semplice. Simulano il movimento soltanto nel contesto appropriato. L'azione della presa di precisione non è simulata da un neurone specchio se l'oggetto dell'azione, il piccolo oggetto in questione, non è presente. Quindi il processo non può essere: simula l'azione → vedi quali conseguenze si attivano. Dev'essere qualcosa di simile a: l'azione osservata ha un bersaglio potenziale? Se sì, allora simula.[30] Una volta che il sistema ha valutato se l'azione ha un potenziale bersaglio, tuttavia, non è affatto chiaro che la simulazione aggiunga qualcosa in relazione alla «comprensione» dello scopo immediato dell'azione. Se la simulazione ci permette di capire qualcosa di simile a *quell'azione si concluderà con l'afferramento dell'acino*, ma occorre stabilire che l'azione ha a che fare con l'acino prima di simularla, allora sappiamo già che l'acino sta per essere afferrato prima della simulazione. Forse però i neuroni specchio forniscono un livello più profondo di comprensione attraverso la loro simulazione delle azioni osservate, il che ci conduce alla terza domanda.

3. *Forse i neuroni specchio forniscono informazioni sull'intenzione che sta dietro all'azione?* Queste informazioni potrebbero essere estremamente utili. Dopo tutto, se vogliamo davvero capire un'azione, dobbiamo fare qualcos'altro oltre a riconoscere che, per esempio, viene afferrato un piccolo oggetto. Dobbiamo sapere *perché* viene afferrato. Questa è proprio la direzione teorica seguita da Rizzolatti e dai suoi collaboratori negli ultimi anni. Un risultato fondamentale sotto questo profilo è stato descritto in un articolo del 2005 pubblicato su «Science» e intitolato *Parietal Lobe: From Action Organization to Intention Understanding*.[31]

Questo esperimento è stato progettato con grande intelligenza. Due scimmie erano state addestrate ad afferrare bocconi di cibo o oggetti solidi non commestibili e a mettere i primi in bocca e i secondi in un piccolo contenitore. Durante la maggior parte dell'esperimento, il contenitore si trovava sul tavolo, a sinistra o a destra della posizione in cui lo sperimentatore poneva il boccone o l'oggetto. Durante un'altra fase dell'esperimento che comprendeva un numero minore di prove, il contenitore era molto vicino alla bocca della scimmia, come se stesse sulla sua spalla. Ciò permetteva ai ricercatori di controllare l'eventuale presenza di differenze nei movimenti a seconda dell'obiettivo dell'azione, afferrare per mangiare o afferrare per posare. I neuroni di cui si registrava l'attività erano nella regione del lobo parietale in cui qualche anno prima si era rilevata la presenza di neuroni specchio.

Nella prima fase dell'esperimento, i ricercatori hanno studiato 165 neuroni, che erano tutti attivi durante l'esecuzione di azioni di afferramento. Il 36% dei neuroni rispondeva con la stessa intensità durante l'afferramento per mangiare e durante l'afferramento per posare, ma la maggioranza (il 64%) rispondeva in modo diverso a seconda dell'obiettivo. All'incirca tre quarti delle cellule selettive rispetto all'obiettivo preferivano l'afferramento per mangiare (e questo non sorprende!), mentre un quarto preferiva l'afferramento per posare (qualcuno deve farlo). 18 cellule sono state studiate in tutt'e tre le situazioni: mangiare, posare vicino all'oggetto, posare vicino alla bocca. 14 di queste cellule preferivano l'afferramento per mangiare e scaricavano di meno quando l'oggetto veniva messo nel contenitore vicino al cibo, il che non è molto sorprendente perché i movimenti erano molto diversi. Ma le stesse 14 cellule scaricavano meno intensamente anche durante le azioni di afferramento per posare (in confronto a quelle per mangiare) quando il contenitore era vicino alla bocca della scimmia.

Questo è un punto importante perché i movimenti fisici per compiere le due azioni (mangiare e posare) erano quasi identici; le cellule sembravano codificare non tanto i movimenti stessi quanto piuttosto gli *obiettivi* delle azioni. In maniera analoga, i 4 neuroni che preferivano l'afferramento per posare rispondevano altrettanto intensamente all'afferramento per posare vicino all'oggetto e per posare vicino alla bocca. «Il fattore principale che determinava l'intensità della scarica era quindi» – scrivono gli autori – «l'obiettivo dell'azione e non la cinematica»[32] (il termine indica la meccanica dei movimenti, l'insieme di contrazioni e rilassamenti muscolari che realizza il movimento).

Sono risultati interessanti, ma le cellule studiate non erano necessariamente neuroni specchio, perché sono state misurate soltanto risposte di esecuzione motoria. Nella fase successiva dello studio i ricercatori hanno cercato di capire se i neuroni specchio avessero un comportamento simile, dipendente dall'obiettivo dell'azione, e hanno individuato 41 neuroni specchio che rispondevano non solo durante l'afferramento, ma anche quando la scimmia osservava uno sperimentatore compiere la stessa azione, afferrare per mangiare e afferrare per posare. La domanda era: avrebbero manifestato una preferenza per l'obiettivo anche i neuroni specchio? La risposta è stata affermativa per la maggior parte dei neuroni (31 su 41, all'incirca tre quarti). Di questi, la maggioranza (23) preferiva – sì, avete indovinato – l'afferramento per mangiare. Un sottoinsieme dei neuroni specchio selettivi rispetto all'obiettivo (19) è stato valutato in relazione alla congruenza tra la selettività nell'esecuzione e nell'osservazione (preferivano lo stesso tipo di movimento durante l'esecuzione e durante l'osservazione?). La maggior parte (16) mostrava preferenze congruenti per l'azione e l'osservazione.

Questo effetto orientato all'obiettivo, non al movimento, non è casuale. Un altro articolo molto citato descrive un risultato simile nell'area motoria frontale F5 (le cellule rispondono all'obiettivo dell'azione e non alla cinematica dei movimenti), però in una situazione sperimentale molto diversa.[33] In aggiunta, alcuni studi di *imaging* su soggetti umani hanno dimostrato effetti simili che indicano che il sistema specchio non risponde al movimento di per sé, ma piuttosto al contesto in cui viene eseguito il movimento.[34]

Ritorniamo allo studio originario. La proprietà neuronale documentata in questi neuroni parietali, la risposta selettiva all'obiettivo, secondo i ricercatori «permette alla scimmia di prevedere l'obiettivo dell'azione osservata e, quindi, di "riconoscere" l'intenzione dell'individuo che agisce». Un esame più attento dei risultati solleva la stessa domanda che ci siamo posti riguardo alla previsione del bersaglio di un'azione semplice: simulare il movimento accresce la capacità della scimmia di prevedere l'obiettivo?

Consideriamo alcuni particolari significativi dell'organizzazione dell'esperimento. La presenza o assenza del contenitore permetteva di prevedere senza errore l'azione dello sperimentatore umano: se era presente, l'azione era sempre il posare e, se assente, l'azione era sempre il mangiare. E la risposta preferenziale delle cellule parietali, al posare e non al mangiare, era evidente mentre la mano dello sperimentatore si protendeva *verso* l'oggetto, il che avveniva in entrambe le situazioni e quindi di per sé non offriva indizi riguardo all'obiettivo finale del movimento. Come facevano i neuroni della scimmia a prevedere l'obiettivo? Il punto non era il movimento osservato, bensì il contesto *non* motorio. Di per sé il movimento era identico quale che fosse l'azione nell'intervallo temporale in cui i neuroni specchio stavano «prevedendo» l'obiettivo. Molto semplicemente, le informazioni non erano nell'azione.

I ricercatori erano del tutto consapevoli della prevedibilità dell'obiettivo dal contesto. Di fatto, avevano progettato l'esperimento in quel modo. In alternativa, avrebbero potuto lasciare sempre il contenitore al suo posto. Per immaginare la situazione, figuratevi di essere seduti al posto della scimmia e di vedere lo sperimentatore con un barattolo sulla spalla e un boccone di cibo sul tavolo. Lo sperimentatore avvicina la mano al boccone e lo afferra. Fino a questo punto non potete dire che cosa farà. Poi lo vedete iniziare a muovere il braccio all'indietro verso la testa. Sarebbe ancora impossibile prevedere il risultato. Infine, la mano sorpassa la bocca e lascia cadere il boccone nel barattolo. In questo scenario, i movimenti smettono di essere identici all'ultimo secondo, quindi è impossibile prevederne il risultato in anticipo. Pertanto, se nell'esperimento si fosse adottata questa organizzazione, per le cellule sarebbe stato impossibile rispondere in maniera diversa prima dell'inserimento del boccone nel contenitore e a quel punto non ci sarebbe stato nulla da prevedere. Eliminando il contenitore nelle prove di afferramento per mangiare e inserendolo nelle prove di afferramento per posare, gli sperimentatori hanno eliminato l'ambiguità intrinseca al movimento stesso e hanno offerto alle cellule la possibilità di mostrare che cosa sapevano e quando lo sapevano. Dato che la prevedibilità del risultato deriva da come è organizzato l'esperimento e non dal movimento, è lecito domandarsi come sia possibile concludere che i neuroni specchio prevedono il risultato mediante la simulazione motoria quando nel movimento non vi è nulla che permetta una tale previsione.

Vediamo come l'hanno spiegato gli autori dello studio. Spesso gli atti motori sono legati l'uno all'altro. Afferriamo una tazza di caffè e la portiamo alle labbra; lanciamo una palla in aria e poi la colpiamo con la racchetta. La fluidità con cui eseguiamo queste sequenze di movimenti indica che sono collegati nel codice neurale: l'attivazione di un segmento della catena di movimenti innesca l'attivazione del successivo. Si tratta di un'idea abbastanza consolidata, ben illustrata dalla differenza tra cercare di battere sulla tastiera una parola sconosciuta (una lettera alla volta) oppure il proprio nome (la sequenza scorre dalle dita). L'ipotesi proposta degli autori, applicando quest'idea al risultato sperimentale ottenuto, è che i neuroni specchio parietali che distinguono l'afferramento per posare dall'afferramento per mangiare codifichino queste catene motorie più grandi, non i singoli movimenti. Pertanto, quando un movimento avviene in un contesto che è in accordo con una catena più che con un'altra, il sistema può attivare la catena corretta, simulare la *catena* di movimenti e da questo prevedere il risultato.

È un'idea elegante, ma non risolve il problema. Per sapere quale catena attivare, dobbiamo sapere in anticipo se probabilmente il movimento terminerà con la posa dell'oggetto (è presente un contenitore) o con la sua ingestione (il contenitore è assente). E se dobbiamo saperlo in anticipo, che cosa aggiunge la simulazione alla nostra conoscenza? È lo stesso problema incontrato in precedenza in relazione ai neuroni specchio regolari e alla necessità che sia presente un oggetto. Lo scienziato cognitivo ungherese Gergely Csibra ha riassunto il problema in maniera efficace:

> [Vi è] una tensione tra due affermazioni contrastanti sul rispecchiamento delle azioni implicato dall'ipotesi dell'accoppiamento diretto: l'affermazione che il rispecchiamento dell'azione riflette meccanismi di risonanza di basso livello e l'affermazione che esso riflette una comprensione di alto livello delle

azioni. La tensione emerge dal fatto che quanto più il rispecchiamento sembra non essere altro che una riproduzione fedele delle azioni osservate tanto meno costituisce una prova a favore della comprensione delle azioni; d'altro canto, quanto più il rispecchiamento rappresenta un'interpretazione di alto livello delle azioni osservate, tanto meno dimostra che questa interpretazione è generata da una riproduzione motoria di basso livello.[35]

Un altro articolo molto citato, pubblicato nel 2001 da gran parte del gruppo originario di Parma insieme ad altri collaboratori, illustra direttamente questa tensione.[36] I ricercatori hanno condotto l'esperimento standard sui neuroni specchio, compresi i compiti di esecuzione e osservazione di azioni, ma con una variazione. Il compito di osservazione comprendeva una nuova situazione oltre a quella in cui l'azione era ben visibile alla scimmia, come accadeva negli esperimenti precedenti: dopo che alla scimmia veniva mostrato un oggetto posato su una piattaforma, davanti all'oggetto veniva piazzato uno schermo opaco e la mano dello sperimentatore che raggiungeva l'oggetto restava dietro lo schermo. Che cosa avrebbero fatto i neuroni specchio in questa situazione? I neuroni specchio non rispondono ad azioni mimate; l'oggetto dell'azione deve essere presente. I neuroni specchio sarebbero rimasti inattivi senza il contesto visivo, o avrebbero risposto perché la scimmia «sapeva» che l'oggetto era presente? Potete indovinare la risposta dal titolo dell'articolo: *I Know What You Are Doing. A Neurophysiological Study*. In effetti, un certo numero di neuroni specchio continuava a scaricare anche quando l'oggetto era nascosto. (È stata verificata anche una situazione di controllo senza l'oggetto, in cui alla scimmia veniva mostrata la piattaforma vuota, lo schermo veniva abbassato e lo sperimentatore eseguiva il movimento come se l'oggetto fosse presente; in quella situazione, i neuroni specchio non scaricavano.)

Come nel caso degli esperimenti descritti poc'anzi, questo risultato è stato interpretato come prova di una risposta dei neuroni specchio all'obiettivo o al significato dell'azione, non alle caratteristiche fisiche dell'azione stessa.[37]

La «tensione» rilevata da Csibra viene chiarita dal gruppo di Parma e dagli altri collaboratori nella parte dell'articolo dedicata alla discussione:

Affinché si attivino i neuroni nella situazione in cui l'oggetto è nascosto, devono essere soddisfatte due condizioni: la scimmia deve «sapere» che c'è un oggetto dietro lo schermo e deve vedere la mano dello sperimentatore sparire dietro lo schermo. Sembra quindi che i neuroni specchio che rispondono in questa situazione siano capaci di generare una rappresentazione motoria di un'azione osservata, non solo quando la scimmia vede l'azione, ma anche quando ne conosce il risultato senza vederne la parte cruciale (l'interazione mano-oggetto).

Se la scimmia conosce già il risultato, a che cosa serve simularlo con una risposta motoria?

A quanto pare, la teoria dei neuroni specchio alla base della comprensione delle azioni sta tra l'incudine e il martello: simulare non serve a meno che non si conosca il risultato (perché i soli movimenti sono ambigui) e se si conosce il risultato la simulazione è inutile. Ciò nonostante, Rizzolatti e il filosofo Corrado Sinigaglia hanno cercato di salvare la teoria rispondendo direttamente a questo tipo di critica.[38] Secondo Rizzolatti e Sinigaglia, il sistema specchio contiene due tipi di trasformazioni sensomotorie, uno che in effetti rispecchia i dettagli di un movimento in maniera diretta e l'altro che rispecchia l'obiettivo. Inoltre l'accoppiamento diretto dei movimenti (ovvero la simulazione, che ha motivato originariamente l'intera teoria) «*di per sé* è del tutto privo di importanza cognitiva [...] Per contro, accoppiando l'obiettivo dell'atto motorio osservato con un atto motorio che ha lo stesso obiettivo, l'osservatore è in grado di capire che cosa sta facendo l'agente». Quindi esistono due processi, uno che rispecchia i movimenti e non ha un ruolo importante nella comprensione (l'incudine) e l'altro che rispecchia gli obiettivi dell'azione e perciò in base agli argomenti appena citati non è guidato dalla *simulazione* motoria, il che contraddice la tesi fondamentale dei teorici della simulazione motoria (il martello).

Un ultimo risultato di cui tenere conto in questa discussione mette in dubbio che il sistema specchio rispecchi in qualche modo gli obiettivi. Lo studio in questione ha utilizzato dati fMRI relativi a un gruppo di macachi.

Riuscire a sottoporre una scimmia a una scansione MRI non è cosa da poco, però è possibile e rappresenta un complemento importante alle ricerche su singole unità perché offre una prospettiva più ampia sulla risposta neurofisiologica. Per realizzare quest'impresa il laboratorio parmigiano di Rizzolatti ha collaborato con un gruppo di scienziati dell'Università Cattolica di Leuven, in Belgio.[39] I ricercatori hanno addestrato cinque scimmie a essere sottoposte alla scansione mentre guardavano vari filmati di scene d'azione, tra cui uno sperimentatore nell'atto di afferrare oggetti diversi (la scena tipica degli studi di registrazione dei neuroni specchio), un primo piano di un braccio umano che afferra un oggetto, la mano di un robot che afferrava un oggetto, una mano umana che mimava questo stesso gesto e oggetti che si muovevano da soli. Come controllo sono stati usati singoli fotogrammi dei video e video criptati in cui le scene apparivano come forme dinamiche in scala di grigi.

Come previsto, l'osservazione di azioni attivava F5 e altre regioni frontali coinvolte nelle situazioni di controllo. Un risultato interessante era che il sottoinsieme di F5 noto per contenere neuroni specchio, F5c, rispondeva all'azione di afferramento mostrata a schermo pieno, ma non ai primi piani in cui si vedeva solo il braccio. Era necessario tutto il contesto, compreso lo sperimentatore in camice bianco, perché l'azione attivasse la «regione dei neuroni specchio». Altre due regioni di F5 (F5p e F5a) e tutta un'altra regione, l'area 45B, rispondevano a entrambi i tipi di video.

Questo risultato solleva un problema teorico in merito all'orientamento all'obiettivo della risposta dei neuroni specchio. Nella scena a schermo pieno e nel primo piano l'obiettivo dell'azione era lo stesso: afferrare l'oggetto. A quanto pare, tuttavia, i neuroni specchio non rispondevano a entrambe le situazioni, il che sembra indicare che non rispondevano all'obiettivo dell'azione, ma a qualcosa di più particolare legato alla situazione specifica dell'azione.

Anche i risultati relativi all'osservazione di azioni robotiche e di azioni mimate sono indicativi. La regione dei neuroni specchio (F5c) non rispondeva in nessuna delle altre situazioni. Invece una regione diversa di F5, F5a, rispondeva non solo ad azioni umane dirette a un obiettivo, ma anche ad azioni dirette a un obiettivo compiute dalla mano di un robot e ad azioni mimate. Benché la questione non sia ancora stata studiata in modo diretto usando metodi di registrazione delle singole cellule, gli autori dello studio fanno notare, giustamente, che data la posizione di F5a nella corteccia premotoria è probabile che anche le cellule che rispondono all'osservazione di azioni robotiche o mimate abbiano proprietà motorie. Ne possiamo *provvisoriamente* dedurre l'esistenza di una nuova classe di neuroni specchio che rispondono sia durante l'esecuzione di azioni da parte della scimmia sia durante l'osservazione di azioni robotiche o mimate. Secondo gli autori, questa risposta riflette la rappresentazione dell'azione astratta, il che, in base a un'altra congettura, collega il sistema specchio della scimmia al linguaggio, un sistema che è praticamente definito dall'astrazione:

È plausibile pertanto che la transizione, nel lobo frontale della scimmia, da descrizioni dipendenti dal contesto in F5c a descrizioni più astratte in F5a [...] rappresenti l'antica base prelinguistica da cui si è evoluta la descrizione astratta di un'azione, necessaria per il linguaggio.[40]

È una tesi piuttosto radicale per uno studio che sembra indicare (1) che i neuroni specchio che sono studiati sin dal 1992 dopo tutto non sono orientati all'obiettivo, ma sono dipendenti dal contesto in un modo più particolare, e (2) che esiste un'altra regione non ancora studiata che fornisce la base per l'evoluzione del linguaggio in virtù del fatto che risponde alle azioni indipendentemente dal contesto dell'oggetto e dall'agente (cioè non codifica gli obiettivi) e quindi non specifica «*informazioni cruciali per la comprensione della semantica dell'azione, ovvero che cosa riguarda l'azione, qual è il suo obiettivo e che relazione ha con altre azioni*» – per citare l'introduzione dell'articolo.

A posteriori, già nei primi articoli si trovano indicazioni del fatto che le risposte dei neuroni specchio non erano prevalentemente orientate agli obiettivi, ma in realtà a caratteristiche più particolari. Per esempio, l'articolo del 1996 sui neuroni specchio delle scimmie riferiva che 30 dei 47 neuroni specchio esaminati erano selettivi rispetto alla direzione del movimento, ovvero rispondevano in maniera più o meno intensa a seconda che l'azione osservata procedesse da sinistra a destra o da destra a sinistra.[41] L'obiettivo di certo non cambia a seconda della direzione del movimento, quindi qual è il motivo della selettività?

Considerando la collezione di risultati qui riassunti, dobbiamo concludere che se l'orientamento all'obiettivo è fondamentale per la comprensione della semantica delle azioni, allora non è affatto chiaro che i neuroni specchio abbiano le proprietà giuste per permettere la comprensione delle azioni.

Che cosa ci dicono le anomalie?

L'esistenza di anomalie non dimostra necessariamente che la teoria sia sbagliata. Le buone teorie si trovano quasi sempre ad affrontare difficoltà in relazione ai dati empirici. In alcuni casi, si scopre in seguito che i dati non sono validi, oppure che non sono stati interpretati nel modo corretto; in altri, alcune modifiche relativamente lievi della teoria riescono a rendere conto dei fatti nuovi; qualche volta, però, le anomalie finiscono per mettere in luce un punto di vista teorico completamente diverso – è la Terra a girare intorno al Sole. In tutti i casi, le anomalie richiedono un esame più attento dei fatti e degli assunti teorici.

Singolarmente, nessuna delle anomalie considerate in questo capitolo dovrebbe portare all'abbandono completo della teoria dei neuroni specchio alla base della comprensione delle azioni. In realtà, come abbiamo visto, sono state proposte varie piccole modifiche al modello che rendono conto di alcuni di questi fatti. La quantità di anomalie, tuttavia, è di per sé un motivo di preoccupazione, che ci porta a considerare altre fonti di dati per verificare la teoria, oltre che per esplorare spiegazioni alternative del comportamento dei neuroni specchio. Questo è l'argomento dei capitoli seguenti. Inizieremo esaminando il comportamento che ha ispirato la teoria della comprensione delle azioni basata sui neuroni specchio ed è anche il comportamento che più questa teoria sembra decisa a riuscire a spiegare: il linguaggio.

5.
Il cervello parlante

Decifrare il codice del linguaggio parlato

Per capire il motivo per cui il linguaggio è spesso la colonna portante delle teorizzazioni sui neuroni specchio – e addirittura un banco di prova fondamentale per la teoria – dobbiamo tornare indietro nella storia a quasi quarant'anni prima della pubblicazione dei primi articoli sulle cellule dei macachi da parte del gruppo di Parma. Un buon punto di partenza è il 16 giugno 1956, il giorno in cui lo psicologo americano Alvin Liberman presentò un articolo intitolato *Some Results on Research of Speech Perception* alla Conference on Speech Communication che si tenne al Massachusetts Institute of Technology. Le indagini di Liberman erano mirate a scoprire le caratteristiche acustiche associate alla percezione dei fonemi, i singoli suoni di una lingua che grosso modo corrispondono alle lettere dell'alfabeto; lo studio si concentrava soprattutto sulle consonanti. Dopo aver descritto l'approccio generale adottato nel suo laboratorio, Liberman iniziava il punto fondamentale della discussione con un'avvertenza:

> Per motivi di convenienza, desidero innanzitutto suddividere le caratteristiche salienti dei suoni consonantici in tre classi, e operare questa suddivisione a seconda di dove e come sono prodotti i suoni. Com'è ovvio, sono imbarazzato nell'introdurre una discussione delle caratteristiche acustiche classificandole in base alla modalità di articolazione, tuttavia in questo caso abbiamo constatato, come ci è accaduto spesso, che organizzare i nostri dati in base a criteri articolatori li semplifica in misura considerevole. Con ciò certamente non intendiamo affermare che non esistono differenze acustiche tra le classi,

ma solo che è problematico descrivere in modo molto semplice queste differenze in termini acustici.[1]

La teoria dei neuroni specchio alla base della comprensione delle azioni affonda le sue radici nell'avvertimento di Liberman. Una breve descrizione del contesto scientifico ci aiuterà a chiarire questo punto.

Il gruppo di Liberman ai Laboratori Haskins – un famoso centro mondiale di ricerca sul linguaggio e sul parlato – osservò con sconcerto che la velocità a cui si susseguono i fonemi nel linguaggio parlato sembra essere superiore al potere di risoluzione temporale del sistema uditivo. Per esempio, in uno dei suoi articoli più importanti, *The Perception of the Speech Code*, l'équipe dei Laboratori Haskins stimò che una conversazione può agevolmente contenere 15 fonemi al secondo e chi ascolta può tollerarne più di 20 o 25, come attestano le clausole sussurrate alla fine di alcuni annunci pubblicitari radiofonici. Per avere un confronto, se si stipassero 15 note di *Happy Birthday* in un secondo, la melodia sarebbe assolutamente irriconoscibile.

Come fa il sistema uditivo a elaborare nel modo corretto all'incirca una dozzina di unità discrete al secondo? Non lo fa. Liberman e i suoi collaboratori scoprirono che, a differenza delle lettere stampate su una pagina e delle note di una semplice melodia, i fonemi non sono elementi discreti nel flusso acustico del parlato. Le informazioni sui singoli fonemi sono invece spalmate nel tempo e si sovrappongono ai suoni adiacenti. Se le lettere venissero scritte così come sono prodotti i fonemi, avrebbero più o meno questo aspetto:

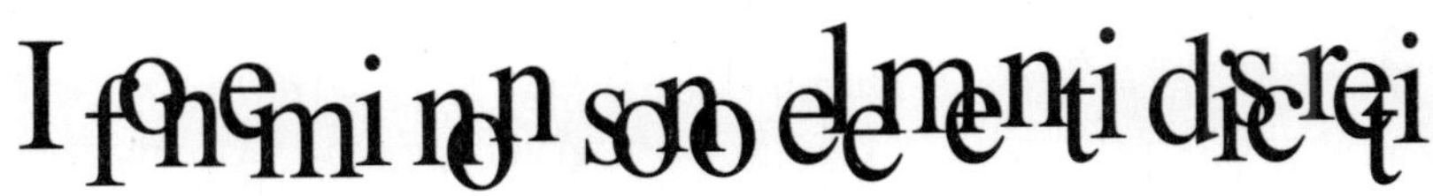

E nemmeno così è del tutto corretto, perché ho lasciato uno spazio tra una parola e l'altra. Nel parlato non è così: la pronuncia di un fonema espande i suoi effetti superando anche i confini delle parole.

Uno dei primi indizi di questo fenomeno si ricavò dai tentativi di suddividere i nastri delle registrazioni del parlato in pezzetti della grandezza di un fonema corrispondenti alle diverse vocali e consonanti, una sorta di alfabeto sonoro, e poi ricombinarli per produrre il suono di parole diverse. Questi tentativi ebbero ben poco successo. Il parlato che veniva prodotto era per lo più incomprensibile.[2] Il gruppo di Liberman adottò un approccio più sistematico per individuare gli elementi acustici fondamentali del linguaggio parlato usando semplici sillabe consonante-vocale (CV) generate da una macchina chiamata Pattern Playback, un sistema primitivo di sintesi vocale, che permetteva il controllo stretto dei suoni. I ricercatori iniziarono tagliando gli incrementi di una sillaba come «da» da destra a sinistra alla ricerca di un punto in cui fosse possibile isolare il solo suono consonantico. Non esisteva alcun punto del genere: «In ogni istante [il segnale acustico] fornisce informazioni sui due fonemi, la consonante e la vocale – in altre parole, i fonemi vengono trasmessi in parallelo».[3]

Il segnale acustico trasmette le informazioni sui fonemi in parallelo perché è in parallelo che noi articoliamo i suoni linguistici con il tratto vocale. Pronunciate le parole «*key*» e «*koala*» e notate la differente posizione delle labbra mentre emettete il suono /k/: nel primo caso (*key*) le labbra sono tese e nel secondo (*koala*) sono arrotondate. State anticipando l'articolazione della vocale seguente ancor prima di articolare la consonante. Questo fenomeno, detto *coarticolazione*, influenza le proprietà acustiche di fonemi adiacenti.

La scoperta della trasmissione in parallelo delle informazioni fonetiche nel segnale acustico sollevò un problema importante e tuttora irrisolto riguardo alla percezione del linguaggio. Esso è noto come *problema della mancanza di invarianza* e ha portato alla formulazione della teoria motoria della percezione del linguaggio e quindi, indirettamente, alla teoria dei neuroni specchio alla base della comprensione delle azioni. Consideriamone i punti essenziali. Nessuna caratteristica acustica costante («invariante») è correlata con la percezione di (alcune) unità fonemiche. Il fenomeno è quanto mai evidente nel caso delle cosiddette consonanti occlusive, suoni come /b/, /d/, /g/, /p/, /t/, e /k/. Questi suoni sono articolati mediante un blocco completo del passaggio dell'aria nel tratto vocale seguito da una repentina fuoriuscita dell'aria.

Considerate il suono /b/ in «*about*». Per produrlo, la bocca passa dalla posizione aperta della /a/ alla chiusura delle labbra, che interrompe il passaggio dell'aria. Dietro le labbra può crearsi una lieve pressione, poi le labbra si aprono, facendo uscire di scatto l'aria. Chiudendo il tratto vocale in posizioni diverse, possiamo generare suoni diversi: labbra = /b/ e /p/, punta della lingua sul palato subito dietro i denti = /d/ e /t/, dorso della lingua sul palato = /g/ e /k/. La differenza tra i due suoni prodotti dal medesimo punto di chiusura (/b/ o /p/, per esempio) è data dal *tempo di attacco della sonorità* della vocale che segue, ovvero dal fatto che si facciano vibrare le corde vocali nello stesso momento in cui si rilascia l'aria o che si aspettino 20-30 millisecondi prima di pronunciare la vocale.

Dite «*bat*» e «*pat*» più lentamente possibile ad alta voce. Notate che per produrre il suono /b/ in «bat» dovete iniziare ad articolare il suono /a/ appena rilasciate le labbra, mentre potete produrre il suono /p/ semplicemente facendo uscire dalla bocca un soffio d'aria «sordo». Descrivere come vengono articolate le consonanti occlusive è abbastanza semplice, ma esaminando nei dettagli le caratteristiche acustiche di questi suoni l'équipe di Liberman notò qualcosa di strano. Il problema è illustrato in questa figura:

Problema della mancanza di invarianza

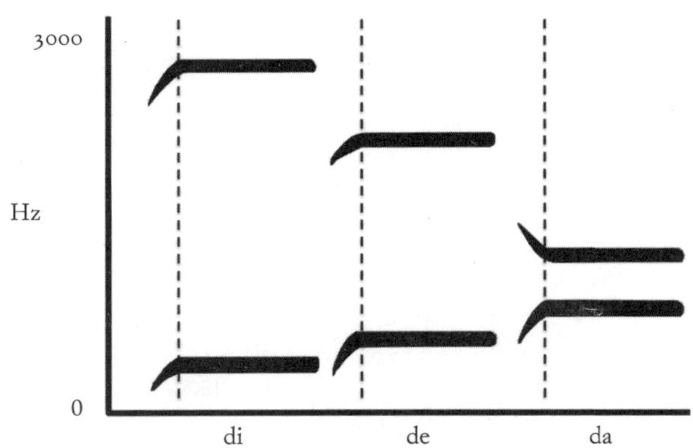

La figura mostra un grafico ideale delle caratteristiche acustiche di tre sillabe, «di», «de» e «da». Questo tipo di grafico è chiamato spettrogramma perché mostra lo spettro (la gamma delle frequenze) del segnale acustico nel corso del tempo. Ricordo che il suono è trasmesso da onde di pressione dell'aria, come le increspature di uno stagno. Queste onde possono variare di lunghezza, la distanza tra un picco e il successivo, detta anche *frequenza* d'onda, che viene misurata in Hertz (Hz). Il nostro sistema uditivo traduce le differenze di frequenza d'onda in differenze di tono percepito: se la frequenza è alta percepiamo un suono alto e se è bassa percepiamo un suono basso. Per avere un riferimento, il sistema uditivo umano (di un individuo giovane) può udire frequenze nell'intervallo compreso tra 20 e 20 000 Hz, anche se è più facilmente udibile un intervallo più piccolo, compreso tra 100 e 10 000 Hz. Le frequenze dei suoni linguistici stanno all'incirca nell'intervallo tra 100 e 5000 Hz e la frequenza del do centrale su un piano è 261,6 Hz.

La maggior parte dei suoni naturali, tra cui i suoni linguistici, è una mescolanza di molte frequenze diverse, come nel caso degli accordi musicali complessi. Per visualizzare l'intervallo delle frequenze (lo spettro) di un suono, possiamo tracciare un grafico con le frequenze sull'asse verticale e il tempo su quello orizzontale. Un tale spettrogramma mostra le frequenze presenti nel suono nei vari momenti.

Tornando alla figura, notate che ciascuna sillaba ha una configurazione acustica diversa. Ciò è previsto, perché ciascuna sillaba ha un suono diverso. Ma guardate più attentamente. Concentratevi prima sulle parti piatte a destra delle linee tratteggiate. Queste parti del grafico corrispondono alle diverse vocali e di nuovo vediamo ciò che ci aspettiamo: suoni vocalici diversi sono associati a configurazioni acustiche diverse. Ora osservate la parte inclinata a sinistra delle linee tratteggiate, che è la parte necessaria per distinguere una consonante dall'altra. Anche qui tutte le configurazioni sono diverse, specie nella banda superiore, eppure ciò che sentiamo in ciascun caso *non* è diverso: udiamo lo stesso suono /d/. Questo è il problema della mancanza di invarianza osservato da Liberman: ascoltando forme acustiche diverse (non una sola forma invariante), noi percepiamo esattamente lo stesso suono linguistico. Era privo di senso.

Come risulta evidente nel brano citato all'inizio del capitolo, Liberman tuttavia osservò che *vi è* invarianza (qualcosa di costante) nel modo in cui il fonema è articolato. Provate a dire «di-de-da». In ciascun caso vi è qualcosa di comune nel modo in cui producete il suono /d/: in tutti e tre i casi fermate il flusso dell'aria con la punta della lingua sul palato. Questa regolarità, associata alla mancanza di regolarità nelle configurazioni acustiche associate a quel fonema, portò Liberman a formulare una proposta radicale: noi non percepiamo *suoni* linguistici, percepiamo *gesti articolatori*. Non riconosciamo il suono /d/ dalla sua configurazione acustica, ma dal modo in cui è *articolato*. Questa è la teoria motoria della percezione del linguaggio.

Se l'idea che sia possibile riconoscere i *gesti articolatori* in un segnale acustico vi lascia perplessi, non siete i soli. Questa parte della teoria in realtà non fu mai elaborata, ma si diede semplicemente per scontato che gli ascoltatori, essendo anche parlatori, abbiano la conoscenza interna specializzata per riconoscere in qualche modo i gesti dalle configurazioni acustiche. Questa parte della teoria mi ha sempre disturbato. Se una particolare configurazione acustica in effetti è ambigua, mi domandavo (e mi domando tuttora), come faccio a sapere a quale gesto è associata? Il gruppo dei Laboratori Haskins, tuttavia, pensava più in grande. Se la teoria fosse stata corretta, il problema della mancanza di invarianza si sarebbe risolto, quindi ciò che occorreva, prima di cercare di capire tutti i dettagli minuti, erano le prove della sostanziale correttezza dell'approccio. Le prove arrivarono di lì a poco in molte forme diverse.

Una fu la scoperta della *percezione categoriale*. Avendo osservato che le caratteristiche acustiche di un suono linguistico possono variare mentre la percezione del fonema resta costante, Liberman e la sua équipe si domandarono se gli ascoltatori fossero sensibili alla variazione acustica: si rendono conto che il suono /d/ in «di», «de» e «da» non è acusticamente identico? Usando il loro sistema Pattern Playback, generarono esempi che sapevano corretti di tre diverse consonanti occlusive nel contesto di una data vocale, «be», «de» e «ge», che corrispondono approssimativamente agli spettrogrammi 1, 6 e 11 della figura. Poi generarono un continuum di stimoli «intermedi» in cui la parte di transizione della banda di frequenza superiore veniva modificata in piccoli passi passando da un fonema esemplare al successivo, come illustrato nella figura (in realtà da /b/ a /g/ vennero usati 14 passi). Erano curiosi di scoprire in che modo gli ascoltatori avrebbero percepito i suoni intermedi.

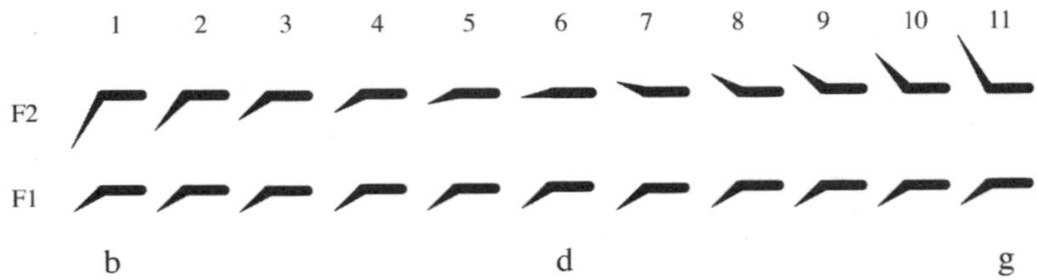

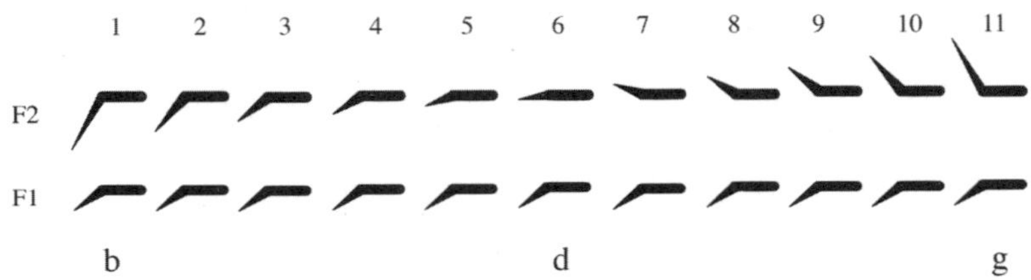

I partecipanti allo studio dovevano eseguire due compiti. Il primo consisteva semplicemente nel classificare come /b/, /d/ o /g/ gli stimoli, che venivano presentati molte volte in ordine casuale. I ricercatori scoprirono una transizione piuttosto repentina tra gli stimoli classificati in una categoria – «be», «de» o «ge» – e quelli classificati nella categoria successiva. Anche se le caratteristiche acustiche variavano in maniera continua secondo passi costanti, i soggetti tendevano a raggruppare ciascuno stimolo nell'una o nell'altra categoria fonemica.

Forse non è un risultato molto sorprendente. Dopo tutto, ai soggetti era stato *chiesto* di farlo – di raggruppare gli stimoli in una delle tre categorie. Consideriamo il compito analogo di raggruppare un intervallo continuo di altezze di individui nelle due categorie «alto» e «basso». Certi casi appartengono chiaramente a una categoria, mentre altri sono intermedi. Se però il vostro compito è classificarli, stabilite in maniera approssimativa il confine tra le due categorie e classificate come bassi tutte le persone al di sotto di quell'altezza e come alti tutte quelle al di sopra, ignorando quindi le variazioni intracategoriali.

Qui entra in ballo il secondo compito. I soggetti prima ascoltavano due stimoli diversi che potevano essere separati da uno, due o tre passi acustici – per analogia, se si fosse trattato di altezze, avrebbero visto un individuo alto 165 cm e poi un altro alto 166 (1 passo), 167 (2 passi), o 168 cm (3 passi) – poi un terzo stimolo uguale a uno dei primi due, che dovevano classificare come uguale al primo o al secondo. Per decidere si potevano basare su qualsiasi caratteristica acustica dello stimolo; la categoria fonemica (/b/, /d/, /g/) non era necessariamente importante. L'idea era che se i soggetti potevano *sentire* la variazione acustica, avrebbero dovuto essere in grado di discriminare gli stimoli anche se appartenevano alla stessa categoria fonemica. Per analogia, nel caso delle altezze corrisponderebbe a domandarsi se il soggetto è in grado di percepire le differenze di altezza tra persone che ha categorizzato come basse, per esempio distinguendo una persona alta 150 cm da una alta 157 cm, o se percepisce la «persone basse» come tutte della stessa altezza.

Nell'articolo del 1957, il gruppo di Liberman riferì che i soggetti *non* distinguevano i suoni di una stessa categoria fonemica così come riuscivano a distinguere i suoni separati dallo stesso numero di passi ma appartenenti a due categorie fonemiche diverse.[4] Gli autori concludevano che le categorie fonemiche di una lingua influenzano il modo in cui percepiamo le informazioni acustiche perché i nostri sistemi percettivi sono per la maggior parte insensibili alla variazione acustica tra categorie quali /b/, /d/ e /g/. Questa è la categorizzazione percettiva, che secondo gli autori dell'articolo del 1957 è una caratteristica del nostro modo di percepire il linguaggio. Uno studio successivo sembrò mostrare che la percezione categoriale è specifica dei suoni linguistici, poiché non si applicava a configurazioni acustiche simili ma non percepite come elementi linguistici.[5]

È un risultato impressionante. Se valesse nel caso della percezione delle altezze, vorrebbe dire che percepiamo l'altezza di una persona soltanto come bassa o alta – e quando guardiamo una partita di basket non distinguiamo un playmaker alto un metro e novanta da un centro alto due metri e quindici.

La percezione categoriale e l'ipotesi che sia specifica del linguaggio sono in perfetto accordo con la teoria motoria della percezione del linguaggio. Il sistema uditivo in generale è organizzato per analizzare le caratteristiche acustiche in maniera continua, così dicono, e questa è la modalità che usiamo quando percepiamo il tono e il timbro del cri cri del grillo e del clacson di una macchina. La ricerca di Liberman, però, mostrava che la nostra percezione dei suoni linguistici non è conforme al mondo delle caratteristiche uditive continue. Questa osservazione sarebbe comprensibile se la nostra percezione del linguaggio si realizzasse grazie a un meccanismo diverso, che codifica il parlato per categorie. E dove si troverebbe questo codice? Nel sistema motorio, con i codici neurali (invarianti, categoriali) per il controllo dei gesti articolatori.

Un'altra importante fonte di dati che vengono citati a sostegno della teoria motoria è costituita da una scoperta accidentale compiuta alla fine degli anni settanta dallo psicologo Harry McGurk e dal suo assistente di ricerca John MacDonald all'Università del Surrey, in Gran Bretagna. McGurk e MacDonald indagavano la capacità dei bambini piccoli di percepire i suoni linguistici e nei loro esperimenti utilizzavano segnali uditivi e visivi (video di persone che parlavano). Per qualche motivo, a un certo punto associarono l'audio della sillaba «ba» al video di una persona che pronunciava la sillaba «ga». Osservando il videoclip doppiato, percepirono una terza sillaba, «da». Quando capirono che non era un errore di doppiaggio, ma che era il loro cervello a inventarsi una sillaba che non era quella del segnale visivo né quella del video, condussero un esperimento formale su un gruppo di soggetti per confermare l'effetto e nel 1976 pubblicarono i risultati dello studio su «Nature», in un articolo intitolato *Hearing Lips and Seeing Voices*.[6] La scoperta accidentale dell'*effetto McGurk*, come viene chiamato di solito, o più precisamente dell'*effetto McGurk-MacDonald*, ha generato intere carriere scientifiche ed è tuttora un argomento molto studiato.

Perché l'effetto McGurk-MacDonald è una prova a sostegno della teoria motoria della percezione del linguaggio? Perché sembra mostrare che le informazioni sul gesto motorio, percepito nel segnale visivo, influenzano la percezione del linguaggio. In aggiunta, ciò che si percepisce nella mescolanza di un «ga» visivo con un «ba» uditivo può essere compreso in termini motori: i suoni /b/

sono generati nella parte anteriore della bocca chiudendo le labbra, mentre i suoni /g/ sono prodotti nella parte posteriore della bocca sollevando il dorso della lingua contro il velo palatino, o palato molle. Il suono /d/ sta tra /b/ e /g/ per quanto riguarda il punto in cui è articolato nella bocca: la punta della lingua viene sollevata sugli alveoli, appena dietro ai denti. È come se il percetto di «da» fosse una media di «ba» e «ga», *nello spazio dei gesti articolatori*.

A prima vista, a sostegno della teoria motoria vi è un discreto insieme di prove indiziarie. Come nel caso della teoria dei neuroni specchio, tuttavia, quando gli scienziati indagarono più a fondo iniziarono ad emergere alcune anomalie. Riguardo alla percezione categoriale, negli anni settanta i ricercatori scoprirono che hanno una percezione categoriale dei suoni linguistici anche creature non dotate della parola (cincillà e bambini di un mese).[7] Lo studio sui bambini, condotto da un gruppo diretto dallo psicologo dello sviluppo Peter Eimas alla Brown University, fu il primo a fare sensazione con un articolo pubblicato su «Science» nel 1971.

Poiché i neonati non parlano e non sono in grado di seguire le istruzioni, i ricercatori dovettero individuare un metodo per valutare i talenti percettivi dei soggetti. Scoprirono che l'atto di succhiare è la chiave per accedere alla mente dei neonati – quando sono interessati a qualcosa, succhiano più velocemente – e quindi prepararono un ciuccio che poteva registrare la frequenza della suzione. Dopo la determinazione di un valore di riferimento della frequenza, ai soggetti dello studio (bambini di un mese e di quattro mesi) veniva fatta sentire una stessa sillaba (per esempio, «ba») per cinque minuti. Durante i primi due-tre minuti di ascolto, la frequenza di suzione grosso modo raddoppiava, dopo di che rallentava e alla fine del periodo di cinque minuti si avvicinava al valore base. I bambini si erano abituati alla sillaba ripetitiva. A quel punto, e senza interruzione, i ricercatori presentavano ripetutamente per i successivi quattro minuti una sillaba diversa (per esempio, «pa»). La frequenza di suzione tornava a salire, indicando che i bambini percepivano la differenza tra le due sillabe. Un'altra situazione fornì la prova decisiva. Dopo avere presentato una sillaba per cinque minuti e aver osservato l'abituazione, i ricercatori presentavano un secondo stimolo che differiva acusticamente dal primo – quanto le due sillabe «ba» e «pa» – ma che un adulto avrebbe giudicato appartenere alla stessa categoria fonemica. Nessun bambino diede segno di notare il cambiamento acustico intracategoriale. I neonati hanno una percezione categoriale dei suoni linguistici.

Nel 1975, quattro anni dopo la pubblicazione dello studio sui bambini, Patricia Kuhl e James Miller riferirono, sempre su «Science», che i cincillà manifestano tendenze categoriali simili a quelle umane nella percezione del linguaggio. I ricercatori avevano scelto i cincillà perché il loro sistema uditivo è simile a quello umano per quanto riguarda l'intervallo delle frequenze udibili. Un gruppo di animali fu addestrato a rispondere in maniera diversa a sillabe con /t/ o /d/ come primo fonema. Per l'addestramento i ricercatori usarono sillabe registrate da quattro parlatori diversi e in tre diversi contesti vocalici («ti», «ta», «tu»; «di», «da», «du»). Il risultato straordinario fu che le creature impararono a riconoscere la differenza tra i suoni /t/ e /d/ e l'apprendimento permise loro di riconoscere anche nuovi casi delle stesse sillabe, comprese alcune versioni prodotte da un sintetizzatore. Fu saggiata anche la capacità degli animali di categorizzare i suoni linguistici, presentando loro un continuum di suoni tra «ta» e «da». I cincillà tendevano a raggruppare gli stimoli nell'una o nell'altra categoria e il confine tra le due era identico a quello stabilito da un gruppo di persone di lingua inglese. Chiaramente, la competenza motorio-linguistica non è la base della percezione categoriale.

Tutta una serie di studi mise in dubbio anche l'ipotesi che solo la percezione del linguaggio sia categoriale. Esplorando altri tipi di stimoli, gli studiosi della percezione hanno raccolto dati che comprovano la percezione categoriale delle espressioni del volto, dei colori, degli accordi musicali, del rumore di porte che sbattono, del canto degli uccelli (negli uccelli) e della frequenza dei suoni (nei grilli).[8] La tendenza a categorizzare il nostro ambiente sensoriale più che una caratteristica particolare della percezione del linguaggio sembra essere la regola.

Le ricerche condotte negli anni ottanta dallo psicologo americano Dominic Massaro misero ulteriormente in dubbio la percezione categoriale come pilastro empirico a sostegno della teoria motoria della percezione del linguaggio, mostrando che gli ascoltatori umani, pur tendendo a categorizzare, in realtà sono ben capaci di percepire le variazioni acustiche di suoni linguistici appartenenti alla stessa categoria. Massaro e il suo collaboratore Michael Cohen condussero un esperimento simile a quello del continuum /b/-/d/-/g/ di Liberman, ma invece di chiedere ai soggetti di discriminare o riconoscere i suoni affrontarono di petto la questione rivelando ai soggetti che gli stimoli che avrebbero ascoltato venivano scelti da un continuum e invitandoli direttamente a fare ciò che secondo le precedenti ricerche non potevano fare, vale a dire decidere quale fosse la posizione dello stimolo nel continuum. Se il sistema di percezione del linguaggio fosse davvero sordo alla variazione acustica intracategoriale, sarebbe un compito impossibile. Massaro e Cohen, tuttavia, riferirono che i soggetti svolgevano il compito molto bene; le loro valutazioni non avevano l'aspetto di una funzione categoriale, a gradino, ma formavano una linea regolare continua.[9]

Massaro affrontò anche l'effetto McGurk-MacDonald. Benché l'effetto dimostri chiaramente la capacità del cervello di integrare informazioni provenienti da sistemi sensoriali diversi, Massaro mise in dubbio l'idea che l'origine del fenomeno fosse un sistema specializzato basato sui gesti motori. Uno dei problemi che osservò era che con stimoli come quelli di McGurk l'integrazione percettiva era asimmetrica. Un «ba» uditivo accoppiato a un «da» visivo il più delle volte va nella direzione del segnale visivo: i soggetti tendono a sentire «da». Tuttavia, anche con l'accoppiamento opposto, un «da» uditivo e un «ba» visivo, i soggetti di solito sentono «da». Non dovrebbe accadere, se il sistema percettivo fosse maggiormente influenzato dal *gesto articolatorio* percepito visivamente.

Massaro propose di interpretare gli eventi percettivi in un modo più coerente con *tutte* le informazioni sensoriali a disposizione. A sostegno di questa idea, fece notare che le caratteristiche visive e uditive del parlato sono in gran parte complementari. Per esempio, i suoni /b/ e /d/ sono acusticamente simili e a volte vengono confusi quando l'ascoltatore si deve basare soltanto sul segnale uditivo (ecco perché si fa lo spelling e sono stati inventati gli alfabeti radio

– «bravo, delta, foxtrot»), però sono facili da distinguere visivamente. Per contro, i suoni /p/ e /b/ sono visivamente identici, ma facilmente distinguibili all'ascolto. Combinando i due tipi di informazione complementari, e pesandoli nel modo appropriato a seconda della loro attendibilità, il suono linguistico risulta chiaro. Se questa è la visione corretta, perché di solito gli osservatori se sentono «ba» e vedono «ga» percepiscono «da»? Perché acusticamente «ba» e «da» sono più confondibili di «ba» e «ga» e visivamente «ga» e «da» sono più confondibili di «ga» e «ba» – moltiplicando le probabilità date tutte le informazioni sensoriali, il sistema percettivo converge sul suono più compatibile con tutti i dati, «da». La conclusione è che l'effetto McGurk può essere spiegato senza dover fare riferimento a un modulo cerebrale specializzato basato sui gesti articolatori.[10]

Un altro colpo fu inferto alla teoria motoria quando gli studiosi del parlato esaminarono in maniera più approfondita l'invarianza dei gesti motori suggerita da Liberman. Non dimentichiamo che alla base dello sviluppo della teoria motoria vi fu proprio l'osservazione dell'invarianza nel modo in cui sono articolati i suoni linguistici (mentre le loro caratteristiche acustiche variano). Un'analisi attenta ha rivelato che il modo in cui sono prodotti i suoni linguistici varia in misura considerevole.[11] A dire il vero, nel controllo motorio vi è un problema generale, il cosiddetto problema dell'*equivalenza motoria*, che, nonostante il nome, è molto simile al problema della mancanza di invarianza nella percezione del linguaggio. Sostanzialmente, il problema dell'equivalenza motoria si riferisce al fatto che vi sono molti modi di eseguire un movimento per raggiungere un dato obiettivo. Pensate a un colpo di golf, per esempio. Benché l'obiettivo sia uno solo, colpire la palla, il numero delle possibili variazioni del colpo è quasi infinito: testa su, testa giù; braccio disteso, braccio piegato; anche aperte, anche chiuse; ginocchia piegate, ginocchia distese; mazza impugnata così, mazza impugnata cosà. Tutto ciò costituisce un problema per la comprensione del controllo motorio perché il numero di opzioni disponibili rende difficile capire come viene pianificato e coordinato un movimento nel cervello. In relazione ai nostri scopi, il problema mette in dubbio la possibilità di rivolgerci al sistema motorio per risolvere il problema dell'invarianza percettiva.

Se la teoria motoria è sbagliata, come si risolve il problema della mancanza di invarianza? Massaro propose una soluzione: invece di cercare di trovare configurazioni acustiche regolari associate a fonemi particolari, dovremmo concentrare l'attenzione su unità più grandi, come le sillabe.[12] Come una piccola parte di un oggetto – il manico di una teiera, per esempio – è difficile da riconoscere vista separatamente, ma viene identificata senza difficoltà se vista nel contesto di tutto l'oggetto, così anche piccole parti del segnale acustico sembrano essere più facili da riconoscere nel contesto di un'intera sillaba. Isolata, una piccola unità grande come un fonema può sembrare uno stridio, ma nel suo contesto costituisce una parte cruciale di un suono /d/ perfettamente riconoscibile, per esempio.

Rinascita della teoria motoria della percezione del linguaggio

Alla fine degli anni ottanta, la teoria motoria della percezione del linguaggio veniva ormai presentata nei corsi di specializzazione come un'idea interessante che si era dimostrata sbagliata e questa stessa opinione è stata espressa schiettamente in un articolo di rassegna sulla teoria pubblicato nel 2006 da un gruppo del luogo di nascita della teoria motoria, i Laboratori Haskins: «[La teoria motoria] ha pochi sostenitori nel settore della percezione del linguaggio e molti autori la citano principalmente per presentarne commenti critici».[13] È paradossale, quindi, che sia stata la teoria di Liberman a fornire la motivazione teorica dell'interpretazione della funzione dei neuroni specchio data dal gruppo di Parma. Marco Iacoboni, neuroscienziato e collaboratore di lunga data dell'équipe di Parma, scrive:

> [...] immediatamente dopo la scoperta dei neuroni specchio a Parma, Giacomo Rizzolatti disse a Luciano Fadiga che le proprietà di questi neuroni gli ricordavano la teoria motoria della percezione del linguaggio di Alvin Liberman (Luciano Fadiga, comunicazione personale).[14]

Luciano Fadiga ha raccontato pubblicamente l'episodio durante una riunione della *Society for the Neurobiology of Language* tenutasi a Chicago nel 2010. Stavamo partecipando entrambi a un dibattito sul ruolo dei neuroni specchio nella percezione del linguaggio e tra le altre osservazioni Fadiga affermò che la teoria motoria della percezione del linguaggio aveva ispirato la teoria della comprensione delle azioni basata sui neuroni specchio, come risulta anche dalle prime pubblicazioni sui neuroni specchio del 1992 e del 1996, che contengono discussioni delle idee di Liberman.

Quindi la teoria motoria, pur essendo stata sostanzialmente scartata dalla comunità degli scienziati che la studiavano, ebbe un revival tra i neuroscienziati dopo la scoperta dei neuroni specchio. Arrivò quindi il loro turno di (ri)esaminare la possibilità empirica della teoria motoria. La parte interessante (o teoricamente inquietante) era che questo riesame della teoria motoria era motivato dalla presunta funzione dei neuroni specchio. Per citare uno dei primi studi di Fadiga e dei suoi collaboratori:

> [La teoria motoria] è stata spesso criticata in quanto troppo speculativa e priva di solide prove sperimentali. Più recentemente, tuttavia, la plausibilità della teoria motoria della percezione del linguaggio è stata rafforzata da una serie di dati sperimentali nuovi, derivati dalla neurofisiologia del sistema motorio.[15]

Gli autori poi descrivono le proprietà delle risposte dei neuroni specchio e avanzano la proposta che essi costituiscano il meccanismo cerebrale per comprendere le azioni. La circolarità dell'argomento è evidente.

Com'è ovvio, il problema (oltre alla circolarità) è che l'esistenza dei neuroni specchio non annulla i dati che dieci anni prima avevano portato a scartare la teoria motoria della percezione del linguaggio. I neonati e i cincillà possono ancora percepire abbastanza bene il linguaggio parlato senza un sistema motorio funzionale per parlare, per esempio. Tuttavia i vecchi argomenti e le prove a disposizione sono stati ignorati e un flusso costante di nuovi studi sul ruolo del sistema motorio nella percezione del linguaggio tiene occupati i revisori e i direttori delle riviste dai primi anni del nuovo secolo. Alcuni studi sono notevoli e di per sé sembrano fornire una base convincente alla teoria motoria. Vale la pena metterne in luce alcuni dei migliori poiché il settore del linguaggio è diventato il banco di prova definitivo della validità dell'interpretazione dei neuroni specchio alla base della comprensione delle azioni. Le ricerche sul parlato hanno ispirato l'interpretazione dei neuroni proposta dal gruppo di Parma e sono state il caso fondativo della generalizzazione della funzione dei neuroni specchio agli esseri umani. Se l'ipotesi non è corretta per il linguaggio, getta una grossa ombra sull'intero paradigma teorico della simulazione motoria.

Uno degli studi più citati è stato condotto dal gruppo di Parma utilizzando la TMS. Quando i nove soggetti esaminati ascoltavano suoni linguistici articolati usando un movimento pronunciato della lingua (la doppia «r» in italiano, per esempio), i loro muscoli della lingua si contraevano di più rispetto a quando ascoltavano suoni linguistici che comportavano movimenti minimi della lingua o suoni di altro genere.[16] Possiamo concludere che l'ascolto di suoni generati da movimenti della lingua attiva i muscoli della lingua. Ciò significa che i circuiti neurali coinvolti nella percezione del suono di una doppia «r» sono collegati al circuito motorio che può generare quel suono? Probabilmente sì. Ciò significa che il circuito motorio per la doppia «r» è necessario per percepire il suono? No. L'esperimento documenta un'associazione, non il coinvolgimento causale del sistema motorio nel riconoscimento percettivo. Inoltre, le capacità di percezione del linguaggio dei bambini in età prelinguistica e dei cincillà sottolineano come sia necessaria la prudenza nell'interpretare causalmente questi effetti.

In seguito, molti studi si sono proposti di cercare di dimostrare l'esistenza di una tale relazione causale. In uno dei miei preferiti, i ricercatori hanno usato la TMS per stimolare l'area delle labbra o della lingua nella corteccia motoria di dieci soggetti che ascoltavano singole sillabe e dovevano stabilire ogni volta quale di quattro sillabe possibili fosse quella presentata. In due casi, la consonante iniziale della sillaba richiedeva movimenti importanti delle labbra (/p/ o /b/) e, negli altri due, della lingua (/t/ o /d/). Le sillabe venivano presentate accompagnate da rumore bianco, il che faceva scendere i valori di riferimento delle prestazioni a una precisione di circa il 75%. Si aggiunge il rumore bianco perché se gli stimoli sono appena percettibili è più facile rilevare gli effetti della manipolazione sperimentale. Se il compito è troppo facile, i piccoli effetti sperimentali non si scoprono mai – per il cosiddetto *effetto soffitto*.

Le risposte e i tempi di reazione dei soggetti, che identificavano le sillabe premendo un pulsante, venivano registrati.

I ricercatori hanno riferito che quando veniva stimolata la corteccia motoria che controlla le labbra, i soggetti erano più veloci a identificare i suoni labiali inoltre cadevano più volte nell'errore di classificare un suono legato alla lingua come un suono labiale. Stimolando la corteccia motoria che controlla la lingua, si ottenevano risultati opposti. La stimolazione della corteccia motoria associata a organi articolatori pareva avere un'influenza causale sulla percezione di suoni linguistici. I ricercatori hanno concluso che «tali risultati offrono un forte sostegno all'ipotesi di un ruolo funzionale specifico della corteccia motoria nella percezione dei suoni linguistici».[17]

Non dimentichiamo i neonati e i cincillà. Qualunque interpretazione del ruolo del sistema motorio nella percezione del linguaggio deve tener conto di tutta la gamma dei fatti pertinenti, non soltanto di un paio di studi di TMS apparentemente clamorosi. Innanzitutto, sappiamo che il sistema motorio, quale che sia la sua attività, non sembra essere necessario per la percezione del linguaggio. Da questa prospettiva, esaminiamo un po' più attentamente questo studio di TMS che a prima vista sembra un risultato inattaccabile a favore del coinvolgimento critico del sistema motorio nella percezione del linguaggio. In realtà, presenta più di un difetto.

Difetto numero uno: a quanto pare non veniva stimolata solo la corteccia motoria, ma anche la corteccia somatosensoriale. Molti studi che indagano l'attività indotta dalla TMS nel sistema motorio identificano direttamente le aree neurali bersaglio spostando il dispositivo da un punto all'altro per trovare il sito che, se stimolato, dà origine alla contrazione più forte del muscolo bersaglio. Nello studio in esame, i siti di stimolazione sono stati determinati *indirettamente* in base a un precedente esperimento fMRI sui movimenti delle labbra e della lingua. In tal modo sono state introdotte diverse fonti di errore, tra cui la variabilità dei soggetti, la precisione della localizzazione fMRI e il fatto che il movimento delle labbra e della lingua attiva non soltanto il sistema motorio, ma anche regioni somatosensoriali: quando ci muoviamo, *percepiamo* anche le conseguenze del movimento.

I ricercatori hanno riferito le coordinate dei siti stimolati e, sulla base delle mappe anatomiche-funzionali standard, si può dire che probabilmente veniva stimolato anche il sistema somatosensoriale. È difficile concludere che il sistema motorio influenzava la percezione del linguaggio quando la stimolazione TMS non riguardava con precisione soltanto il sistema motorio. Per di più, se la stimolazione somatosensoriale eccitava alcune volte le labbra e altre la lingua, dobbiamo preoccuparci di capire se questo possa aver rivelato in qualche modo l'ipotesi degli sperimentatori, portando a una distorsione della risposta, un errore sistematico nelle risposte dei soggetti. Nel contesto di stimoli appena percepibili (si ricordi l'aggiunta di rumore bianco), i soggetti perspicaci possono usare e in effetti usano qualsiasi indizio per fornire quella che credono essere la risposta attesa dallo sperimentatore: «Ah, mi si contraggono le labbra. Deve essere un suono labiale».

Difetto numero due: lo scopo dello studio di TMS era la valutazione del ruolo del sistema motorio nella percezione di suoni linguistici, ma il compito usato, come accade in molti esperimenti di psicologia, non coinvolgeva soltanto la percezione, ma anche una *decisione* tra risposte alternative sulla base di informazioni parziali (rumorose). Come sappiamo, le decisioni sono influenzate da errori sistematici, aspettative e altri fattori. La domanda è: la manipolazione dovuta alla TMS ha influenzato la percezione o il processo di decisione?

Ebbene, un modo per stabilirlo *esiste* e ha a che fare con un metodo chiamato *rilevamento dei segnali*, un approccio sviluppato durante la seconda guerra mondiale per migliorare l'individuazione di aerei nemici basandosi sui segnali radar (a volte rumorosi). In breve, il metodo confronta la percentuale di «successi» da parte di un osservatore (segnali identificati correttamente) e quella di «falsi allarmi» (rilevazioni di segnali non presenti) per calcolare la rilevabilità escludendo l'errore decisionale sistematico. È possibile calcolare anche una misura diretta di questo errore (in sostanza, la probabilità che un soggetto decida in un modo o nell'altro, indipendentemente dallo stimolo). Purtroppo gli autori dello studio di TMS non hanno usato questi metodi. In realtà, nell'analisi dei risultati ottenuti dai partecipanti i ricercatori hanno esaminato soltanto gli «insuccessi»

– quando il soggetto classificava erroneamente lo stimolo presentato – e non hanno affatto tenuto conto dei «successi». Questo tipo di analisi può essere influenzata da errori soggettivi sistematici.

Nel 2012, è stato condotto nel mio laboratorio uno studio di *imaging* funzionale per scoprire i correlati cerebrali della distorsione della risposta (decisione) e dimostrare la fondatezza delle preoccupazioni sollevate poc'anzi. La scansione avveniva mentre i soggetti eseguivano il compito di decidere se due sillabe fonemicamente simili fossero identiche. Come nello studio di TMS, un sottofondo di rumore rendeva difficili da percepire le sillabe presentate. In seguito, senza modificare la difficoltà percettiva del compito, manipolavamo la distorsione della risposta dei soggetti informandoli che sarebbero stati sottoposti a una percentuale maggiore o minore di prove con due sillabe identiche. Se si hanno informazioni percettive incomplete, ma i soggetti sanno che in due prove su tre le sillabe saranno identiche, tenderanno a giudicarle identiche più spesso. Abbiamo calcolato una misura della distorsione e questa, come previsto, mostrava che la manipolazione funzionava. Esaminando i dati di *imaging*, abbiamo scoperto una correlazione tra i cambiamenti della distorsione e i cambiamenti dell'attività cerebrale nelle aree motorie e somatosensoriali del linguaggio, tra cui le stesse aree stimolate nello studio di TMS delle labbra e della lingua.[18]

Il difetto numero tre è legato al compito richiesto ai soggetti dello studio, cioè identificare o discriminare sillabe prive di significato. La scienza del parlato si fonda per lo più su compiti simili. Il criterio logico alla base di questa scelta è che usando sillabe semplici senza significato ci si può concentrare sul livello di elaborazione che si desidera studiare, la percezione dei suoni del linguaggio, escludendo aspetti di livello superiore decisamente fastidiosi come il *significato* delle parole. Purtroppo, chiedendo ai soggetti di prendere decisioni percettive su suoni linguistici isolati, i ricercatori hanno finito per studiare un processo cognitivo parzialmente diverso rispetto all'ascolto del linguaggio in situazioni più naturali.

È un punto che mi riguarda personalmente, quindi dedicherò qualche riga a questa storia. Durante i miei studi *post doc* al MIT, uno specializzando del mio stesso dipartimento, David Poeppel, iniziò a mettere in discussione il dogma della lateralizzazione a sinistra della percezione del linguaggio. Poeppel stava lanciando l'idea di un'organizzazione bilaterale della percezione del linguaggio, in contrasto con la visione dominante secondo la quale la percezione e la comprensione del linguaggio sono competenza soltanto dell'emisfero sinistro.

Gli argomenti di Poeppel si basavano su dati provenienti da due fonti. Una era l'osservazione che l'ascolto di suoni linguistici provoca risposte rilevate elettromagneticamente in entrambi gli emisferi. L'altra era una sindrome chiamata *sordità verbale pura*. Di solito questa sindrome è causata da due distinti ictus nello stesso sfortunato paziente, uno nelle aree uditive sinistre e l'altro nelle aree uditive destre, che producono un grave deficit di percezione del linguaggio (i pazienti riferiscono che le parole udite sembrano essere di una lingua straniera, oppure che sono troppo veloci per essere decodificate), ma risparmiano la capacità uditiva generale che si misura nelle prove usuali dell'udito. Quindi la risposta fisiologica al linguaggio è bilaterale e un danno bilaterale alle aree uditive del linguaggio causa un grave deficit di percezione del linguaggio. L'idea vecchia di un secolo che la percezione del linguaggio sia una funzione dell'emisfero sinistro, concluse Poeppel, è sbagliata: la percezione del linguaggio è organizzata bilateralmente.[19]

All'epoca, pensai che fosse pazzo. Era per una buona ragione che nel settore si riteneva che l'elaborazione del linguaggio fosse controllata dall'emisfero sinistro: un danno all'emisfero sinistro produce afasia, una gran varietà di deficit linguistici tra cui deficit di comprensione uditiva, mentre in generale un danno all'emisfero destro non ha queste conseguenze. Inoltre, esisteva una ben nota spiegazione delle caratteristiche anatomiche delle lesioni che producono la sordità verbale pura che preservava la concezione della dominanza sinistra.[20] Altri studi cercavano di capire perché l'emisfero destro potrebbe rispondere al linguaggio senza essere particolarmente coinvolto nella sua elaborazione al livello fonologico. Un'idea popolare era che l'emisfero destro analizzasse gli aspetti prosodici o emotivi del segnale linguistico, per esempio.[21] Tutto ciò mi portò a ignorare ciò che Poeppel cercava di dire, fino a quando decisi di esaminare con attenzione i dati a sostegno della dottrina della dominanza sinistra.

Fu un gruppo di studenti a suggerirmi di riesaminare le prove. Beh, più o meno. Alla fine degli anni novanta tenevo un corso all'Università della California a Irvine, intitolato *Language and the Brain*, e stavo preparando una lezione sulla percezione del linguaggio. Una cosa che ho imparato insegnando agli studenti è che le loro domande possono essere tra le più difficili perché i ragazzi non sono gravati dagli assunti condivisi dagli esperti del settore. Se nel 1998, parlando a un congresso, avessi citato incidentalmente la dominanza sinistra della percezione del linguaggio, nessuno avrebbe sollevato obiezioni. Gli studenti dei primi anni tendono a mettere in discussione cose simili, perciò in quella lezione volevo mostrare un paio di diapositive per presentare i dati a favore di questo assunto. Cercai nella letteratura qualche studio che dimostrasse che un danno alle aree linguistiche del lobo temporale superiore sinistro (la classica area di Wernicke) causa deficit significativi della percezione del linguaggio. Fu una ricerca vana. Per contro, trovai uno studio in cui un danno alle aree uditive sinistre non sembrava compromettere minimamente la percezione del linguaggio, ma causava deficit di *produzione* del linguaggio![22] Questo risultato, che per me all'epoca era un vero e proprio enigma, con il tempo si rivelò un indizio critico che lanciò la mia carriera in una nuova direzione, che alla fine mi portò all'incontro con i neuroni specchio. Ma torniamo alla storia della percezione.

Ciò che avevo trovato non era una prova conclusiva contro la concezione della dominanza sinistra. Poteva essere che le regioni importanti per la percezione del linguaggio fossero non nella classica area di Wernicke (la parte posteriore del giro temporale superiore), ma a un livello più complesso di analisi uditiva che coinvolgeva qualche altra regione dell'emisfero sinistro adiacente o più ampia. Sappiamo che danni estesi al lobo temporale sinistro possono causare l'afasia di Wernicke, una sindrome in cui la capacità di comprendere il linguaggio parlato è compromessa. Scavai più a fondo nella letteratura e trovai che il deficit di comprensione uditiva nell'afasia di Wernicke non è causato da un grave deficit di comprensione del linguaggio, come si presumeva un tempo, ma sembra emergere da difficoltà al livello semantico di elaborazione.[23] Sapevo, inoltre, che un danno alle aree motorie del linguaggio non causa problemi di percezione del linguaggio perché i pazienti con queste lesioni hanno una buona comprensione uditiva. Per comprendere le parole, è necessario essere in grado di percepire i suoni linguistici. In breve, la mia ricerca nella letteratura rivelò che un danno all'emisfero sinistro – in qualsiasi punto dell'emisfero sinistro – non causa deficit importanti di percezione del linguaggio. Soltanto i danni bilaterali al lobo temporale superiore producevano regolarmente gravissimi deficit di percezione.

Chiamai Poeppel e gli dissi che dopo tutto aveva ragione. «Già», rispose, e immediatamente decidemmo di scrivere un articolo per presentare le prove a favore di un sistema bilaterale di percezione del linguaggio.

È a questo punto della storia che entrano in gioco gli studi di TMS e in particolare il compito utilizzato. Poeppel ed io scrivemmo un articolo modesto che analizzava le prove che avevamo raccolto sull'organizzazione dei sistemi cerebrali di percezione del linguaggio e lo inviammo a «Neuron», un'autorevole rivista di neuroscienze. Ricevemmo i commenti di tre revisori. Il primo lo definiva un lavoro importante e ne raccomandava la pubblicazione. Per il secondo, era risaputo che la percezione del linguaggio coinvolge entrambi gli emisferi e una tesi tanto banale non giustificava la pubblicazione. Il terzo sosteneva che i nostri argomenti non potevano essere corretti essendo ben comprovato che un danno all'emisfero sinistro provoca deficit di percezione del linguaggio. Alla fine, la rivista rifiutò l'articolo in quanto troppo controverso per essere discusso in quella particolare sede. Il punto importante della storia è costituito dai risultati citati dal terzo revisore, che avevano mostrato che un danno a molte regioni diverse dell'emisfero sinistro, ma in particolare alle aree frontali sinistre, causa deficit della capacità di classificare o discriminare sillabe prive di significato.[24] Poeppel ed io avevamo ignorato questo argomento perché eravamo concentrati sulla capacità di elaborare suoni linguistici nel contesto del compito più naturale di comprendere parole.

Ripresi la mia ricerca nella letteratura per capire come stesse la questione e scoprii un paradosso. Vi è una doppia dissociazione tra la capacità di discriminare coppie di sillabe simili prive di significato e la capacità di distinguere queste stesse sillabe nel contesto di un compito di comprensione di parole. Una doppia dissociazione permette una conclusione certa: i due processi sono indipendenti. Per capirlo, immaginate una macchina automatica per il caffè che fa anche il tè. Volete capire se sia un unico meccanismo a produrre entrambi. Un giorno scoprite che la macchina fa il tè, ma non il caffè. Questa è una dissociazione semplice. Pur *suggerendo* meccanismi distinti per le due bevande, non è conclusiva: forse il caffè è più difficile da fare e la macchina ha un meccanismo parzialmente inceppato o debole che è sufficiente soltanto per il tè. Qualche settimana dopo aver fatto riparare la macchina, un giorno vi accorgete che fa il caffè, ma non il tè. Data la semplice osservazione precedente, avete scoperto una doppia dissociazione. Ora potete concludere con certezza che nella macchina esistono meccanismi diversi (almeno parzialmente) per fare le due bevande, altrimenti come potrebbe funzionare per il tè e non per il caffè *e viceversa*? Non può essere soltanto un effetto della difficoltà.

Tornando al linguaggio, gli esperimenti avevano dimostrato che alcuni pazienti non erano in grado di stabilire sistematicamente se una coppia di sillabe come «ba-da» fosse formata da sillabe uguali o diverse, però capivano la differenza di significato tra «*bad*» e «*dad*», per esempio. Altri pazienti presentavano la dissociazione opposta: sapevano distinguere facilmente tra «ba» e «da», ma avevano difficoltà a comprendere il significato delle parole.[25] La doppia dissociazione indicava che l'esecuzione dei due compiti – «discriminazione sillabica», così viene chiamata, e comprensione del significato delle parole – dipendeva da meccanismi almeno parzialmente diversi.

L'aspetto più sconcertante di questi risultati è che alcuni pazienti non sapevano dire se due sillabe fossero uguali o diverse e tuttavia capivano parole che contenevano le stesse sillabe. Com'era possibile? Se una persona non è in grado di eseguire un compito di discriminazione sillabica («ba-da» sono due sillabe uguali o diverse?), è naturale supporre che il sistema di percezione del linguaggio non elabori i suoni nel modo corretto, che vi sia un deficit *uditivo* fondamentale. Se fosse così, però, come potrebbe la stessa persona capire parole che contengono quegli stessi suoni linguistici, e in più si distinguono soltanto per quei suoni? Doveva essere che il deficit manifestato nel compito di discriminazione sillabica non derivava da un deficit *uditivo*, ma piuttosto dal mancato funzionamento di un altro meccanismo. Il *compito* di discriminazione sillabica, concludemmo Poeppel ed io, faceva ricorso a qualche altro processo oltre alla percezione fondamentale del linguaggio.

Esaminando più a fondo la letteratura, notai che i compiti di discriminazione tendevano a coinvolgere circuiti parietofrontali, mentre nei compiti di comprensione si attivano circuiti del lobo temporale – una «doppia dissociazione neuroanatomica». I circuiti parietofrontali, inoltre, coincidevano in buona misura con regioni cerebrali che hanno un ruolo nella memoria verbale a breve termine (usata per esempio per ricordare temporaneamente un numero di telefono), che dipende dalla produzione del linguaggio (dalla capacità di *ripetere* mentalmente il numero di telefono). Forse, riflettemmo, la discriminazione sillabica dipende dalla memoria verbale a breve termine nel senso che richiede al soggetto di ascoltare una sillaba, ricordarla per un breve periodo (di solito un secondo), ascoltarne un'altra e confrontare le due. In tal modo si sarebbe spiegato perché è possibile non riuscire a svolgere un compito di discriminazione, a causa di un deficit della memoria a breve termine, ed essere tuttavia in grado di eseguire compiti di comprensione: questi ultimi non richiedono di tenere in memoria le due sillabe e confrontarne i suoni. Si sarebbe spiegato altresì perché i deficit di discriminazione sillabica erano associati a lesioni parietofrontali, al flusso dorsale: la memoria a breve termine coinvolge i sistemi di produzione del linguaggio.

Con un accenno all'allora recente proposta riguardo al flusso dorsale (il *come*) e al flusso ventrale (il *che cosa*) in relazione alla vista, trasformammo il nostro articolo di rassegna in un modello «a due flussi» dell'elaborazione del linguaggio, collegando l'elaborazione del linguaggio per la comprensione al flusso ventrale del lobo temporale e l'esecuzione di compiti di discriminazione al flusso dorsale (frontoparietale) legato alla produzione del linguaggio.[26] In base al modello, il *compito* è importante quando si progettano esperimenti sul linguaggio, poiché è il compito a determinare quali circuiti neurali vengono usati.

Per capire bene come il compito possa influenzare il processo e quindi i circuiti neurali coinvolti, siete invitati a prestare molta attenzione alla frase seguente. *Noi non sentiamo fonemi durante l'ascolto normale, «udiamo» parole o più precisamente significati di parole e frasi.* Ora, senza rileggere la frase, domandatevi se conteneva la sillaba «ba». Molto probabilmente, non ne avete idea. Se cercaste di capirlo è quasi certo che ripetereste mentalmente la frase, attivando quindi i circuiti frontoparietali del linguaggio, gli stessi coinvolti nei compiti di discriminazione sillabica. Ora un'altra prova: dite se la frase seguente contiene la sillaba «ba». *La veloce volpe bruna salta sul cane pigro.* Potete riuscire a rispondere, ma la vostra attenzione è passata dalla comprensione delle parole al suono dei fonemi. Non è un processo usato nella comprensione normale e non ci viene naturale. Di fatto, la capacità di leggere è molto dipendente dalla capacità di prestare coscientemente attenzione al suono dei fonemi, di avere la cosiddetta *consapevolezza fonologica*, un'abilità che deve essere insegnata esplicitamente e che una percentuale piuttosto grande di persone ha difficoltà a padroneggiare. È interessante notare che una ricerca ha mostrato che gli analfabeti hanno notevoli difficoltà a eseguire compiti che richiedono di prestare attenzione ai fonemi.[27]

Tornando ora allo studio sulla stimolazione delle labbra e della lingua, il compito utilizzato, l'identificazione di sillabe, come ho già detto era una delle pecche dell'argomento teorico. Il compito richiede un'attenzione cosciente alla struttura acustica dello stimolo linguistico, che utilizza processi che non sono coinvolti nell'analisi del linguaggio di tutti i giorni. E infatti, empiricamente, il compito di identificazione delle sillabe (ascoltare una sillaba e indicare a quale coppia di lettere stampate su un foglio corrisponde) ha dimostrato di essere un compito ancora più impegnativo sotto questo profilo rispetto alla discriminazione sillabica, forse perché richiede di prestare coscientemente attenzione al suono e poi abbinare il suono a una forma scritta. Per quanto ne sappiamo, la TMS potrebbe aver disturbato la parte del compito consistente nell'abbinamento suono-lettera. Se siamo interessati a comprendere la base neurale della capacità di identificare consciamente o discriminare sillabe prive di significato, l'uso di compiti simili è perfettamente valido (e può fornire informazioni utili per capire la capacità di leggere). Se invece vogliamo comprendere come si realizza la percezione del linguaggio al di fuori del laboratorio, i risultati di questi studi vanno considerati con estrema diffidenza.

Un piccolo gruppo di altri studi di TMS riferisce risultati simili a quelli discussi: se si stimolano le aree motorie del linguaggio, si producono effetti (piuttosto modesti) sulla «percezione del linguaggio».[28] A tutti questi studi, però, si può rivolgere lo stesso tipo di critica: usano stimoli parzialmente ambigui, non rendono conto della distorsione della risposta e utilizzano compiti non naturali che non sfruttano necessariamente i processi usati nelle condizioni normali, quotidiane, di ascolto del linguaggio.

La TMS non è l'unico metodo impiegato negli ultimi tempi per argomentare a favore di una teoria neuromotoria della percezione del linguaggio. Anche i risultati di studi di fMRI indicanti che l'ascolto del linguaggio attiva le aree motorie del linguaggio hanno fornito dati a sostegno di spiegazioni motorie della percezione.[29] I risultati della fMRI, tuttavia, indicano soltanto correlazioni. È pur vero che la fMRI mostra in maniera conclusiva che durante l'ascolto del linguaggio si attivano aree motorie del linguaggio, ma il metodo non può rivelarci quale sia la funzione delle aree attivate né se tali aree siano collegate causalmente al processo in questione.

I disturbi del linguaggio illuminano il dibattito

Decenni di ricerche sulla teoria motoria della percezione del linguaggio alla fine avevano portato al suo rigetto. Tuttavia la scoperta dei neuroni specchio, la cui interpretazione era stata ispirata dalla teoria (abbandonata), spinse diversi gruppi di ricerca a indagare nuovamente la questione usando la TMS e la fMRI. Gli studi di TMS utilizzano compiti di dubbia attinenza alla funzione ricettiva normale del linguaggio e gli studi di fMRI non sono conclusivi in merito alla pertinenza funzionale degli schemi di attivazione. Tali risultati, nel contesto dei dati relativi ai cincillà e ai neonati, non giustificano il revival della teoria motoria. Ciò malgrado, la teoria è viva – in forma di zombi, secondo me – come attestano i titoli di alcuni articoli recenti:

- *La somatotopia motoria della percezione del linguaggio* [«somatotopia» significa «mappa del corpo»];[30]
- *Rappresentazione motoria del contributo degli organi articolatori alla percezione categoriale dei suoni linguistici*;[31]
- *Il ruolo essenziale della corteccia premotoria nella percezione del linguaggio*.[32]

La rinnovata popolarità della teoria motoria motivò i miei collaboratori e me a passare in rassegna la letteratura e a dare inizio a una nuova serie di esperimenti mirati a riesaminare il ruolo del sistema motorio nella percezione del linguaggio. Ecco una parte di ciò che abbiamo scoperto.

Se il sistema motorio del linguaggio è critico per la percezione del linguaggio, dobbiamo aspettarci che i disturbi neurologici che ostacolano la capacità di parlare producano una misurabile diminuzione della capacità di comprendere il linguaggio. Uno studio analitico fondamentale sull'argomento fu descritto nel 1962 da Eric Lenneberg, uno studioso di origini tedesche espatriato in giovane età per sfuggire alla persecuzione nazista. Nell'articolo del 1962, Lenneberg descrive le sue osservazioni sull'anamnesi e sulle capacità linguistiche di un bambino che studiò per più di quattro anni.[33] Il bambino era stato sottoposto a una visita neurologica e segnalato all'attenzione di Lenneberg perché all'età di quattro anni e nove mesi non aveva ancora iniziato a parlare. Gli esami di laboratorio erano tutti normali, non aveva anomalie della cavità orale e poteva masticare, inghiottire, succhiare, soffiare e leccare normalmente. Le cartelle cliniche attestavano che era nato con i piedi deformi e che a circa due anni gli era stato diagnosticato uno strabismo che poi era stato corretto chirurgicamente. Nei test del QI raggiungeva punteggi intorno al limite inferiore della categoria normale, ma non era chiaro quanto di questo «deficit» potesse essere attribuito alla sua incapacità di esprimersi verbalmente.

Lenneberg rilevò che in effetti la sua capacità di parlare era nulla. Il bambino piangeva e rideva normalmente, ma emetteva soltanto grugniti simili a colpi di tosse che accompagnavano i suoi tentativi di comunicare attraverso la pantomima. Quando giocava da solo, spesso emetteva suoni che ricordavano lo Jodler svizzero, benché non fosse mai entrato in contatto con questa forma di arte. Lenneberg inoltre osservò che con il passare del tempo, e dopo anni di logopedia, il bambino riusciva a ripetere qualche parola pronunciata dal terapeuta o dalla madre, ma anche questi tentativi erano «appena intellegibili» e non erano mai spontanei.

Lenneberg era affascinato dalla capacità del bambino di comprendere il linguaggio, che lo scienziato descrisse come una «normale e adeguata comprensione del linguaggio parlato». Questa osservazione fu confermata in più di venti visite e da parte di più medici e logopedisti, in modo informale e in modo formale. Il bambino era in grado di eseguire istruzioni complesse come «Prendi il blocco e mettilo sulla bottiglia» e rispondeva in maniera adeguata, seppur non verbalmente, a domande su una storiella che gli era stata letta. Non si trattava di semplici reazioni ai segnali inviati dal corpo dell'interlocutore, infatti il bambino eseguiva le istruzioni anche quando non poteva vedere il ricercatore. La causa del deficit di produzione del linguaggio non fu mai determinata. Lenneberg lo chiamò «disartria congenita» (difficoltà a controllare gli articolatori del linguaggio) e concluse che la capacità di padroneggiare il linguaggio ricettivo, di capire, non dipendeva dalla capacità di produrre o imitare il linguaggio.

Oggi sappiamo che una sintomatologia infantile simile, la *sindrome di Foix-Chavany-Marie*, può essere causata da lesioni bilaterali di una regione cerebrale chiamata *opercolo anteriore*.[34] La regione è vicina all'area di Broca ed è stata messa in relazione con la funzione motoria del linguaggio. Il disturbo è considerato una forma di paralisi delle vie motorie che controllano i muscoli della bocca e del viso (anche se riguarda soltanto il controllo volontario e non quello involontario). Come tale, potrebbe essere considerato non pertinente allo studio neuroscientifico della funzione linguistica di livello superiore. È una preoccupazione legittima, perché non ci si aspetta che un problema nervoso di livello inferiore influenzi processi linguistici più complessi nella corteccia cerebrale. Ciò nonostante, dobbiamo nuovamente domandarci se non possa entrare in gioco il principio secondo il quale ciò che non si usa va perso: l'incapacità di controllare aspetti di livello inferiore del linguaggio incide sul funzionamento di aree motorie del linguaggio che sono al centro del dibattito sui neuroni specchio?

Argomenti simili relativi alla dissociazione tra capacità linguistiche ricettive ed espressive provengono da uno studio su giovani affetti da paralisi cerebrale condotto dalla neuropsicologa dello sviluppo Dorothy Bishop, ora all'Università di Oxford.[35] La paralisi del cervello è causata da lesioni o anomalie dello sviluppo cerebrale e può provocare un insieme molto variabile di deficit e difficoltà. L'équipe della Bishop studiò due gruppi di giovani pazienti; i soggetti del primo gruppo presentavano gravi deficit di produzione del linguaggio, mentre quelli del secondo, appaiati per QI ed età ai primi, avevano una capacità di produzione del linguaggio normale. L'esito di uno degli esperimenti a prima vista sembra sostenere la prospettiva della teoria motoria: in un test di discriminazione sillabica i risultati del primo gruppo erano significativamente peggiori dei risultati del secondo; la differenza si manteneva anche usando misure di correzione della distorsione della risposta. La giudico una prova abbastanza sicura del fatto che la disfunzione dei centri motori del linguaggio influenza la capacità di discriminare coppie di sillabe prive di significato.

Il fastidioso problema del compito, tuttavia, emerge anche in questo caso. La discriminazione sillabica è il test giusto? Non sfrutta la memoria verbale a breve termine più che la percezione del linguaggio di per sé? Per scoprirlo, il gruppo della Bishop ideò un'astuta variante del compito, che chiamò «compito di valutazione verbale». Ecco (in forma leggermente parafrasata) come veniva descritto ai giovani partecipanti allo studio:

> Ti mostrerò alcune immagini. Per ciascuna, dirò il nome di ciò che rappresenta, ma a volte lo dirò in maniera leggermente sbagliata. Per esempio, potrei mostrarti questa immagine (una boa) e invece di dire «è una boa?» potrei dire «è una voa?». Devi dirmi se ho detto bene o male.

Anche questo compito richiede all'ascoltatore di rilevare la differenza tra fonemi dal suono simile, ma in questo caso la presentazione è più naturale. Per eseguire il compito non è necessario ascoltare consciamente i suoni stessi, basta notare se la sillaba corrisponde all'immagine. I soggetti furono sottoposti anche a un normale test di discriminazione sillabica, per cui venne usato lo stesso insieme di contrasti fonemici (per esempio, /b/ e /v/, tra gli altri). In questo test, il gruppo di soggetti con disturbi del linguaggio ottenne risultati significativamente peggiori rispetto all'altro gruppo. Nel compito di valutazione verbale, tuttavia, i risultati del primo gruppo migliorarono notevolmente, tanto da annullare le differenze tra i due gruppi.

Questo studio mise in luce due punti importanti, oggi ben noti. Numero uno: l'incapacità di produrre linguaggio non preclude la capacità di percepire differenze anche sottili tra suoni linguistici – come dimostra chiaramente il compito di valutazione verbale. Numero due: la discriminazione sillabica usuale non misura tutta la portata della capacità dell'ascoltatore di percepire suoni linguistici.

Secondo me, i risultati di questi studi sono un argomento convincente contro la teoria motoria della percezione del linguaggio. Gli zombi, però, sono difficili da uccidere, quindi nel mio laboratorio decidemmo di raccogliere altri dati pertinenti.

In una serie di studi, riesaminammo la relazione tra il danno all'area di Broca – il cuore del sistema specchio umano – e la capacità di percepire il linguaggio. Se la teoria motoria/dei neuroni specchio è corretta, un danno all'area di Broca dovrebbe compromettere la capacità di percepire il linguaggio. Per un esperimento, collaborai con il neurologo e afasiologo italiano Gabriele Miceli. Miceli era in trincea durante l'offensiva degli anni settanta e ottanta per comprendere la base neurale dei deficit di percezione del linguaggio e di comprensione uditiva e pubblicò più di un articolo fondamentale sull'argomento. Il mio obiettivo era un riesame di alcuni di quei dati originari sulla discriminazione sillabica in persone affette da afasia di Broca, in particolare per capire se gli errori sistematici di risposta potessero rendere conto dei deficit. Mandai a Miceli un'e-mail domandandogli se avesse ancora i dati e se fosse interessato a collaborare a una nuova analisi. Mi rispose che era davvero interessato, ma che i dati non esistevano più. Aveva tuttavia un nuovo insieme di dati comprendente tutti i dati comportamentali pertinenti, più informazioni sulle lesioni documentate mediante risonanza magnetica o tomografia computerizzata, e sarebbe stato felice di collaborare.

Decidemmo di concentrarci sul punto cruciale della questione: un danno all'area di Broca provoca deficit di percezione del linguaggio? Mentre l'équipe di Miceli in Italia si occupava di individuare nel database il sottoinsieme di pazienti con un danno importante all'area di Broca, io analizzai i dati comportamentali relativi a due compiti critici: la discriminazione sillabica uditiva e la comprensione verbale uditiva. Nel secondo, i pazienti vedevano due immagini sullo schermo di un computer, per esempio un orso (*bear*) e una pera (*pear*) e poi ascoltavano una di queste due parole. Il compito consisteva nell'indicare l'immagine corrispondente alla parola. Le due parole erano fonologicamente simili (*bear/pear*), quindi per distinguerle occorreva una percezione sottile dei suoni linguistici, senza però dover prestare un'attenzione cosciente ai fonemi stessi.

Il gruppo di Miceli identificò 24 pazienti colpiti da ictus con lesioni nell'area di Broca (e in altre regioni). Questo gruppo fu messo a confronto con un gruppo di controllo di 13 pazienti colpiti da ictus con danni alle regioni occipitali-temporali sinistre, cioè a una parte del cervello in cui una lesione non dovrebbe provocare deficit di linguaggio. Dei 24 soggetti con lesioni dell'area di Broca, 19 erano stati classificati clinicamente come afasici di Broca, il che significa che non parlavano in modo scorrevole (eloquio stentato e faticoso), ma che la loro capacità di comprensione era stata relativamente risparmiata. La mancanza di scorrevolezza può variare e infatti varia nell'afasia, perciò il gruppo di Miceli classificò i soggetti come afasici lievemente, moderatamente o gravemente non fluenti. Le tre categorie erano composte più o meno dallo stesso numero di pazienti.

Quando esaminai i dati, usando metodi di analisi con correzione della distorsione della risposta, rimasi un po' sorpreso. Le analisi precedenti indicavano che gli afasici di Broca presentano deficit di discriminazione sillabica, ma i dati di Miceli mostravano risultati notevolmente buoni, con una precisione media intorno al 95% anche senza correzione degli errori. Questi risultati, tuttavia, erano significativamente peggiori di quelli del gruppo di controllo di pazienti colpiti da ictus e non afasici, che superavano il test quasi senza errori (è un compito molto facile). Era possibile che i deficit dell'attività motoria per il linguaggio incidessero davvero sulla percezione del linguaggio, per quanto poco.

Un esame più attento indicò il contrario. Per esempio, il grado di mancanza di fluidità non aveva alcun effetto sull'esecuzione di compiti di discriminazione sillabica; se i deficit dell'attività motoria per il linguaggio causassero deficit percettivi, si dovrebbe trovare una relazione tra gli uni e gli altri. Gli afasici gravemente non fluenti dovrebbero incontrare maggiori difficoltà nel compito percettivo. Inoltre, in analogia con lo studio dei bambini con paralisi cerebrale, quando considerammo il compito di comprensione verbale, i risultati dei pazienti con lesioni dell'area di Broca raggiunsero il livello dei soggetti di controllo (rispettivamente 97 e 96%, senza correzioni) benché il compito di comprensione richiedesse una differenziazione fine dei suoni linguistici. Conclusione: il danno all'area di Broca e la mancanza di fluidità del linguaggio non influenzano la capacità di distinguere sottili differenze tra suoni linguistici.

Uno studio più ampio delle lesioni diretto da una mia ex dottoranda e attuale collaboratrice, Corianne Rogalsky, confermò questi risultati. I soggetti, 58 persone con lesioni dell'emisfero sinistro, dovevano svolgere un compito di comprensione verbale. Dopo la presentazione acustica di una parola come «*bear*» (orso), il soggetto era invitato a indicare quale tra le immagini disegnate su una carta raffigurasse la parola ascoltata. Sulla carta c'erano quattro immagini, corrispondenti a quattro parole: la parola in questione, una parola fonemicamente simile, come «*pear*» (orso), una parola dal significato simile, come «*moose*» (alce), e una parola priva di collegamenti con la parola ascoltata, come «*grapes*» (uva). È un compito molto facile, anche per pazienti colpiti da ictus, quindi aggiungemmo del rumore agli stimoli acustici per aumentare la difficoltà percettiva. La Rogalsky poi esaminò i dati delle lesioni usando un algoritmo che individua le regioni in cui un danno produce deficit di esecuzione di quel compito. La regione più fortemente predittiva dei deficit di comprensione uditiva si trovava nel lobo temporale, che fa parte del flusso ventrale, non nell'area di Broca o in regioni parietali.[36]

Decidemmo di valutare se il sistema motorio contribuisce alla percezione del linguaggio da un'ultima prospettiva metodologica che vorrei citare. Per questa parte del lavoro, collaborammo con il neurologo ed epilettologo Arthur Grant per valutare la capacità di percezione del linguaggio dell'emisfero sinistro e destro separatamente. La procedura di Wada prende il nome dal neurologo Juhn Wada, che sviluppò questa tecnica in Giappone dopo la guerra, alla fine degli anni quaranta. Ecco come funziona. Mentre il paziente è disteso su un tavolo, gli viene inserito un catetere nell'arteria carotide interna destra o sinistra. Le arterie carotidi sono i condotti che portano sangue al cervello – una all'emisfero sinistro e l'altra al destro. Una volta che il catetere è perfettamente inserito nell'arteria, il medico vi inietta amobarbitale di sodio, un barbiturico, facendo addormentare all'istante un emisfero e lasciando sveglio l'altro. Con un emisfero funzionalmente «spento», si possono valutare le capacità dell'altro. Quando l'effetto del farmaco svanisce, si ripete la procedura con l'altro emisfero anestetizzato per ottenere un quadro completo delle capacità funzionali di ciascun emisfero.

La procedura di Wada non viene eseguita soltanto per motivi di ricerca, ma più che altro come procedura clinica facente parte della preparazione prechirurgica del paziente neurochirurgico. L'utilità clinica della procedura deriva dalla sua capacità di localizzare le funzioni del linguaggio e della memoria. Nella maggior parte delle persone, la capacità di controllare la produzione del linguaggio è limitata alle reti dell'emisfero sinistro, mentre le funzioni fondamentali della memoria possono essere realizzate da entrambi gli emisferi. L'organizzazione funzionale, tuttavia, varia da persona a persona e i neurochirurghi preferiscono sapere se il cervello in cui affonderanno il bisturi è organizzato in maniera tipica o atipica.

Nel nostro studio,[37] sfruttammo il fatto che far addormentare l'emisfero sinistro provoca (nella maggior parte delle persone) la perdita totale della capacità di parlare. Con l'emisfero sinistro anestetizzato, i pazienti sono completamente muti (oltre ad avere il lato destro del corpo paralizzato). Ci domandammo se sarebbero stati in grado di comprendere il linguaggio. Dalle ricerche precedenti sapevamo che ci sarebbero riusciti, almeno in qualche misura, poiché i pazienti con l'emisfero sinistro addormentato sono in grado di svolgere compiti semplici come indicare il soffitto. Ciò che volevamo scoprire, però, era quanto sarebbero stati in grado di percepire sottili differenze tra suoni linguistici mentre comprendevano parole.

Ciascuno dei 20 pazienti, dopo la valutazione clinica, fu invitato a svolgere lo stesso compito di comprensione uditiva usato con i pazienti colpiti da ictus: ascoltare una parola (non in presenza di rumore, però) e indicare l'immagine corrispondente scegliendo tra le quattro proposte. Se il sistema motorio è critico per la percezione dei suoni linguistici, ci si deve aspettare che la sua completa disattivazione causi deficit importanti di percezione del linguaggio. Nel caso estremo, si potrebbe prevedere una totale incapacità di comprendere le parole. Per lo meno, si dovrebbe registrare un maggior numero di errori in cui i soggetti indicano l'immagine corrispondente alla parola foneticamente simile, poiché quella sarebbe la più difficile da distinguere dal bersaglio nel caso di percezione del linguaggio compromessa.

Malgrado fossero completamente muti al momento del test, i 20 pazienti indicarono l'immagine giusta nel 77% delle prove. È un risultato ben al di sopra di quello che si otterrebbe con scelte casuali (25%) – i pazienti capivano la maggioranza delle parole – ma rappresenta comunque un peggioramento rispetto al risultato ottenuto dagli stessi pazienti in condizioni normali (98%). Ma che tipo di errori facevano? Sceglievano di rado (meno del 2% delle volte) l'immagine non collegata e solo di tanto in tanto (7,5% delle risposte) quella corrispondente a una parola foneticamente simile. Ciò che li metteva più in difficoltà era distinguere il bersaglio dall'immagine semanticamente collegata (nell'esempio citato, l'alce). Sceglievano il distrattore semantico nel 17% dei casi e questa scelta costituiva la maggioranza degli errori (75%).

Che cosa ne concludiamo? La disattivazione funzionale completa del sistema motorio per il linguaggio non compromette sostanzialmente la capacità di elaborare informazioni fonemiche in un compito di comprensione delle parole. Sì, gli errori fonemici erano più numerosi con l'emisfero sinistro anestetizzato rispetto alle condizioni di riferimento o all'anestesia dell'emisfero destro (in quest'ultimo caso, gli errori venivano commessi in meno del 5% delle prove), ma il tasso di errore fonemico con l'emisfero sinistro addormentato era molto basso. *Va ricordato* che l'anestesia dell'emisfero sinistro disattiva non solo i sistemi motori, ma anche i sistemi del linguaggio legati all'udito. Il numero limitato di errori fonemici che abbiamo osservato potrebbe derivare non dalla disattivazione del sistema motorio, ma dall'anestesia dei sistemi del lobo temporale sinistro, come sarebbe previsto dai dati delle lesioni dello studio della Rogalsky.

Che si consideri la questione dalla prospettiva della procedura di Wada, dell'ictus, della paralisi cerebrale, della disartria congenita, dei bambini in età prelinguistica o dei cincillà, quando il sistema motorio per il linguaggio viene escluso, la capacità di percepire i suoni linguistici non viene alterata. La teoria motoria della percezione del linguaggio è (ancora) sbagliata. E se la teoria motoria è stata l'ispirazione e il fondamento della teoria dei neuroni specchio alla base della comprensione delle azioni, quest'ultima ha seri problemi.

Al di là dei suoni linguistici

Mentre infuriava il dibattito sul ruolo del sistema motorio nella percezione dei *suoni* linguistici, i neuroscienziati e gli psicologi iniziavano a esplorare un possibile ruolo più profondo del sistema motorio in relazione alla *semantica*, il significato del linguaggio. L'idea è semplice e ricorda da vicino la teoria dei neuroni specchio alla base della comprensione delle azioni. In realtà è precedente alla scoperta dei neuroni specchio e fa parte di un concetto più ampio che ha avuto origine nella psicologia: la *cognizione incarnata*. È l'idea che la nostra conoscenza del mondo si fondi direttamente sulle nostre esperienze sensoriali e motorie, in contrasto con la concezione «classica» della cognizione, che spesso è considerata come una visione più astratta, simbolica, della conoscenza e dell'elaborazione delle informazioni, qualcosa di più vicino al modo in cui un computer digitale codifica ed elabora le informazioni. Ciò che è in gioco nel dibattito, dunque, va ben al di là della comprensione delle azioni e dei neuroni specchio: è la nostra comprensione della stessa mente umana. La teoria dei neuroni specchio ha alimentato il movimento della cognizione incarnata e ne è stata a sua volta alimentata. Tanto che, di fatto, i neuroni specchio e la cognizione incarnata nel corso del tempo sono rimasti impigliati gli uni nell'altra. Per capire la relazione tra le due idee e le loro basi empiriche, occorre dedicare un po' di tempo a districare le teorie. A tal fine, dobbiamo nuovamente fare un passo indietro, dal punto di vista teorico e storico, per inserire nel giusto contesto i dibattiti attuali.

6.

Il cervello incarnato

Per gran parte della prima metà del Novecento, gli psicologi americani – in prima posizione John Watson e Burrhus Frederic Skinner – considerarono la mente/il cervello come un semplice congegno associativo che collega lo stimolo proveniente da eventi ambientali alla risposta motoria. Il fuoco brucia la mano → la mano si ritrae; il sasso viene scagliato → la testa si abbassa; il leone ruggisce → l'organismo corre; stimolo → risposta. Questi sono tutti comportamenti relativamente riflessivi, ma secondo quei teorici i comportamenti complessi non sono affatto diversi per quanto riguarda i meccanismi associativi sottesi. L'unica differenza è che i comportamenti complessi riflettono associazioni più complesse, modellate da due semplici regole di apprendimento:

Condizionamento classico – se si accoppia uno stimolo a un altro stimolo che provoca un riflesso naturale, in poco tempo il primo stimolo da solo suscita la risposta. Se la stimolazione sensoriale provocata dall'assaggiare il cioccolato scatena un riflesso naturale che mi fa venire l'acquolina in bocca, presto la sola vista del cioccolato mi farà lo stesso effetto. E se la vista del cioccolato spesso è accoppiata alla vista della mia pasticceria preferita, vedere soltanto la pasticceria – o la via in cui si trova o l'auto da cui la vedo sempre – vi farà venire l'acquolina in bocca. La complessità del comportamento è fatta solo di associazioni costruite su altre associazioni costruite su alcuni riflessi innati.

Condizionamento operante – se si rafforza una particolare risposta a un particolare stimolo, la probabilità futura di quella risposta dato quello stimolo aumenta. Non è altro che il normale principio di addestramento degli animali. Se dite «seduto» e il vostro cane si siede per caso o per forza, dategli un pezzetto di prosciutto. La prossima volta che direte «seduto», sarà più probabile che si sieda.

La mente aveva quindi ben poco potere secondo questa psicologia, nota come comportamentismo. Non c'era spazio per credenze, desideri e pensieri – solo associazioni. Di fatto, i comportamentisti erano convinti che, poiché non possiamo *vedere* gli stati e i processi mentali, non avremmo dovuto azzardarci a studiarli, per timore di finire fuori strada. Skinner scrisse:

Quando ciò che una persona fa viene attribuito a ciò che avviene interiormente, l'indagine finisce. [...] Per duemilacinquecento anni gli uomini si sono preoccupati dei sentimenti e della vita mentale, ma solo di recente hanno dimostrato un certo interesse per un'analisi piú precisa del ruolo dell'ambiente. L'ignoranza di questo ruolo ha portato in primo luogo a finzioni mentali ed è stata perpetuata dalle pratiche esplicative a cui tali finzioni hanno dato origine.[1]

Questo paesaggio teorico iniziò a cambiare alla fine degli anni cinquanta. Una nuova generazione di scienziati, tra cui George Miller, Donald Broadbent e un giovane linguista di nome Noam Chomsky, dimostrò in modo chiaro che il comportamento umano è troppo complesso per essere spiegato da semplici meccanismi associativi. Per esempio, il giovane Chomsky fresco di dottorato reagì con incredulità al *magnum opus* di Skinner, *Il comportamento verbale*, del 1957, che tentava di derivare la capacità umana del linguaggio dai princìpi del comportamentismo. Noi pronunciamo le parole e le frasi che diciamo in un dato contesto, sosteneva Skinner, poiché quelle parole e frasi, già dette in precedenza in condizioni di stimoli simili, sono state rafforzate. Se di fronte a un dipinto di Vermeer ci esce di bocca la parola «olandese», è solo perché in qualche visita precedente a un museo ci è capitato di dire quella stessa parola mentre osservavamo un Vermeer e qualcuno ha detto «Giusto» e ci ha lanciato un sorriso di approvazione (o un pezzetto di prosciutto), rafforzando così il nostro comportamento e facendo aumentare la nostra probabilità di dire la stessa parola in una situazione simile. La risposta «olandese», sosterrebbe Skinner, è sotto il *controllo dello stimolo* costituito dal dipinto di Vermeer. Ecco il commento di Chomsky:

Supponiamo che invece di dire «olandese», avessimo detto «fa a pugni con la tappezzeria», «pensavo che ti piacesse l'arte astratta», «non l'avevo mai visto prima», «è inclinato», «è appeso troppo in basso», «meraviglioso», «orribile», «ti ricordi il nostro viaggio in tenda l'estate scorsa?», o qualunque altra cosa ci fosse venuta in mente guardando il quadro [...] Skinner potrebbe soltanto dire che ciascuna di queste risposte è sotto il controllo di qualche altra proprietà dell'oggetto fisico, dello stimolo. [...] Questo espediente [teorico] è tanto semplice quanto vano. Poiché di proprietà ne esistono quante ne vogliamo [...] possiamo rendere conto di un'ampia classe di risposte in termini di analisi funzionale skinneriana identificando gli «stimoli di controllo». La parola «stimolo», tuttavia, ha perso tutta la sua oggettività con questo uso. Gli stimoli non fanno più parte del mondo fisico esterno; sono risospinti dentro all'organismo. Identifichiamo lo stimolo quando ascoltiamo la risposta. Da questi esempi, che abbondano, è chiaro che parlare di «controllo dello stimolo» nasconde semplicemente una ritirata completa nella psicologia mentalistica.[2]

Questo frammento della recensione di Chomsky sintetizza bene il suo argomento, che è composto di due parti. Prima parte: il linguaggio è troppo complesso per essere spiegato da una semplice relazione psicologica stimolo-risposta. È necessario invece esaminare che cosa accade nella mente. All'epoca, la ricerca di Chomsky nel settore della linguistica stava appunto mostrando come i processi mentali possono spiegare il comportamento linguistico: il linguaggio, sosteneva, è un sistema *computazionale* che ha come input rappresentazioni astratte (categorie di informazioni come nomi e verbi), calcola relazioni tra le rappresentazioni delle categorie e deriva un insieme combinatorio che è qualcosa di più della semplice somma delle sue parti.

Per esempio, «*He showed her the baby pictures*» (Egli le mostrò le foto del bimbo) e «*He showed her baby the pictures*» (Egli mostrò le foto al bimbo di lei) hanno esattamente le stesse parti, ma differiscono per come sono *combinate* dal sistema computazionale del cervello, che codifica significati diversi. Inoltre, il sistema è *produttivo*: dato un insieme basilare di categorie e regole computazionali, può generare un flusso infinito di nuove combinazioni («*He showed her the baby pictures, then the cat pictures, then the petunia pictures*» (Egli le mostrò le foto del bimbo, indi quelle del gatto, poi quelle della petunia). Oggi questo approccio alla cognizione è chiamato *teoria computazionale della mente*, l'idea che il cervello sia un dispositivo di elaborazione delle informazioni che esegue computazioni[3] (riprenderemo questo argomento tra poco).

Seconda parte dell'argomento di Chomsky: ridefinire una funzione mentale complessa usando un lessico dall'aria semplice non elimina la complessità, la nasconde soltanto. Il risultato della critica di Chomsky, della sua ricerca linguistica e del lavoro dei suoi contemporanei in altri settori quali la memoria di lavoro, l'attenzione e la risoluzione di problemi fu la comprensione che la mente non è un semplice meccanismo di associazione stimolo-risposta, ma è piuttosto un sistema attivo di elaborazione delle informazioni.

La computazione e l'approccio basato sull'elaborazione delle informazioni

La domanda divenne quindi: in che modo il cervello elabora le informazioni? Più o meno in quello stesso periodo si stava sviluppando il computer digitale, che venne usato come modello euristico utile per capire come il cervello potesse compiere una tale impresa. L'idea fondamentale era che da una parte vi sono le informazioni e dall'altra un insieme di routine di elaborazione (app mentali o algoritmi computazionali). Le informazioni sono i dati di ingresso delle routine di elaborazione, che le trasformano in base all'insieme di computazioni definite nel programma (per esempio, se *x*, allora *y*) e producono in uscita i risultati delle trasformazioni. Questi poi possono essere immagazzinati come informazioni, servire come input per altri programmi e controllare dispositivi come uno schermo o una stampante. Gli input di un computer – pressioni dei tasti, movimenti del mouse, acquisizioni di immagini – non controllano direttamente ciò che compare sullo schermo o viene stampato dalla stampante, ma vengono *elaborati* da vari programmi che li convertono in parole e immagini, risolvono problemi matematici o ci fanno giocare a un solitario. È l'output dei *programmi* a controllare direttamente ciò che compare sullo schermo o viene stampato.

L'aspetto essenziale dell'analogia con il computer, o più precisamente con il *programma* di un computer, è che la mente/il cervello funziona nello stesso modo: gli input al cervello – i fotoni che colpiscono la retina, le fluttuazioni della pressione dell'aria che urta il timpano e così via – non controllano direttamente il comportamento umano, ma vengono *elaborati* da varie app neurali che li convertono in parole e immagini, risolvono problemi matematici o ci fanno giocare a un solitario.

Alcuni dei primi modelli cognitivi erano molto simili a programmi per computer. Di fatto, alcuni *erano* programmi. Uno dei programmi più famosi, sviluppato negli anni cinquanta da Allen Newell, John Clifford Shaw e Herbert Simon, si chiamava Logic Theorist (o LT, come veniva comunemente chiamato) ed era stato ideato per dimostrare teoremi usando la logica simbolica, più o meno come impara a fare uno studente delle scuole superiori nel corso di geometria. In primo luogo venne creato un database di assiomi (per esempio, proposizioni della logica simbolica come «*p* o *q* implica *q* o *p*») e un insieme di regole di elaborazione, come la regola di *sostituzione*, per utilizzare gli assiomi allo scopo di produrre dimostrazioni. In seguito, si inserì nel programma una serie di nuove espressioni logiche, che dovevano essere dimostrate usando gli assiomi «dati» e le regole. Quando LT riusciva a dimostrare un teorema, poteva immagazzinarne la dimostrazione insieme agli assiomi di partenza per usarla in dimostrazioni successive.

LT ottenne risultati del tutto rispettabili, dimostrando il 73% dei teoremi che gli erano stati sottoposti. Scrivere un programma in grado di prendere la sufficienza in un corso di geometria delle scuole superiori fu un risultato straordinario per il nascente settore dell'informatica, ma fu ancora più importante per l'approccio basato sul concetto di elaborazione delle informazioni al problema della comprensione del comportamento umano. LT mostrò che un comportamento complesso simile a quello umano può essere approssimato abbastanza bene con un apposito sistema di elaborazione delle informazioni ed è così che Newell, Shaw e Simon presentarono il programma LT, proprio come una teoria di come gli esseri umani risolvono i problemi. A sostegno della sua tesi, il gruppo sottolineò che il «comportamento» di risoluzione dei problemi di LT esibiva proprietà caratteristiche del comportamento di esseri umani che risolvono problemi analoghi, come la sua capacità di apprendere, di avere una specie di «intuizione» (cercare dapprima di risolvere un problema per tentativi successivi e poi, una volta trovata la soluzione, usare lo stesso approccio per risolvere problemi simili) e di scomporre un problema in sottoproblemi.

Come si premurarono di far notare gli autori di LT, dalla loro teoria non discende che gli esseri umani sono computer digitali, ma soltanto che sembrano eseguire un programma simile a LT:

> Desideriamo sottolineare che non usiamo il computer come qualcosa di vagamente analogo al comportamento umano – non paragoniamo le strutture del computer al cervello né i relè elettrici alle sinapsi. La nostra posizione è che un comportamento di risoluzione dei problemi va descritto in funzione di un programma, specificando nei dettagli che cosa farà un organismo in varie situazioni ambientali in funzione delle elaborazioni elementari delle informazioni che è capace di realizzare. È un'affermazione che non ha nulla a che vedere – direttamente – con i computer. Questi programmi potrebbero essere scritti (ora che abbiamo scoperto come fare) anche se i computer non esistessero. Vi è un'analogia tra un programma e il comportamento di un organismo tanto quanto vi è un'analogia tra un'equazione differenziale e il comportamento del circuito elettrico che descrive, né più né meno. I computer digitali entrano in gioco soltanto perché, programmandoli nel modo appropriato, possiamo far loro eseguire le stesse sequenze di elaborazioni delle informazioni usate dagli esseri umani quando risolvono un problema. Pertanto, come vedremo, questi programmi descrivono la risoluzione umana e digitale dei problemi al livello di elaborazione delle informazioni.[4]

L'idea che il cervello esegua programmi non è folle come può sembrare sulle prime. Consideriamo un programma ideato per indicare da quale posizione proviene un suono. L'input arriva da due microfoni posti a diversi centimetri di distanza, uno a destra e uno a sinistra del laptop o dello smartphone. Poiché il suono viaggia a una velocità nota e relativamente bassa (circa 34 centimetri al millisecondo), se la sorgente del suono non è equidistante dai due microfoni, tra i corrispondenti tempi di arrivo del suono vi sarà una differenza piccola, ma misurabile. Con questa informazione, si può facilmente scrivere un programma per calcolare la posizione della sorgente sonora relativamente alla posizione dei microfoni. Ridotto all'osso, il programma potrebbe avere questo aspetto:

x = tempo di arrivo del suono al microfono sinistro
y = tempo di arrivo del suono al microfono destro
Se $x = y$, scrivi «davanti»
Se $x < y$, scrivi «sinistra»
Se $x > y$, scrivi «destra»

Volendo fare di meglio, si potrebbe calcolare la relazione precisa tra x e y e determinare la distanza esatta tra la sorgente sonora e il centro dell'oggetto e forse si potrebbe persino usare questa informazione per guidare un motore che fa ruotare una telecamera verso quella posizione per «vedere» la fonte del suono.

Gli esseri umani e molti altri animali sono capaci di localizzare i suoni nello spazio e in generale si ritiene che il cervello calcoli la posizione basandosi sulla differenza tra i tempi di arrivo di un suono alle orecchie, la cosiddetta *differenza interaurale di tempo* (possono essere usate anche altre caratteristiche, come la differenza di intensità). Ma nel tessuto cerebrale non si possono scrivere righe di codice. Di certo, quindi, il cervello non implementa nulla di simile a questo genere di programmi, giusto? Beh, considerate come funziona il cervello del barbagianni, un sistema che è stato ampiamente studiato e riguardo al quale vi è un buon accordo (il sistema dei mammiferi è ancora dibattuto).[5]

Gli input provenienti dalle due orecchie convergono in una struttura particolare all'interno del tronco encefalico, il *nucleus laminaris*, ma non lo fanno in maniera casuale. La rete di cellule in cui convergono gli input è disposta in linee sequenziali, più o meno come nella figura seguente:

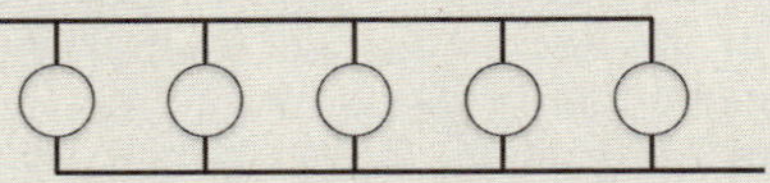

Data questa disposizione, i neuroni (cerchi) su cui convergono *simultaneamente* i segnali provenienti da sinistra e da destra dipendono dalla differenza tra i tempi di eccitazione delle due orecchie. Se entrambe sono stimolate simultaneamente (il suono giunge da un punto direttamente di fronte), la convergenza avviene al centro della *linea di ritardo*, come viene indicata questa disposizione neurale. Se il suono stimola per primo l'orecchio sinistro, la convergenza avviene più a destra nello schema (la stimolazione dell'orecchio sinistro avviene prima, permettendo al segnale di avanzare di più lungo la linea prima di incontrare il segnale proveniente dall'orecchio destro) e viceversa se viene stimolato per primo l'orecchio destro. Questa architettura basata sulla linea di ritardo in sostanza imposta una serie di rilevatori di coincidenza in cui la posizione della cellula che rileva la coincidenza *rappresenta informazioni*: la differenza tra i tempi di stimolazione delle due orecchie e quindi la posizione della sorgente sonora. È quindi sufficiente collegare l'output (la configurazione di scarica) delle varie cellule del raggruppamento a un circuito motorio per il controllo dei movimenti del capo e si ottiene una rete neurale per rilevare la posizione della sorgente sonora e orientare il capo in quella direzione.

Anche se nel cervello del barbagianni non è presente alcun codice, l'architettura della rete in effetti implementa il programma: x e y sono i segnali di input (connessioni assonali) provenienti dalle due orecchie, la relazione tra *x* e *y* è *calcolata* mediante i rilevatori di coincidenza nella linea di ritardo e le «regole» per generare un output appropriato sono realizzate dalle connessioni tra le varie cellule del raggruppamento e il sistema motorio (nel nostro esempio). Il cervello e le righe di codice possono davvero implementare lo stesso programma computazionale. Le righe di codice lo fanno con una particolare disposizione di simboli e regole, il cervello con una particolare disposizione di connessioni tra neuroni che *codificano* o *rappresentano* informazioni.

Fu un doppio colpo letale per il comportamentismo. Chomsky e altri avevano messo in luce l'inadeguatezza delle semplici spiegazioni associazioniste del comportamento umano e i programmi per la manipolazione di simboli fornirono una spiegazione utile e direttamente osservabile di come il cervello elabora le informazioni. La psicologia adottò con entusiasmo l'approccio basato sull'elaborazione delle informazioni.

In seguito questo movimento venne chiamato *rivoluzione cognitiva*, un'espressione infelice a mio giudizio poiché implica che la rivoluzione valga soltanto per ciò che si intende comunemente per «cognizione», cioè per funzioni di ordine superiore come il linguaggio, la memoria, la risoluzione di problemi e simili. È vero che i primi studi di questo settore per lo più si concentravano su questi comportamenti umani complessi, ma il punto essenziale della rivoluzione era che tutto ciò che riguarda il comportamento umano – la percezione, il controllo motorio, tutta la psicologia – è il risultato di un'elaborazione delle informazioni. Lo psicologo Ulric Neisser, che diede il nome al settore con un libro del 1967, *Psicologia cognitivista*, definì il dominio della cognizione in questo modo:

> Il termine «cognitivo» indica tutti quei processi che comportano trasformazioni, elaborazioni, riduzioni, immagazzinamenti, recuperi e altri impieghi dell'input sensoriale [...] Termini come *sensazione*, *percezione*, *immaginazione*, *ritenzione*, *ricordo*, *problem solving* e *pensiero*, per citarne solo alcuni, si riferiscono a ipotetici stadi o aspetti dell'attività cognitiva.[6]

L'indice del libro sottolineava come per Neisser la cognizione non fosse limitata alle funzioni di ordine superiore. Il volume è organizzato in quattro parti. La prima è costituita semplicemente dal capitolo introduttivo. La seconda è intitolata «I processi cognitivi della visione» e contiene cinque capitoli. La terza si chiama «I processi cognitivi acustici» ed è composta da quattro capitoli. La quarta e ultima parte, «I processi superiori», contiene un solo capitolo, che Neisser definisce «essenzialmente un epilogo» con una discussione «niente affatto definitiva». In seguito, Neisser commenta:

> Ciò nondimeno, il lettore di un libro che si intitola *Psicologia cognitivista* si aspetta giustamente qualche discussione sul pensiero, sulla formazione dei concetti, sulla memoria, sulla risoluzione dei problemi e simili [...] Se poi ad essi ho dedicato soltanto un decimo delle pagine totali, è perché credo vi sia ancora relativamente poco da dire su questi argomenti.[7]

Oggi la maggior parte degli scienziati che si occupano di percezione o di controllo motorio, anche a livelli piuttosto bassi, giudicherebbe che il proprio lavoro rientra nel modello di mente-cervello basato sull'elaborazione delle informazioni e quindi nella definizione di Neisser della cognizione. Considerate il titolo di un articolo comparso di recente su una rivista neuroscientifica di prim'ordine: *L'occhio è più intelligente di quanto credessero gli scienziati – Computazioni neurali nei circuiti della retina*. Se nel cervello esiste qualcosa che è un dispositivo di registrazione passivo (come una macchina fotografica) o un semplice filtro (come gli occhiali da sole polarizzati), è la retina – questo è ciò che pensavamo. Ecco che cosa affermano gli autori al riguardo:

> Pur essendo opinione diffusa che l'occhio sia un semplice prefiltro per le immagini visive, oggi sembra che la retina assolva diversi compiti specifici e fornisca i risultati esplicitamente alle aree cerebrali a valle.[8]

«Assolve diversi compiti specifici e fornisce i risultati» sembra una parte di un programma costruito *ad hoc* – nella retina! Una complessità simile si osserva anche nel controllo di semplici movimenti, come seguire un oggetto con lo sguardo, una capacità che probabilmente coinvolge una rete cortico-cerebellare che comprende più di una mezza dozzina di nodi computazionali che generano previsioni, rilevano errori, calcolano segnali di correzione e apprendono.[9] Non è esagerato affermare che nelle neuroscienze e nella psicologia tutti gli studiosi della percezione e del movimento sono d'accordo sul fatto che la percezione e l'azione sono sistemi complessi che trasformano attivamente le informazioni sensoriali e controllano dinamicamente l'azione. Come scrisse Neisser nel 1967, «L'*informazione* è ciò che viene trasformato e la configurazione strutturata delle sue trasformazioni è ciò che vogliamo comprendere».[10] Il modello della mente basato sull'elaborazione delle informazioni – la psicologia cognitiva, secondo l'efficace definizione di Ulric Neisser – oggi domina lo studio della mente/del cervello, dalle computazioni nella retina al controllo motorio e alla risoluzione di problemi complessi.

La cognizione incarnata: un'alternativa all'elaborazione delle informazioni?

Ora, finalmente, siamo in grado di capire come si collocano la cognizione incarnata – chiamata anche *cognizione situata* o *fondata* (sui processi sensomotori) – e la teoria dei neuroni specchio nell'ambito più generale della psicologia cognitiva. La cognizione incarnata sostiene essenzialmente che tutta la cognizione si riduce ai sistemi sensoriali e motori (compresa la «percezione interna», come le emozioni) e spesso viene fatta passare come un radicale allontanamento dalla concezione classica della cognizione e della mente suggerita da Neisser, Chomsky e dai loro contemporanei. Alcuni ricercatori hanno persino accennato a un possibile cambiamento di paradigma[11] nello studio della mente/del cervello e chiamano questo movimento *postcognitivismo*.[12] Il punto che lascia perplessi, tuttavia, è che la concezione «classica» da cui si allontanano i teorici della cognizione incarnata non è la psicologia cognitiva di Neisser, ma una visione diversa della mente in cui la cognizione è distinta dai processi sensoriali e motori e sta tra gli uni e gli altri – il cosiddetto sandwich classico:

> La concezione classica della mente come un sandwich – diffusa in tutta la filosofia e le scienze empiriche della mente – vede la percezione come un input dal mondo alla mente, l'azione come un output dalla mente al mondo e la cognizione inserita tra le due.[13]

Come alternativa a questa presunta concezione classica «a sandwich», i teorici della cognizione incarnata propongono un modello in cui la cognizione (di alto livello) è incarnata nei sistemi sensoriali e motori:

> La prima e principale sfida è che la cognizione non può essere studiata come un modulo indipendente da altri moduli (sensoriali e motori), come suggerito dalla metafora del «sandwich cognitivo». La cognizione è invece strettamente collegata alla percezione e all'azione sensomotoria.[14]

> Questi approcci [incarnati] concepiscono la cognizione e il comportamento in funzione dell'interazione dinamica (accoppiamento) di un sistema incarnato che è inserito nell'ambiente circostante. In conseguenza della loro natura incorporata-incarnata, la cognizione e il comportamento non possono essere spiegati senza tenere conto dell'apparato percettivo e motorio che innanzitutto aiuta l'agente ad affrontare il mondo esterno, e per cercare di procedere in questo modo si deve tenere conto anche di questo mondo esterno. Ciò è direttamente in contrasto con il sandwich cognitivo.[15]

C'è un'evidente confusione terminologica. La rivoluzione degli anni cinquanta sfondò gli ostacoli posti dai comportamentisti allo studio dell'organizzazione interna della mente e sostenne invece che tutte le funzioni mentali – percepire, agire, comunicare, pensare – sono il risultato dell'elaborazione delle informazioni. Neisser la definì (purtroppo) *rivoluzione cognitiva*. A distanza di decenni, i teorici della cognizione incarnata definiscono la cognizione, e la sua rivoluzione «classica» nella psicologia, in maniera conforme alla definizione colloquiale del termine, che si applica a funzioni mentali di livello superiore ed esclude i sistemi sensoriali e motori. La «concezione classica della mente come un sandwich» è pertanto un argomento fantoccio, un facile bersaglio per i ricercatori che si sforzano di mostrare che la cognizione non è distinta dai sistemi sensoriali e motori.

In questo contesto, il movimento della cognizione incarnata non è affatto una rivoluzione «postcognitiva» (o, più precisamente, postelaborazione delle informazioni): se vedere, sentire, percepire e agire comporta elaborazione delle informazioni e quindi cognizione nel senso di Neisser (un'affermazione relativamente non controversa), allora «fondare» la cognizione sui sistemi sensoriali e motori equivale a «fondare» la cognizione sulla cognizione.

Appena si inizia a esaminare il cervello, non si può ignorare il fatto che elabora informazioni. Non c'è neanche bisogno di considerare più di un singolo neurone. Un neurone riceve segnali di input da migliaia di altri neuroni, alcuni eccitatori, alcuni inibitori, alcuni più attivi degli altri. L'output del neurone non è una copia dei suoi input, ma riflette un'integrazione pesata dei suoi input. Il neurone realizza una *trasformazione* dei segnali neurali che riceve. I neuroni *eseguono computazioni*. Sono elaborazioni delle informazioni e hanno luogo in ogni singolo neurone e in ogni processo neurale, sensoriale, motorio o «cognitivo».

Oggi alcuni teorici vogliono spingere la cognizione ancora più all'esterno del cervello e nel mondo, come accennato nell'ultima citazione – come per fondare la cognizione sull'ambiente. Ecco un commento più diretto sull'argomento da parte degli stessi autori:

> Esempi di applicazioni illuminanti nell'ambito del postcognitivismo comprendono usare carta e penna, contare sulle dita e disegnare diagrammi di Venn. Queste azioni ci permettono di scaricare il carico cognitivo nel mondo.[16]

Nessuno dubita che le proprietà fisiche del mondo e del corpo siano importanti per la funzione cerebrale: dopo tutto, il cervello si è evoluto per affrontare proprio questo ambiente e quindi *ovviamente* la forma delle operazioni mentali è influenzata dal mondo e dal corpo e sfrutta ciò che vi è disponibile. Altrettanto importante, tuttavia, è riconoscere che non possiamo spingere la spiegazione del comportamento completamente fuori dal cervello. Ormai lo sappiamo, il comportamentismo non funziona. Per poter usare l'ambiente per «scaricare la cognizione», inoltre, è necessario avere innanzitutto le qualità mentali per inventare la scrittura, contare e riconoscere che le dita della mano possono rappresentare numeri, raggruppare le informazioni in insiemi e rappresentare graficamente le relazioni tra insiemi. C'è una ragione per cui gli scimpanzé non scrivono, non contano sulle dita e non disegnano diagrammi di Venn per terra.

Conoscenza concettuale: un sandwich nella mente

Da dove proviene la «concezione classica della mente come un sandwich»? È soltanto un equivoco terminologico? Se consideriamo con attenzione alcuni domini della cognizione in cui le teorie incarnate stanno guadagnando terreno, vediamo emergere qualche risposta. Un dominio, per esempio, riguarda il problema di come il cervello rappresenta la conoscenza concettuale, il significato di oggetti, eventi e azioni. Come vedremo, la cognizione incarnata è un'alternativa a una teoria classica della conoscenza concettuale, non un'alternativa alla teoria classica della mente. Le ricerche sulla conoscenza concettuale cercano di capire, per esempio, come arriviamo a credere che un martello e un cacciavite siano membri della stessa categoria concettuale (ATTREZZI) e siano quindi simili per molti aspetti (sono oggetti costruiti dall'uomo, usati per attaccare o costruire oggetti, si trovano nelle cassette degli attrezzi e nei negozi di ferramenta e così via). In questo dominio *esiste* un modello classico, che affonda le radici nella filosofia, in cui la conoscenza concettuale è rappresentata mentalmente in forma astratta del tutto diversa dai sistemi sensoriali e motori coinvolti nella percezione e nell'uso di martelli e cacciaviti.[17] In base a questa concezione classica, se qualcuno volesse martellare un chiodo e vedesse un martello in un cassetto, l'immagine visiva verrebbe elaborata nel sistema visivo e il risultato dell'analisi visiva servirebbe da input per il sistema concettuale («cognitivo») che lo riconoscerebbe come martello. Da lì il sistema concettuale trasmetterebbe questa informazione, e l'intenzione di usare l'oggetto, al sistema motorio che implementerebbe un comando per martellare il chiodo.[18] Questa proposta classica somiglia molto a un sandwich cognitivo.

Un'alternativa a questo approccio iniziò a emergere dalla ricerca negli anni settanta e ottanta. Un risultato fondamentale fu la scoperta che un danno cerebrale può pregiudicare la conoscenza concettuale in una data categoria (per esempio, ATTREZZI) lasciando però relativamente inalterata un'altra categoria[19] (per esempio, ANIMALI) e che inoltre le regioni cerebrali che contribuiscono a causare questi deficit comprendono aree sensoriali e motorie.[20] Questi risultati suggerirono che la conoscenza concettuale non è tutta inserita tra i sistemi sensoriali e i sistemi motori, ma invece è in qualche modo collegata a questi circuiti.

Osservazioni come questa alla fine si trasformarono nell'idea di un modello incarnato di rappresentazione concettuale. Per riassumere il concetto fondamentale, la nostra conoscenza dei martelli, del loro aspetto, della loro funzione e di come usarli non è un'astrazione cognitiva di *alto livello* immagazzinata in un database neurale distinto dai sistemi sensomotori, ma è piuttosto la somma di tutte le esperienze sensoriali e motorie di *basso livello* che abbiamo avuto con i martelli. Come i reporter in zone di guerra sono aggregati all'esercito, i concetti sono aggregati alle operazioni sensomotorie stesse. Se i concetti sono fondamentalmente sensomotori, inoltre, le operazioni «cognitive» che coinvolgono questi concetti (classificare, dedurre, richiamare alla mente) non sono altro che riproduzioni di esperienze sensomotorie. Quando penso a un martello, secondo questa teoria, *simulo* le mie esperienze sensoriali e motorie con i martelli – una sorta di pensiero fisico, contrapposto al pensiero astratto, logico. In breve, i concetti sono incarnati e la cognizione si riduce alla simulazione – il sandwich classico smontato.

Immagini nella testa

Il fatto che a qualche livello il cervello simula le esperienze è ragionevolmente comprovato. Immaginate di camminare dalla porta di casa fino alla vostra camera. Quante finestre vedete durante il tragitto? Immaginate di calciare un pallone più forte che potete. Quale punto del piede entra in contatto con il pallone? Immaginate di ascoltare la vostra canzone preferita. Quali strumenti dominano la prima battuta? Se effettuassimo una scansione del vostro cervello durante questi tre esercizi di immaginazione, troveremmo una notevole attività nelle reti visuospaziali, sensomotorie e uditive, rispettivamente, tra cui molte delle stesse regioni che sarebbero attive durante l'esperienza reale di camminare, calciare e ascoltare.

Questa stimolazione neurale di esperienze non è un'emissione di gas di scarico, è vero e proprio lavoro. Le ricerche guidate dallo psicologo Roger Shepard e più recentemente da Stephen Kosslyn, per esempio, hanno mostrato che le immagini mentali sono soggette ai vincoli fisici del mondo reale. Il tempo che impiegate a stabilire quante finestre sono visibili mentre camminate dalla porta di casa alla vostra camera dipende da quanto ci vorrebbe nella realtà a percorrere quel tragitto e a esaminare visivamente lo spazio. Quando eseguite compiti di valutazione come questo, inoltre, attivate alcune delle stesse regioni sensoriali e motorie che sono coinvolte nella percezione di questi oggetti e nell'esecuzione di azioni su di essi.[21] È comprovato anche che ripetere mentalmente l'azione migliora le prestazioni, che si tratti di un discorso, di una procedura chirurgica o di un colpo di golf.[22] In breve, pensare alle proprie esperienze sembra riprodurle di nuovo mentalmente (almeno in parte).

Fondare la cognizione incarnata

Vanno segnati due punti a favore della cognizione incarnata. Consideriamo però il modello incarnato della rappresentazione concettuale nel contesto di un quadro più generale. Innanzitutto, va ricordato che è un'alternativa a un particolare modello di rappresentazione concettuale, non al modello della mente basato sull'elaborazione delle informazioni. Elaborare l'immagine sensoriale del martello e controllare l'arto per usarlo comporta comunque operazioni computazionali complesse e a più stadi. La «rivoluzione cognitiva» (o rivoluzione dell'elaborazione delle informazioni) è ancora in atto.

In secondo luogo, anche nel dominio della rappresentazione concettuale è facile interpretare erroneamente il movimento della cognizione incarnata come un tentativo di sradicare le complessità astratte della cognizione dai sistemi concettuali e di restituire il controllo ai sistemi sensoriali e motori, in altre parole come un tentativo di spingere la teoria della cognizione più vicino all'ambiente, all'empirismo (la concezione secondo la quale la conoscenza proviene dall'ambiente) e al comportamentismo. Non è vero. Il modello incarnato non tira fuori la carne dal classico sandwich; piuttosto, getta via le fette di pane. La classificazione, la deduzione, l'astrazione e altri processi di «livello alto» continuano ad avere luogo – devono aver luogo, è ciò che fanno gli esseri umani: è solo che le operazioni sono effettuate in quelli che alcuni scienziati considerano come sistemi «periferici» di input/output e nei collegamenti tra questi sistemi.

Lawrence Barsalou, prolifico sostenitore dell'approccio incarnato, ha scritto a questo proposito:

> Riguardo alle concezioni della cognizione incarnata/situata/basata sulla simulazione emergono spesso tre idee sbagliate. La prima è che siano puramente

empiristiche, senza alcun contributo nativista [innatista]. Anche se sono possibili concezioni empiristiche estreme, che a volte vengono adottate, non esistono ragioni a priori per cui forti vincoli genetici non potrebbero essere alla base di un sistema che dipende pesantemente dall'incarnazione, dall'essere situato e dalla simulazione [...] Una seconda idea sbagliata riguardo a questi approcci è che essi implementino necessariamente sistemi di registrazione [passivi] e non possano implementare sistemi concettuali per interpretare il mondo [...] tuttavia, è possibile che sistemi di una modalità specifica [sensoriali/motori] implementino operazioni concettuali di base, come la classificazione e la deduzione, proposizioni e produttività [...] Una terza idea sbagliata è che in questi modelli non possano essere rappresentati i concetti astratti. Diversi ricercatori, tuttavia, hanno sostenuto che i meccanismi previsti da questi approcci sono capaci di rappresentare questi concetti.[23]

In realtà, quindi, non è cambiato nulla per ciò che riguarda la complessità delle operazioni del «sistema concettuale». Deve comunque dedurre che i martelli e i cacciavite fanno parte della stessa categoria, hanno in comune certe caratteristiche, servono ad alcune cose e non ad altre, che una pietra è diversa da un martello, ma può essere usata come un martello, e così via. Tutto questo lavoro «cognitivo», però, è stato spinto verso il basso nei sistemi sensoriali e motori. In un certo senso, i fautori della cognizione incarnata hanno teorizzato la propria disoccupazione. La loro proposta suggerisce che appena capiremo come funzionano i sistemi sensoriali e motori, come classificano e deducono vari tipi di relazioni, capiremo come si formano e vengono rappresentati nella mente i concetti e come le *simulazioni* sensomotorie ci permettono di pensare e ragionare su questi concetti. Se i teorici della cognizione incarnata hanno ragione, il settore della rappresentazione della conoscenza concettuale ora appartiene agli scienziati dei sistemi sensoriali e motori.

Non ho obiezioni nei confronti di questa idea. In realtà, ammettere che la percezione e l'azione sono domini «cognitivi» e possono svolgere le funzioni di alto livello che alcuni teorici in precedenza attribuivano alla carne del sandwich mentale potrebbe persino essere corretto. È importante riconoscere, tuttavia, che definire «incarnato» un processo non risolve alcun problema. Non chiarisce il comportamento funzionale o neurale del processo; ci dice soltanto in quale sistema sta avendo luogo e poi delega la risoluzione del problema alle ricerche su questi sistemi. Se l'idea è corretta, *po-*

trebbe essere una mossa teorica produttiva, poiché porre il problema nell'ambito dei sistemi sensoriali e motori può vincolare la possibile soluzione. Tuttavia è una possibilità ancora da verificare.

La stessa riserva vale anche per il meccanismo preferito dal movimento incarnato, la simulazione. Dire che un'operazione cognitiva si realizza attraverso la simulazione non semplifica il problema,[24] non fa che passare la palla a un altro dominio di indagine, in questo caso l'elaborazione delle informazioni sensoriali e motorie. Immaginate che il capo di uno «stato canaglia» convochi i fisici migliori del paese e li incarichi di progettare la costruzione di un'arma nucleare. I fisici tornano dopo una settimana e proclamano di essere arrivati a capire tutto:

FISICI Abbiamo determinato che Oppenheimer e la sua équipe sono riusciti a costruire un'arma nucleare. Ora ci basterà simulare le loro mosse.

CAPO DI STATO Bene! E allora, come hanno fatto?

FISICI Non lo sappiamo. Ma simulare i loro metodi funzionerà senz'altro.

Affermare che la simulazione di processi sensoriali e motori da parte del cervello è *il* meccanismo che permette le operazioni cognitive che coinvolgono la conoscenza concettuale non semplifica il problema né risponde a qualche interrogativo fondamentale. Più che una rivoluzione o un cambiamento di paradigma nella scienza della mente, la cognizione incarnata potrebbe semplicemente essere descritta come la comprensione del fatto che i sistemi sensoriali e motori eseguono computazioni astratte complesse (che gli scienziati che studiano i sistemi sensoriali e motori conoscevano già). Saremmo altrettanto precisi chiamando il movimento «cognitivizzazione dell'elaborazione sensomotoria».

Ricapitolando, il comportamentismo sosteneva che la spiegazione del comportamento sta soprattutto nell'ambiente, con la mente che contribuisce in misura minima mediante semplici regole di apprendimento; con la rivoluzione cognitiva (o dell'elaborazione delle informazioni) si è riconosciuto che la relazione ambiente-comportamento è mediata in maniera complessa da una mente/un cervello che elabora attivamente informazioni a ogni livello; il movimento della cognizione incarnata, pubblicizzato spesso come un allontanamento radicale dal modello cognitivo «classico», in realtà è poco più del riconoscimento che i sistemi sensoriali e motori sono di per sé sofisticati meccanismi di elaborazione delle informazioni, capaci di eseguire complesse operazioni «cognitive» (nel senso colloquiale del termine), una concezione in buon accordo con le prime definizioni della psicologia cognitiva quali quella di Neisser.

Ora torniamo ai neuroni specchio, che presentano una forte somiglianza, un'aria di famiglia, con il movimento della cognizione incarnata.

Incarnazione, simulazione e neuroni specchio

La tesi che «noi comprendiamo l'azione poiché nel nostro cervello si attiva la sua rappresentazione motoria»[25] è una teoria della comprensione delle azioni che considera la simulazione come il meccanismo fondamentale e implica un sistema «periferico» alla base di un'operazione cognitiva di livello superiore. Non c'è da meravigliarsi del grande sostegno reciproco tra la letteratura sulla cognizione incarnata e quella sui neuroni specchio. I neuroni specchio sono spesso citati come chiara esemplificazione neurofisiologica del principio fondamentale dell'incarnazione e almeno uno degli scopritori dei neuroni specchio (Gallese) oggi è un attivo promotore delle idee di incarnazione in relazione alla funzione dei neuroni specchio.[26]

Anche se oggi tra i teorici dei neuroni specchio e i teorici dell'incarnazione c'è un grande amore, non è un'unione priva di tensione. Per esempio, nella concezione più generale della cognizione incarnata la conoscenza concettuale si fonda sulla somma totale delle esperienze sensoriali, motorie ed emotive. La mia conoscenza del concetto di CALCIARE, poniamo, comprende le mie esperienze personali dell'azione di calciare, le mie osservazioni del calciare di altre persone o di animali (che potrebbe essere molto diverso dal mio) e le emozioni provate calciando oppure osservando qualcun altro calciare. Tutto l'insieme di esperienze definisce il significato di CALCIARE, secondo la concezione incarnata standard. Per contro, la variante dell'incarnazione dei teorici dei neuroni specchio è decisamente centrata sull'attività motoria, non attribuendo grande importanza all'esperienza non motoria, che considera semanticamente povera. Se fossi obbligato, tra le due teorie sceglierei la concezione incarnata classica, che dà una spiegazione naturale del fatto che possiamo capire azioni che non sappiamo eseguire.

Forse per effetto di questa tensione, la portata teorica del meccanismo specchio ha tracimato dal sistema motorio finendo nelle tesi più generali sull'incarnazione, confondendo il quadro complessivo. I termini *rispecchiamento* e *simulazione*, per esempio, sono spesso usati come sinonimi, in particolare nelle neuroscienze sociali (lo studio delle basi neurali del comportamento sociale) in cui si discute sempre più spesso di «rispecchiamento» delle emozioni, delle intenzioni, del dolore e del tatto.[27] È teoricamente fuorviante, perché quando i ricercatori parlano di funzioni in cui il sistema motorio è poco coinvolto, come interpretare le emozioni altrui o provare compassione per qualcuno, invocano «meccanismi specchio» in sistemi non motori (capiamo le emozioni o il dolore altrui «rispecchiandoli» nel nostro cervello) aderendo in tal modo alla concezione più ampia dell'incarnazione, ma quando discutono di funzioni collegate al sistema motorio negano o minimizzano l'importanza della simulazione nei sistemi non motori (capiamo le azioni simulandole nel nostro sistema motorio, non simulando le nostre esperienze sensoriali con queste azioni).

Nel settore del linguaggio la tensione è ancora più forte. Nelle prime tesi sul linguaggio, i teorici dei neuroni specchio sostenevano l'idea che i neuroni specchio fossero importanti per percepire i *suoni* linguistici poiché simulano i programmi motori per parlare (si veda il capitolo 5) e che il sito della simulazione fosse l'area di Broca. I ricercatori che studiavano il linguaggio dalla prospettiva più ampia dell'incarnazione, tuttavia, sostenevano che il significato dei verbi è codificato a livelli inferiori nel sistema motorio. In una serie di esperimenti rilevarono che quando i soggetti leggevano o pensavano a verbi come «calciare» o «leccare», per esempio, attivavano la corteccia motoria primaria corrispondente alle regioni che controllano rispettivamente il movimento delle gambe e della bocca.[28] Questo tipo di «simulazione» motoria, inoltre, influenza il comportamento.

In un ingegnoso esperimento realizzato dallo psicologo Arthur Glenberg e da Michael Kaschak, all'epoca suo dottorando, i soggetti dovevano comprendere una serie di frasi scritte e indicare ogni volta se la frase aveva senso oppure no premendo l'uno o l'altro di due pulsanti. Le frasi descrivevano una specifica direzione di movimento relativa al corpo, come «chiudere il cassetto» (allontanamento) o «aprire il cassetto» (avvicinamento). I ricercatori, e questa è la mossa ingegnosa, avevano sistemato i pulsanti in posizioni che richiedevano di allontanare il braccio dal corpo o di avvicinarlo. Quando il significato della frase e la direzione del movimento richiesto non corrispondevano, i soggetti erano più lenti a rispondere. Questo risultato suggerì ai ricercatori che la comprensione del significato di frasi relative all'allontanamento o all'avvicinamento dipende dalla simulazione dei movimenti, che a sua volta interferisce con le risposte o le facilita.[29] Capire un significato collegato a un'azione sembra coinvolgere circuiti di esecuzione motoria fino alla corteccia motoria primaria, secondo questi autori, e spesso questa forma di simulazione viene collegata ai «meccanismi specchio».

Il sistema specchio per il linguaggio si è quindi espanso dall'area di Broca fino alla corteccia motoria primaria, il che mette in luce due fonti di tensione. La prima è che secondo l'articolo fondativo del gruppo di Parma del 1996 sugli esperimenti sulle scimmie, i neuroni specchio non si trovano nella corteccia motoria primaria.[30] La seconda è che le cellule della corteccia motoria primaria codificano parametri più specifici dei movimenti, quali la forza o la direzione,[31] non lo scopo dei movimenti, come «afferrare l'acino» – la caratteristica dei neuroni specchio che si suppone dia loro la capacità di comprendere le azioni.

Ciò nonostante, date tutte le prove dell'attivazione della corteccia motoria quando pensiamo a frasi collegate a un'azione e dato che a quanto pare ciò influenza il comportamento, è una questione che dobbiamo prendere sul serio. Anche se non abbiamo ancora trovato prove convincenti del ruolo determinante del sistema motorio per la percezione del linguaggio o per la capacità di interpretare le azioni fisiche degli altri, forse ne scopriremo finalmente qualcuna grazie allo studio del linguaggio in relazione alle azioni o, più precisamente, della conoscenza concettuale relativa alle azioni. Consideriamo quindi se esistano prove del fatto che i concetti di azioni sono «incarnati» nel sistema motorio, come sostengono molti autori, e, nel caso, se ne derivi qualche prova a sostegno della teoria della comprensione delle azioni basata sui neuroni specchio.

I concetti di azioni sono incarnati nel sistema motorio?

Come abbiamo già visto, due delle prove più citate a sostegno dell'incarnazione motoria dei concetti di azioni sono l'attivazione del sistema motorio quando pensiamo a un'azione e il fatto che pensare a un'azione influenza le nostre stesse azioni. Ma che cosa significa? Abbiamo visto come interpretano questi dati i fautori della cognizione incarnata, ma c'è anche un'altra possibilità.

Come abbiamo già discusso, il fatto che il sistema motorio si attivi mentre osserviamo un'azione o pensiamo a un'azione non significa necessariamente che il sistema motorio sia la base della comprensione. Ciò vale per i neuroni specchio delle scimmie e per la percezione dei suoni linguistici. Per l'elaborazione del linguaggio o della conoscenza concettuale in relazione ad azioni, la situazione non è diversa.

Lo psicologo di Harvard Alfonso Caramazza e il suo ex studente Brad Mahon hanno esaminato di recente la letteratura sui concetti di azioni e sono giunti alla stessa conclusione. I due ricercatori hanno fatto notare che non è sorprendente che il sistema motorio diventi attivo quando pensiamo a concetti di azioni – il concetto CALCIARE e il movimento per calciare sono collegati, dopo tutto. Può darsi che, quando leggiamo la parola «calciare», o vediamo la foto di qualcuno che dà un calcio, la comprendiamo accedendo al concetto astratto che non ha una codifica motoria (quale che sia la regione in cui è codificato), ma attiviamo anche una serie di associazioni sensomotorie e concetti collegati come PALLA, GOAL, STINCHI, codifiche motorie del calciare e anche programmi motori per pronunciare la parola «calciare». Non diremmo che il significato di CALCIARE è codificato nei programmi motori per *pronunciare* la parola benché possano anch'essi diventare attivi (altrimenti dovremmo concludere che un parlante spagnolo che attiva «patear» ha un concetto diverso rispetto a un anglofono che attiva «kick»). Allora perché, si sono domandati Mahon e Caramazza, l'attivazione di regioni motorie che controllano le gambe mostra necessariamente che il concetto ha una codifica motoria?[32]

Due studi pubblicati nel 2013 hanno fornito ulteriori motivi per dubitare del coinvolgimento dei sistemi motori nella conoscenza concettuale delle azioni. Il primo gruppo di ricercatori, diretto dal neuroscienziato cognitivo australiano Greig de Zubicaray, ha esaminato gli schemi di attivazione fMRI associati all'ascolto o alla lettura di parole collegate ad azioni che sono stati descritti in quindici esperimenti in cui si è rilevata l'attività della corteccia motoria.[33] Esaminando le sedi di attivazione in relazione a un atlante probabilistico delle regioni cerebrali, i ricercatori hanno scoperto che soltanto il 55% aveva un'alta probabilità di trovarsi nella corteccia motoria. Il gruppo inoltre ha raccolto gli schemi di attivazione registrati in 19 esperimenti in cui i soggetti ascoltavano o leggevano parole prive di senso, scoprendo un risultato sorprendente: durante l'elaborazione di parole senza senso la corteccia motoria si attivava in maniera più regolare (l'80% delle attivazioni rientrava nei probabili confini del sistema motorio) rispetto al caso dell'elaborazione di parole collegate ad azioni. L'implicazione è che non sono necessariamente i significati delle *azioni* a causare l'attività della corteccia motoria.

Anche il secondo studio del 2013, condotto da un gruppo dell'Università della Pennsylvania, ha esaminato gli schemi di attivazione registrati in un insieme di esperimenti, in questo caso più numeroso.[34] Dopo una vasta ricerca nella letteratura, i ricercatori hanno individuato 29 studi sull'elaborazione di concetti di azioni in cui si sono impiegati stimoli verbali e non verbali e con metodi statistici hanno individuato gli schemi di attivazione rilevati in tutti gli studi. Anche se si erano sempre attivate numerose regioni, tra cui porzioni del lobo temporale posteriore, della corteccia occipitale, della corteccia parietale e della corteccia all'interno dell'area di Broca e al suo intorno, non era stata registrata alcuna attività nella corteccia motoria primaria e nel tessuto circostante. Questo risultato, benché compatibile con un ruolo dell'area di Broca nell'elaborazione dei concetti di azioni, suggerisce che la corteccia motoria primaria non è particolarmente coinvolta.

Che cosa si può dire degli effetti *comportamentali* osservati da Glenberg e altri? Leggere una frase che parla di spingere sembra facilitare le azioni collegate allo spingere e interferire con quelle collegate al tirare – è il cosiddetto effetto di compatibilità tra azione e frase. Com'è possibile che il pensiero (concetto) di SPINGERE interagisca con azioni collegate allo spingere o al tirare se le azioni stesse, codificate nella corteccia motoria, non fanno parte del concetto? Ecco una possibilità. Supponiamo che esista un concetto astratto, o per lo meno non motorio, di SPINGERE che è collegato a una serie di associazioni tra cui i programmi motori per spingere. Quando pensiamo a spingere, i programmi motori collegati si attivano mediante l'associazione, che in effetti innesca le azioni. Ciò dato, se per caso il nostro compito richiede di spingere siamo più veloci a eseguirlo, non perché le codifiche motorie per spingere facciano parte del concetto, ma perché si dà il caso che le *associazioni* motorie del concetto e il movimento di risposta corrispondano.

Possiamo pensare all'effetto di compatibilità anche in un altro modo. Se ogni volta che dico «di fianco a me non c'è una giraffa» vi soffio negli occhi, in breve tempo riuscirò a farvi chiudere gli occhi soltanto pronunciando quelle parole. Probabilmente, inoltre, potrei misurare un effetto di compatibilità tra la frase sulla giraffa e l'ammiccamento domandando a un gruppo di soggetti di rispondere all'ascolto della frase chiudendo gli occhi (facilitazione) oppure spalancandoli (interferenza). Ciò non significa che l'ammiccamento incarni il significato della frase, ma soltanto che vi è un'associazione tra la frase e l'azione, simile all'associazione tra le contrazioni di un dito e le fotografie di nuvole, come nell'esperimento discusso nel capitolo 4. L'effetto di compatibilità di Glenberg sfrutta semplicemente una preesistente associazione tra un concetto e un programma motorio e poi li considera una cosa sola.

Le persone affette da deficit motori comprendono le azioni?

Abbiamo quindi due spiegazioni alternative per questi effetti. Come decidiamo qual è la spiegazione corretta? Come abbiamo fatto per la percezione linguistica, possiamo rivolgerci alla neuropsicologia. Se il programma motorio per calciare è l'incarnazione del significato della parola, una lesione del sistema motorio dovrebbe disturbare la comprensione di parole collegate ad azioni. Non occorre neanche realizzare un esperimento per dimostrare che è un'ipotesi sbagliata. Pensate a una qualunque azione che potete comprendere, ma non eseguire (VOLARE, STRISCIARE o forse SURFARE), o ad azioni che potete comprendere ed eseguire, ma che non coinvolgono il vostro sistema motorio (CRESCERE, INVECCHIARE, SUDARE, DIGERIRE, DORMIRE), oppure a concetti astratti che potete capire, ma che non sembrano avere una base motoria (DISCUTERE, AMARE, DECIDERE, CREDERE, POSTCOGNITIVISMO). Se possiamo capire questi concetti senza che abbiano una base motoria, perché è così determinante fondare sul sistema motorio concetti come CALCIARE, LECCARE o RAGGIUNGERE?

Un irriducibile sostenitore della necessità di farlo, come il linguista di Berkeley e simpatizzante dei neuroni specchio e dell'incarnazione George Lakoff, replicherebbe che tutti questi concetti in definitiva si fondano su esperienze più semplici che potremmo aver avuto all'asilo. No, non sappiamo volare, però da bambini abbiamo sbattuto le braccia come ali mentre andavamo sull'altalena. Forse non abbiamo mai surfato, però abbiamo viaggiato sopra qualcosa (un carretto, una slitta, la schiena di papà o mamma) e siamo stati spinti in avanti da un'altra forza (qualcuno ci ha spinto sull'altalena, o fatto rotolare su una discesa innevata, o semplicemente dato uno spintone). Quindi abbiamo esperienza degli elementi fondamentali ed è così che capiamo com'è il surf. La stessa cosa vale per i concetti astratti. DISCUTERE si costruisce a partire dall'esperienza delle battaglie in cortile (*lui* difese *energicamente la sua posizione, ma lei* lottò *duramente ed emerse* vittoriosa *dalla discussione*) e AMARE non è che una metafora delle esperienze che abbiamo durante il tragitto per tornare a casa da scuola (percorsero una lunga strada *insieme, ma alla fine dovettero* separarsi).

Stabilire quanto sia corretta la «metafora della metafora» del significato, come l'ha chiamata Steven Pinker, esula dall'argomento di questo libro. (In *Fatti di parole*, Pinker dedica alla questione un intero capitolo, che spiega perché l'idea si dimostra inadeguata.)[35] Voglio però commentare l'attuabilità *neuroscientifica* dell'idea di fondare i concetti di azioni sulla corteccia motoria primaria, come vorrebbero fare alcuni ricercatori. È un problema che conoscete. I movimenti *stessi*, così come sono codificati nella corteccia motoria, sono semanticamente ambigui e pertanto privi di significato. Lo stesso programma motorio che porta a sollevare una caraffa e a versare un liquido in una tazza potrebbe significare VERSARE o RIEMPIRE a seconda che l'azione sia concettualizzata dalla prospettiva della caraffa o della tazza; potrebbe significare SVUOTARE se la quantità di liquido nella caraffa è minore della capacità della tazza, oppure ROVESCIARE se è maggiore; potrebbe significare RIEMPIRE DI NUOVO se l'azione è già stata eseguita una volta; potrebbe significare SODDISFARE o DISOBBEDIRE a seconda che l'azione sia stata richiesta o scoraggiata; per ognuno di questi significati, inoltre, l'azione potrebbe essere il risultato di un gran numero di programmi motori a seconda che venga eseguita con la mano sinistra, con la destra, con entrambe, con o senza l'aiuto di altri, in una posizione o in un'altra rispetto agli oggetti e così via. *I significati, molto semplicemente, non stanno nei movimenti*; inoltre, quanto più ci si avvicina alle codifiche motorie di specifici movimenti, come nella corteccia motoria primaria, tanto più ci si allontana dal significato. Siamo di nuovo di fronte al paradosso di Csibra.

Tutto ciò non ha impedito ai ricercatori di esplorare empiricamente la possibilità di un'incarnazione motoria dell'azione, quindi prenderemo in esame alcuni dei risultati ottenuti. Un dato che viene citato spesso a sostegno dell'incarnazione motoria di basso livello riguarda le persone affette dalla malattia di Lou Gehrig, la sclerosi laterale amiotrofica (SLA). La SLA è una degenerazione dei motoneuroni che di solito inizia negli arti (circa nel 75% dei casi) o in sistemi collegati alla bocca (circa nel 25%) e da lì si diffonde. La comprensione del linguaggio non era mai stata documentata nei malati di SLA, neanche in pazienti con gravi disabilità degli arti o gravi deficit di controllo motorio del linguaggio, ma nel 2001 un gruppo in Gran Bretagna ha riferito che un sottotipo di malati di SLA aveva difficoltà a comprendere le parole e a nominare gli oggetti; le difficoltà si acuivano con i verbi.[36]

La scoperta che una malattia dei motoneuroni influenza l'elaborazione dei verbi non è sfuggita ai teorici della cognizione incarnata, in particolare ai sostenitori del ruolo del sistema motorio nei concetti di azioni.[37] A prima vista fornisce proprio il genere di conferma neuropsicologica di cui necessita la teoria. A un esame attento, però, la situazione appare più complessa. Nel sottotipo di SLA associato a problemi con il linguaggio sono presenti sintomi psichiatrici o cognitivi di livello superiore, a differenza di quanto accade nella forma più comune che è soprattutto motoria. Di fatto, i sintomi non motori di solito sono i primi a comparire in questi pazienti; il coinvolgimento del sistema motorio avviene soltanto con il progredire della malattia.[38]

Inoltre, in accordo con la presenza di questi deficit di livello superiore, il danno neurale non è limitato ad aree motorie di basso livello, ma comporta anche una notevole degenerazione dell'area di Broca.[39] È qui che si suppone si trovino i neuroni specchio. È quindi un risultato a sostegno dell'incarnazione motoria? Non necessariamente. I neuroni specchio si dovrebbero trovare nella parte più posteriore dell'area di Broca. In questo sottotipo di SLA, tuttavia, è coinvolta anche la parte più anteriore. È il coinvolgimento di *quest'*area a complicare la situazione, poiché è stata associata a capacità cognitive di livello superiore.[40] Ciò rende impossibile dedurre un collegamento causale tra deficit di elaborazione dei verbi e disfunzione della corteccia motoria poiché sono danneggiate anche aree non motorie.

Un secondo studio più recente condotto su malati di SLA *non selezionati* ha rilevato una tendenza simile: più difficoltà a comprendere i verbi che a comprendere i nomi – benché la percentuale di risposte corrette nelle prove con i verbi oscillasse intorno al 90% e i soggetti comprendessero 14 pazienti ritenuti affetti non solo da deficit motori ma anche da danni cognitivi.[41] Oltre a ciò, lo studio mirava a individuare le regioni cerebrali responsabili dei deficit comportamentali mettendo in correlazione la sede della malattia corticale misurata con l'MRI *strutturale* (le aree malate mostrano perdita o atrofia dei tessuti) con i risultati ottenuti nei test di comprensione di verbi e nomi. L'entità della perdita di tessuto sia nella corteccia motoria primaria sia nell'area di Broca non è risultata correlata ai deficit nei test sui verbi. Quindi la disfunzione del cuore del sistema specchio (l'area di Broca) e della corteccia motoria primaria, su cui oggi si incentrano molti concetti di azione incarnata, non sembra essere collegata a deficit di conoscenza delle azioni. La perdita di tessuto nella corteccia premotoria era invece correlata ai risultati ottenuti nei test sui verbi. La si potrebbe vedere come una prova del ruolo di questa regione nella rappresentazione di concetti di azioni. C'è una complicazione, però. I deficit nei test di comprensione dei verbi erano fortemente correlati con un deterioramento cognitivo più generale. Dato che i compiti collegati ai verbi spesso sono più difficili dei compiti collegati ai nomi (le azioni spesso sono *relazionali*, il che le rende più complesse degli oggetti dal punto di vista cognitivo), è possibile che il deficit nei test sui verbi in realtà sia soltanto un effetto della difficoltà: i pazienti con un deterioramento cognitivo più grave incontrano più difficoltà nei test più impegnativi, che sono quelli sui verbi. Gli autori non hanno segnalato una correlazione tra la disfunzione motoria misurata tramite il comportamento e la comprensione dei verbi.

Facendo un passo indietro, i buoni risultati complessivi nei compiti di conoscenza delle azioni (circa il 90% di risposte corrette) nonostante una malattia motoria alquanto grave come la SLA mi inducono a credere che il sistema motorio non abbia un ruolo di sostegno della conoscenza delle azioni particolarmente cruciale. Per illustrare la mia ipotesi, posso citare Stephen Hawking, che è affetto da SLA e ha una disfunzione motoria grave, eppure comprende i verbi tanto da funzionare a un livello intellettuale molto alto.

Un altro caso da considerare è quello di Christopher Nolan, che nonostante una disfunzione motoria grave (diversa dalla SLA) ha dimostrato il suo genio letterario nel corso di una carriera breve ma ispirata. Bono degli U2 ha riassunto la situazione di Nolan meglio di quanto potrei fare io:

> Andavamo tutti alla stessa scuola e proprio quando frequentavamo l'ultimo anno arrivò un tizio che si chiamava Christopher Nolan. Alla nascita era rimasto senza ossigeno per due ore, perciò era tetraplegico. Però sua madre era convinta che potesse capire che cosa accadeva intorno a lui e gli faceva da maestra a casa. Alla fine, scoprirono un farmaco che gli permetteva di muovere un muscolo del collo. Gli sistemarono quindi un dispositivo a forma di unicorno sulla fronte e Christopher imparò a usare una tastiera. E vennero fuori tutte queste poesie che aveva accumulato nella testa.[42]

Nolan, che aveva una paralisi cerebrale, descrisse la propria esperienza nel 1987:

> La mia mente è come una centrifuga che gira a tutta velocità, i miei pensieri volano tutt'intorno alla testa mentre milioni di parole magnifiche mi scendono in grembo come una cascata. Immagini sparano cannonate nella mia coscienza e mentre cerco di disciplinarle sussulto impressionato dal dono dell'espansione della mia mente che mi riempie l'anima.[43]

Il mondo letterario fu sorpreso dall'eloquenza che fluiva da un corpo tanto accartocciato. In una recensione del primo romanzo di Nolan, *The Banyon Tree*, pubblicata sulla rivista «Publisher's Weekly», leggiamo:

> Di tanto in tanto esce un libro tanto innocente e in apparenza incurante della moda letteraria da essere, paradossalmente, scioccante [...] È il caso di questo straordinario primo romanzo dell'irlandese Nolan, che all'età di 33 anni ha passato tutta la vita da tetraplegico, incapace di parlare. Dalla sua storia perfettamente costruita e scritta in modo mirabile, non si direbbe.[44]

Nolan ha trascorso tutta la vita da tetraplegico, *ma non si direbbe*, come se l'incapacità di parlare o meglio di controllare il suo corpo dovesse necessariamente limitare la sua capacità di comprendere il mondo e, con l'aiuto di un canale tecnologico, di comunicare in modo raffinato la propria comprensione. È interessante notare che Nolan raccontò a «Publisher's Weekly» che l'idea per il romanzo gli fu suggerita dall'immagine di «una donna anziana che si tirava su la gonna preparandosi a saltare un solco profondo in un campo».[45] Nel contesto di teorie che promuovono il sistema motorio come parte cruciale della capacità di comprendere le azioni, è significativo, a mio giudizio, che un autore tetraplegico possa aver tratto ispirazione per un romanzo acclamato dalla critica dall'immagine di due azioni che non aveva mai eseguito personalmente.

Sono noti molti esempi di persone affette da paralisi cerebrale che non possono parlare né controllare il proprio corpo eppure riescono a comprendere il mondo e a offrirgli un contributo. Alcuni, come Nolan, sono diventati famosi per il loro lavoro; moltissimi altri hanno avuto meno successi pubblici.

I teorici dell'incarnazione mettono in rilievo altri dati a sostegno dell'idea che il sistema motorio abbia un ruolo cruciale nella comprensione delle azioni. Le persone che hanno subito una lesione del lobo frontale sinistro, per esempio, spesso hanno più difficoltà a nominare le azioni che a nominare gli oggetti.[46] Il deficit, tuttavia, non sembra avere a che fare con i concetti di azioni. Di solito, i pazienti con lesioni frontali e difficoltà a nominare le azioni (per esempio, CORRERE O SPINGERE) sono in grado di capirle piuttosto bene, oppure hanno prestazioni diverse a seconda che pronuncino o scrivano il nome, il che suggerisce che si tratta di un deficit collegato a una modalità o a un compito specifici e non ai concetti in generale.[47] Quando i pazienti colpiti da ictus hanno difficoltà sia a nominare le azioni sia a comprenderle, le regioni cerebrali interessate tendono a essere nel lobo temporale superiore più che nelle aree motorie, il che implica una spiegazione non motoria per la causa del deficit.[48]

La TMS è un'altra fonte di dati. In uno studio recente, si è rilevato che la stimolazione dell'area della mano nella corteccia motoria sinistra (che controlla la mano dominante nei soggetti destrimani) influenzava il tempo impiegato dai soggetti a riconoscere parole scritte indicanti azioni collegate alla mano dominante, come LANCIARE, SCRIVERE, CANCELLARE, PETTINARE, AFFETTARE; la stimolazione dell'area della mano nella corteccia motoria *destra*, che controlla la mano non dominante, non produceva questo effetto. Gli autori hanno concluso che «l'elaborazione di un verbo di azione dipende in parte dall'attività in una regione motoria che contribuisce alla pianificazione e all'esecuzione dell'azione indicata dal verbo».[49] In altre parole, la capacità di leggere le parole «scrivere» e «lanciare» dipende dalla corteccia motoria che controlla direttamente la mano che scrive e che lancia. Questa conclusione non segue dai risultati dell'esperimento per tre ragioni.

In primo luogo, lo studio non ha controllato la distorsione della risposta, una complicazione che abbiamo già incontrato nel capitolo 5. I soggetti sapevano che i ricercatori studiavano il loro sistema motorio e sapevano se le aree motorie che venivano stimolate erano le sinistre o le destre. Inoltre, non era difficile rendersi conto che metà delle parole che leggevano indicavano azioni eseguite dalla mano. Pertanto, indipendentemente dalla TMS stessa, le condizioni sperimentali potevano far capire ai soggetti lo scopo dell'esperimento, il che poteva influenzarne le risposte. Da questo punto di vista, è interessante notare che la stimolazione motoria dell'emisfero sinistro *facilitava* i tempi di risposta, mentre il tipo di stimolazione usata di solito interferisce con la funzione del sito stimolato. Gli autori hanno spiegato questo risultato paradossale come conseguenza di effetti opposti al livello neurale e comportamentale: l'interruzione della funzione neurale può aver facilitato il comportamento. Un'altra spiegazione possibile, tuttavia, è che l'effetto comportamentale – un riconoscimento verbale più veloce con la stimolazione della corteccia motoria dominante – abbia poco a che vedere con l'interruzione di rappresentazioni concettuali.

In secondo luogo, anche supponendo che l'effetto di facilitazione sia stato causato dalla stimolazione motoria, è impossibile sapere se la regione stimolata codifichi una parte della conoscenza concettuale dell'azione o se sia semplicemente collegata alla rete che la codifica, come l'associazione che si forma tra i movimenti del mignolo e l'immagine di una nuvola. Supponiamo che il concetto SALTARE sia codificato da qualche parte all'esterno del sistema motorio, che è l'assunto «classico». Come si è già notato, è certamente vero che esiste un'associazione tra il concetto SALTARE e il programma motorio o i programmi motori per saltare. Per esempio, le frasi imperative – «Salta!», «Piegati!», «Spara!» – chiedono effettivamente all'ascoltatore di eseguire i programmi motori che corrispondono al significato della parola. Date queste associazioni, è possibile che la stimolazione del sistema motorio con la TMS abbia semplicemente attivato i concetti associati, facilitando il riconoscimento delle parole nell'esperimento.

In terzo luogo, anche se l'effetto è causato dalla stimolazione *e* la codifica motoria fa parte del concetto, dobbiamo comunque considerare quale ruolo abbia effettivamente quella codifica motoria. Consideriamo i tre verbi usati nell'esperimento: «cancellare», «pettinare» e «affettare». In quale misura il significato di questi verbi dipende dal coinvolgimento di movimenti della mano dominante? Cancellare è cancellare, che uno lo faccia con la mano sinistra, con la destra, con i piedi o con il fondoschiena. Consideriamo la questione da un altro punto di vista. L'esperimento ha utilizzato 96 verbi che indicano azioni eseguite principalmente dalla mano dominante. Se il coinvolgimento motorio della mano dominante è una parte importante del loro significato, questi verbi dovrebbero formare un raggruppamento semantico naturale perché hanno qualcosa di importante in comune. Parole come «mela», «banana» e «cocomero» hanno caratteristiche comuni importanti e significative e quindi formano una classe semantica naturale, FRUTTA, così come «cincillà», «alligatore», «giraffa» e la classe ANIMALI. Raggruppare le azioni eseguite con la mano dominante in una categoria semantica come facciamo con i frutti, gli animali, gli attrezzi e gli strumenti musicali, tuttavia, non è affatto naturale. Se pensate alle mele, può accadere che pensiate automaticamente alle banane o alla categoria FRUTTA perché hanno caratteristiche semantiche comuni, ma se pensate a cancellare pensate automaticamente ad affettare o a qualche altra azione eseguita con la mano dominante? Non tanto. Se «mano dominante» ha un ruolo nell'elaborazione delle parole o dei concetti, è davvero un ruolo minuscolo.

Se vogliamo capire che cosa costituisce il significato di un'azione, dobbiamo guardare ben al di là del sistema motorio. *Il significato non sta nel movimento.*

Il sistema motorio, tuttavia, può avere un ruolo nella codifica del significato di un'azione. Per quanto mi riguarda, imparo (e quindi presumibilmente capisco) molto meglio *facendo* piuttosto che osservando o imitando, che si tratti di imparare a raggiungere un luogo, fare un passo di danza o elaborare un flusso di analisi dei dati. Alcune prove sperimentali controllate confermano questa mia intuizione basata sull'esperienza personale, che probabilmente suona vera a molti.[50] La domanda è *perché* fare migliora l'apprendimento e la comprensione e *perché* una facilitazione dell'apprendimento significa che il codice alla base della conoscenza in questione sta nel sistema motorio? Di questo argomento ci occuperemo nel capitolo seguente.

Che cosa significa «rispecchiamento» nel contesto dell'elaborazione delle informazioni?

Come ho già fatto notare in precedenza, affermare che un processo viene realizzato per simulazione non risolve alcun problema. Vale la pena esaminare alcune affermazioni sui neuroni specchio alla luce di questa considerazione. Ecco un riepilogo dell'ipotesi tratto da un recente articolo di rassegna di Rizzolatti e del filosofo Corrado Sinigaglia (i corsivi sono miei):

A partire dalla scoperta dei neuroni specchio, l'interpretazione di questo risultato è stata che essi permettono all'osservatore di comprendere *direttamente* l'obiettivo delle azioni altrui: osservare azioni eseguite da un altro individuo provoca un'attivazione motoria nel cervello dell'osservatore simile a quella che ha luogo quando l'osservatore pianifica le proprie azioni e la somiglianza tra queste due attivazioni permette all'osservatore di comprendere le azioni altrui *senza aver bisogno di un'elaborazione deduttiva*.[51]

Questa è un'affermazione classica dei teorici dell'incarnazione: un'operazione cognitiva complessa, comprendere, può essere effettuata «direttamente» senza tutte quelle complicazioni come l'«elaborazione deduttiva» attribuite tradizionalmente al sistema cognitivo. Ma questo non ci porta tanto lontano:

TEORICI DEI NEURONI SPECCHIO Abbiamo determinato che quando noi stessi compiamo un'azione ne comprendiamo il significato. Quando osserviamo l'azione di qualcun altro, ci basta simularla nel nostro sistema motorio per comprenderla.

SCETTICO Sì, ma com'è che capiamo il significato delle *nostre* azioni?

TEORICI DEI NEURONI SPECCHIO Non lo sappiamo, ma sappiamo che simulare quel processo porta alla comprensione.

A questo proposito il neuroscienziato computazionale Michael Arbib si è espresso in maniera simile. Arbib, come ricorderete, è coautore insieme a Rizzolatti di una delle prime estensioni della teoria dei neuroni specchio alla cognizione umana. Il loro articolo del 1998, *Language Within Our Grasp*, propose il ruolo dei neuroni specchio nel linguaggio umano (discusso nel capitolo 3) e diede inizio a un decennio di ricerche sull'argomento. Essendo un neuroscienziato computazionale, Arbib si concentra sullo sviluppo di modelli matematici funzionanti, che permettono simulazioni al computer dei sistemi neurali, e quindi deve preoccuparsi di che cosa significhi *dal punto di vista computazionale* affermare che un sistema usa la simulazione, l'accoppiamento diretto, la risonanza o il rispecchiamento. *I modelli concettuali*, teorie esposte verbalmente come quelle che abbiamo considerato in queste pagine, non devono essere altrettanto precise. In un'intervista recente, Arbib e i suoi collaboratori scrivono:

Un'insidia generale nella modellizzazione concettuale è che una frase dall'aria innocente inserita nella descrizione può rendere il modello banale o non plausibile da una prospettiva computazionale, nascondendo la vera difficoltà del problema. Espressioni come «accoppiamento diretto» o «risonanza», per esempio, vengono usate come se fossero processi atomici che permettono di costruire ipotesi sulle funzioni cognitive superiori dei neuroni specchio.[52]

Arbib è ancora convinto che i neuroni specchio contribuiscano alla comprensione delle azioni, ma il suo lavoro computazionale lo ha portato ad avere un punto di vista più moderato, che a mio giudizio è più plausibile e interessante. Ritorneremo sull'argomento nel capitolo 10.

La stessa insidia si nasconde in tutte le forme non motorie di «rispecchiamento». Proviamo il dolore di un altro simulando quel dolore nel nostro sistema sensoriale. Leggiamo nella mente degli altri simulando la loro situazione dentro di noi. Il risultato delle teorizzazioni di questo genere è che l'intero cervello è diventato una grande simulazione, il che significa che la *simulazione* ha perso il suo potere esplicativo come meccanismo. Oggi viene usata semplicemente come sinonimo di *elaborazione delle informazioni* o *computazione*. Gli stessi problemi di sempre, con un vocabolario nuovo. Quando ho sollevato la questione durante una conferenza all'Università della California a San Diego, la filosofa Patricia Churchland ha esclamato qualcosa del genere: «Ehi, è un problema che conosco! Si chiama "come-funziona-la-mente"!»

È uno stratagemma che abbiamo già visto. Per parafrasare la critica mossa da Chomsky a Skinner:

> Questo espediente [teorico] è tanto semplice quanto vano. Poiché di *simulazioni* ne esistono quante ne vogliamo [...] possiamo rendere conto di un'ampia classe di *operazioni cognitive complesse* in termini di *teorie dell'incarnazione* facendo appello alla *simulazione*. La parola «*simulazione*», tuttavia, ha perso tutta la sua oggettività con questo uso. *Le simulazioni* non sono più *operazioni semplici*; sono risospinte *nelle complessità della cognizione di ordine superiore*. [...] Da questi esempi, che abbondano, è chiaro che parlare di *simulazione* nasconde semplicemente la ritirata completa nella psicologia *cognitiva computazionale, astratta*.

Forse questa è un'analisi un po' troppo severa; sapere che dovremmo cercare rappresentazioni concettuali astratte nel sistema sensoriale e nel sistema motorio può contribuire a farci sviluppare modelli nuovi e migliori del modo in cui i concetti sono immagazzinati e impiegati nel cervello. Sarebbe un progresso e sono pienamente d'accordo con l'idea di esplorare questa possibilità. Non è corretto, tuttavia, lasciar intendere che rinunciare alla questione di come comprendiamo le azioni facendo appello a un meccanismo di rispecchiamento o di simulazione risolva il problema. Non è vero. Non fa altro che passare la palla a un'altra squadra.

Anche se non sappiamo ancora esattamente quale sia l'aspetto dell'altra squadra, il capitolo che segue ne presenta alcuni giocatori.

7·

Sentire, fare, sapere

La sensazione di sapere

Immaginate di addormentarvi una notte e di risvegliarvi in un incubo. Aprendo un occhio e iniziando a tornare coscienti, vi accorgete che il braccio destro è «addormentato». È fastidioso, ma non è preoccupante. Basterà che vi giriate dall'altra parte e dopo qualche secondo il calore della vita tornerà a scorrere nel braccio. Quando cercate di girarvi, però, scoprite di non poterlo fare; in realtà, non riuscite a muovere altro che la testa. A quel punto vi accorgete che tutto il corpo è «addormentato». Dal collo in giù non sentite nulla, neanche il letto sotto di voi. Vi sembra di galleggiare e vi domandate se non sia che il corpo non c'è. Guardate in giù e lo vedete. Aspettate qualche altro secondo sperando che la sensibilità e la capacità di muovervi ritornino. I secondi diventano minuti, poi ore e infine tutta la vita.

Per Ian Waterman, che all'epoca era un macellaio diciannovenne che viveva nell'isola di Jersey, nella Manica, non si trattò di un incubo. Mentre era ricoverato in ospedale a causa di una grave infezione virale, un mattino si svegliò senza poter più sentire o muovere il suo corpo. I medici non avevano la più pallida idea di che cosa stesse accadendo, di quale fosse la sua prognosi né di come curarlo. Ian si è ripreso dall'infezione virale, ma non ha più recuperato la sensibilità del corpo. In un documentario della BBC intitolato *The Man Who Lost His Body*, Ian ha descritto in maniera poetica la sua tragica esperienza:

> Voltato ogni due ore come un taglio di carne. Cosparso di lozioni. Immobile come una statua. La mente piena di emozioni. Gli arti insensibili, il movimento impossibile. Sdraiato a letto, gli occhi fissi su un soffitto con la vernice

scrostata, desiderando che ogni scaglia si trasformi in una crepa e che il soffitto crolli per porre fine alla mia sofferenza. A che cosa serve un cervello attivo senza mobilità?

Ian, però, non ha perso del tutto la mobilità. In realtà, il suo sistema motorio è praticamente inalterato. Ciò che ha perso è la capacità di avere sensazioni fisiche, a causa di una malattia nota come *neuropatia sensoriale delle grandi fibre*. Il caso di Ian è straordinariamente grave. Ha perso completamente la sensibilità tattile e la propriocezione, i segnali sensoriali dai recettori nei muscoli e nelle giunture che indicano la posizione del corpo. In gran parte, le fibre nervose che trasmettono i segnali di dolore e anche i segnali motori non sono state interessate dal danno. I casi come quello di Ian rivelano che la capacità di *muoversi* dipende dalla capacità di *sentire*.

Di solito le persone affette da questa malattia non sono in grado di camminare o badare a se stesse senza assistenza. I medici avevano previsto questo stesso risultato per Ian, che però si è opposto al verdetto e con uno sforzo eroico ha imparato da solo a camminare, guidare, lavorare e vivere di nuovo in maniera indipendente. Non ha riallenato in qualche modo il cervello a sentire nuovamente il corpo; quella capacità se n'è andata per sempre. Ciò che ha fatto, e che continua a fare ogni giorno in ogni minuto in cui è sveglio, è usare un feedback *visivo* al posto del normale e automatico feedback *somatosensoriale*. Quando voi o io camminiamo, possiamo guardarci intorno, sbucciare una banana e pensare a una conversazione recente. Il camminare di per sé è facile e automatico; non dobbiamo pensare a spostare il peso su una gamba, sollevare l'altra, portarla in avanti e così via. Né dobbiamo abbassare lo sguardo per sapere che cosa stanno facendo le nostre gambe, perché le possiamo *sentire* e questa informazione è ciò che usano il cervello e il midollo spinale per coordinare i movimenti. Ian tuttavia ha perso queste informazioni propriocettive, e quindi può costringere le sue gambe a muoversi soltanto se le osserva e se pianifica consciamente ogni movimento. Eseguire altri compiti mentre cammina gli è impossibile. La stessa cosa accade con le mani. Quando non può vederle, le sue mani tendono a «vagare», a volte rovesciando gli oggetti e colpendo chi gli passa accanto.

Il medico curante di Ian descrive più nei dettagli le sue capacità di controllo dei movimenti:

> Tutti i movimenti utili [di Ian] richiedono il controllo visivo e la concentrazione mentale costanti. Al buio è incapace di muoversi e tale è la necessità di concentrarsi sul movimento che non può fantasticare mentre cammina. Oggi giudica che camminare su un terreno piano gli richiede all'incirca la metà della concentrazione che gli occorreva un tempo. Per camminare su un terreno accidentato gli è ancora necessaria la piena concentrazione [...]
> La sua concentrazione mentale è finita. Se è seduto può raccogliere un uovo senza rompere il guscio, ma non sarebbe capace di camminare tenendo in mano un uovo, perché in tal caso sarebbe concentrato sui movimenti e la sua presa dell'uovo diventerebbe troppo stretta per evitare di romperlo. Ian guida un'auto con controlli manuali e lo trova molto rilassante; guidando tiene le mani ferme immobili intorno ai controlli che restano sempre nel suo campo visivo periferico, anche se è concentrato sulla strada [...] Tutti i compiti motori sembrano richiedere un feedback visivo continuo, a parte il fermarsi di colpo in posizioni che poi vengono mantenute con frequenti controlli visivi.[1]

Ian dipende completamente dal feedback visivo. Se si spengono le luci, cade a terra, secondo il documentario della BBC.

Esistono forme più lievi di degenerazione dei nervi sensoriali, come la *tabe dorsale*, una malattia causata dalla sifilide non curata. I pazienti sviluppano un'andatura barcollante perché non ricevono più le informazioni sensoriali che indicano quando i piedi toccano terra. Camminando con passo pesante generano vibrazioni che risuonano fino al tronco, dove la sensibilità si è conservata in misura maggiore e il contatto con il terreno può essere rilevato. Probabilmente avete avuto l'esperienza di una forma di perdita sensoriale dal dentista, dopo un'iniezione di lidocaina, e forse ne avete notato gli effetti sulla vostra capacità di parlare.

Il fatto che il feedback somatosensoriale è una parte cruciale del controllo motorio è qualcosa che sappiamo da tempo. Nel lontano 1887, il neurologo e fisiologo inglese Henry Charlton Bastian scrisse sull'argomento: «Può essere considerato un assioma fisiologico che tutti i movimenti intenzionali degli animali sono guidati da sensazioni o segnali afferenti di qualche genere».[2] Gli studi sperimentali condotti nel corso dei decenni hanno scoperto che se si blocca il feedback somatosensoriale proveniente da un arto di una scimmia (lasciando intatte le fibre nervose), l'arto non si muove più. Con l'addestramento, la scimmia può imparare a usarlo di nuovo, ma solo goffamente e grazie al feedback visivo; se viene bendata, il suo controllo motorio si riduce drasticamente.[3]

Questo esempio illustra un punto critico: senza informazioni sensoriali, il sistema motorio è letteralmente e figurativamente cieco. Non viene naturale pensare che il movimento sia tanto dipendente dalla sensibilità, ma basta riflettere un po' e diventa ovvio. Come facciamo a sapere dove allungare la mano per prendere un oggetto? Ne *vediamo* la posizione. Come facciamo a sapere in quale direzione muovere il braccio? *Sentiamo* dove si trova la nostra mano relativamente all'oggetto. Come facciamo a sapere se dobbiamo afferrarlo con tutta la mano o con una presa a tenaglia? Vediamo la grandezza e la forma dell'oggetto. Come facciamo a sapere se siamo riusciti ad afferrarlo? Lo sentiamo e lo vediamo nella nostra mano.

Immaginate di vivere privi di sensibilità somatica come Ian, ma in misura estrema, tanto da non poter sentire nulla, nessun dolore e neanche la posizione della vostra testa. Il vostro unico senso è la vista. Siete seduti con le braccia appoggiate su un tavolo; c'è una pallina da tennis proprio davanti alle vostre mani. Ora chiudete gli occhi. Non potete sentire il tavolo su cui appoggiate le braccia. Non potete sentire la sedia su cui siete seduti. Non potete sentire i piedi che poggiano a terra. Vi sentite come se galleggiaste nello spazio. Ora sollevate la mano al di sopra della testa, tenetela così per cinque secondi e rimettetela sul tavolo. Voi comandate al braccio di muoversi, ma non potete sentirlo muovere. Come sapete quando interrompere il movimento verso l'alto? Non lo sapete. Come sapete quali forze applicare per tenerlo in equilibrio in quella posizione? Non lo sapete. Se non sapete dove si trova esattamente, come applicate le forze per rimetterlo sul tavolo? Senza un feedback sensoriale di qualche tipo, non ne avete idea. Ora muovete lo stesso braccio, in qualunque posizione si trovi, per raggiungere la pallina. Come sapete in quale direzione muovere il braccio? Se in qualche modo scegliete la direzione giusta, come sapete quando stringere la mano? Come fate a sapere se avete la mano aperta o chiusa, se è per quello? Come fate a sapere che state toccando la pallina? I vostri tentativi di muovervi hanno generato qualche movimento? Non lo sapete.

Se vi trovaste davvero in questa situazione, molto probabilmente appena chiusi gli occhi iniziereste a inclinarvi; non percepireste il cambiamento di posizione del corpo, quindi non potreste correggerla e finireste per cadere a terra. Non sapreste di essere caduti, però, perché non potreste sentire la caduta né l'impatto e tutti i vostri tentativi di muovervi sarebbero al più patetici scatti spasmodici. Le informazioni sensoriali sono, letteralmente e figurativamente, gli occhi e le orecchie del sistema motorio, che gli permettono di «sapere» che cosa sta facendo. Per usare il gergo dei fautori della cognizione incarnata, il sistema motorio è «fondato sulla sensibilità somatica».

Il fondamento sensoriale del linguaggio

La stessa situazione di dipendenza dai sensi si ha nei comportamenti motori collegati al linguaggio. Le persone sorde dalla nascita hanno molta difficoltà a imparare a parlare, pur non avendo problemi a imparare il linguaggio codificato in forma di segni delle mani. Per quale ragione, dato che hanno un controllo muscolare normale del tratto vocale? Perché non possono sentire i prodotti degli atti linguistici, vale a dire i *suoni* delle parole. Immaginate di cercare di imparare una nuova lingua che non potete sentire! (Alcune persone sorde sanno parlare in maniera abbastanza comprensibile – per citarne una, l'attrice Marlee Matlin. Si noti, però, che probabilmente questa possibilità è legata all'entità dell'udito residuo della persona,[4] e a quanto riesce a sfruttare le informazioni somatosensoriali di cui dispongono le persone sorde – a quanto percepisce la posizione della lingua, delle labbra e della laringe).

Il ruolo delle informazioni uditive nel linguaggio è evidente anche nelle persone che non hanno deficit uditivi o linguistici. Se durante una telefonata vi è mai capitato di ascoltare l'eco della vostra voce in leggero ritardo, sapete quanto un feedback sbagliato possa disturbare la capacità di parlare. È ben noto che questo *feedback uditivo ritardato* della propria voce riduce la scioltezza nel parlare. Un altro fatto che potreste aver notato è che una parola che vi arriva dalla televisione o dalla radio mentre conversate può inserirsi all'improvviso, in maniera insensata e senza che lo vogliate, nel bel mezzo di una vostra frase. Un altro fenomeno meno effimero che potreste aver constatato in voi stessi o negli altri è che dopo aver passato del tempo con parlanti di regioni diverse se ne assume l'accento, un fenomeno noto come *gestural drift*, la tendenza per lo più inconscia a modificare le nostre configurazioni articolatorie rendendole simili a quelle che sentiamo intorno a noi.[5]

Un esempio spettacolare di questa tendenza è offerto secondo me da una forma di intonazione dell'inglese nordamericano chiamata *uptalk*, la tendenza a concludere quasi ogni frase con un'intonazione ascendente, come se fosse una domanda. Lo psicologo canadese Hank Davis l'ha definita una «brutta abitudine», «l'esatto contrario della fiducia in sé stessi e della risolutezza», un'«epidemia» e un «meme infernale».[6] Il giornalista scientifico James Gorman ha contratto presto il virus dell'*uptalk*, a cui ha dato il nome in un articolo del «New York Times Magazine» del 1993:

> Un tempo parlavo con un tono di voce regolare. Ero capace di affermare, domandare, contestare. Poi iniziai a insegnare. All'università? E i miei studenti avevano questa intonazione ascendente? Si notava particolarmente nei messaggi lasciati sulla segreteria telefonica. «Pronto? Professor Gorman? Sono Albert? Del corso di giornalismo?»
> Non avevo idea che un cambiamento nel «contorno intonativo» di una frase, come dicono i linguisti, potesse essere contagioso come il raffreddore comune. Di lì a poco, però, notai una trasformazione tipo Jekyll e Hide nel mio stesso modo di parlare. Me ne accorsi per la prima volta lasciando un messaggio al telefono. «Sono Jim Gorman? Sto scrivendo un articolo sul Klingon? La lingua? Da *Star Trek*?» Mi resi conto che accidentalmente, senza volerlo, stavo parlando *uptalk*.[7]

In tutti questi casi, le informazioni che vi arrivano alle orecchie interferiscono con i target acustici dei vostri gesti articolatori, come qualcuno che modifica la posizione del bersaglio mentre si gioca a freccette. Nel primo caso, il feedback uditivo ritardato entra in conflitto con il ritardo tra il momento in cui il vostro cervello invia i comandi motori di produzione delle parole e il momento in cui è atteso il feedback uditivo, inducendo il sistema a credere che ci sia stato un errore di programmazione motoria che deve essere rimediato. Nel secondo caso, il dialogo televisivo o radiofonico di sottofondo vi pone di fronte un target esterno e voi cercate automaticamente, per così dire, di raggiungerlo. Nel terzo caso, l'essere circondati da esempi di una particolare configurazione articolatoria (o target acustico) finisce per sostituire i vostri vecchi target con altri nuovi, modificando così la vostra configurazione articolatoria. (I target possono essere non solo oggetti fisici nell'ambiente, ma anche ricordi sensoriali immagazzinati, e come la maggior parte dei ricordi, sono soggetti a modifiche.)

Tra parentesi, anche se qualcuno afferma il contrario, l'*uptalk* non è un segno di insicurezza o indecisione, come ha fatto notare il linguista Mark Liberman.[8] Secondo l'interpretazione popolare dell'*uptalk*, le affermazioni pronunciate con quell'intonazione ascendente alla fine sono domande, ma non è vero. Sono qualcosa di più simile a una contrazione. Potrebbero essere iniziate da qualcosa come «I miei studenti avevano questa intonazione ascendente, sai?», ma poi il «sai?» è stato eliminato e l'intonazione interrogativa è passata alla fine della nuova frase. Per capire la funzione dell'*uptalk*, basta che pensiate alla funzione svolta dal «sai?»: ci permette di controllare l'attenzione dell'ascoltatore e di assicurarci che ci segua nella conversazione. Ha a che vedere più con il controllo che con l'indecisione.

Qualunque fenomeno consideriamo, l'azione si fonda saldamente e necessariamente sui sistemi sensoriali. È vero anche l'opposto, vale a dire che i sistemi sensoriali sono necessariamente fondati sull'azione? Non tanto. Abbiamo visto numerosi esempi di come sia possibile capire il mondo senza avere la capacità di agire. Non occorre essere capaci di parlare per capire il linguaggio. Non occorre essere capaci di sorridere per capire i sorrisi. Non occorre essere capaci di volare per capire il volo. Mentre il sistema motorio dipende completamente dai sistemi sensoriali per riuscire a fare qualsiasi cosa, non è affatto vero il contrario. La relazione è asimmetrica.

Conoscere attraverso l'azione

Con tutto ciò non voglio dire che la capacità di agire nel mondo non dia *alcun* contributo alla percezione e quindi alla comprensione. Al contrario, l'azione contribuisce in misura notevole. Al livello più elementare, senza la capacità di muovere gli occhi, la testa e il corpo, dal punto di vista percettivo saremmo dominati e dipendenti da tutto ciò che per caso accade direttamente al centro del nostro campo visivo. L'udito dipende meno dal movimento, ma comunque trae vantaggio dalla capacità di modificare la posizione delle orecchie. La maggior parte delle sensazioni tattili è il risultato diretto di movimenti che portano il nostro corpo in contatto con gli oggetti. In breve, la percezione è molto attiva.

Quest'ultimo punto è stato sostenuto da James Gibson, uno dei più importanti psicologi del Novecento, secondo il quale dobbiamo considerare la percezione nel suo habitat naturale e non in artificiose condizioni di laboratorio.[9] Per Gibson, uno scienziato della percezione visiva, ciò significava studiare la visione nel contesto dell'azione. In realtà, Gibson sosteneva che nel mondo reale il confine tra percezione e azione è incerto, addirittura indistinguibile. Non vediamo oggetti, ma opportunità – che chiamava *affordances* – per agire. Non vediamo sedie, ma opportunità di sederci. Non vediamo tazze, ma opportunità di afferrare e bere. Lo scopo della percezione, secondo Gibson, è proprio permettere [*afford*] l'azione. Com'è ovvio, potremmo ribaltare la questione e dire che lo scopo dell'azione è generare sensazioni più desiderabili: alleviare la fatica, calmare la sete e così via.

Oggi i lavori di Gibson sono popolari tra i teorici della cognizione incarnata e dei neuroni specchio perché egli insisteva ad abbattere le barriere tradizionali tra i domini della cognizione e sottolineava il ruolo dell'azione nella percezione. Non dovremmo però confondere il fatto che l'azione è una parte importante della percezione con l'idea che le rappresentazioni motorie siano l'unica base della comprensione percettiva. Percorrere a piedi il bordo del Gran Canyon amplia senza dubbio la percezione e la comprensione di quel luogo, ma ciò non significa che codifichiamo neuralmente la nostra esperienza del Gran Canyon sotto la forma di movimenti delle gambe, rotazioni della testa e movimenti degli occhi. L'azione amplia in maniera cruciale la portata della percezione, ma non la determina.

Un altro argomento citato spesso a sostegno del ruolo decisivo dell'azione nella percezione è il semplice fatto, a cui ho fatto cenno nel capitolo precedente, che tendiamo a imparare meglio attraverso l'azione e, se agiamo personalmente, tendiamo a capire meglio. Marco Iacoboni, neuroscienziato, tennista e appassionato di neuroni specchio, solleva questo punto in relazione al tennis: quando guarda una partita insieme a sua madre, a suo giudizio capisce il gioco più di lei che non lo pratica.[10] Senza dubbio molti di noi hanno la stessa impressione riguardo a uno sport o a un'altra attività a cui hanno partecipato personalmente. Perché? Cercare la risposta nei movimenti stessi è naturale, ma i nostri movimenti sono provocati da target sensoriali e danno luogo a un feedback sensoriale, quindi avere più esperienza del *fare* significa necessariamente avere più esperienza del *percepire*. Chi gioca a basket ha un'esperienza personale e immediata di varie formazioni e traiettorie di movimenti, e tutte forniscono target sensoriali per passaggi, tiri, stoppate, blocchi e spazi per penetrare e attaccare a canestro. Eseguire queste azioni produce sensazioni di cambiamento della posizione del corpo, la sensazione tattile della palla tra le mani, la pressione contro un avversario durante una stoppata o un blocco e così via. Avere esperienza di esecuzione di un'azione *può* portare a comprenderla meglio, ma ciò non implica che il significato sia immagazzinato nel sistema motorio né che sia necessaria la simulazione motoria per raggiungere la comprensione.

Una volta spiegai questo punto a una giornalista scientifica, che restò scettica e replicò che giocava molto a basket e quando guardava una partita si ritrovava a reagire fisicamente a ciò che vedeva, inclinandosi da una parte o dall'altra, compiendo minuscoli movimenti di passaggio o di tiro, e così via. «Non è un riflesso del mio sistema motorio che rispecchia i movimenti che vedo – mi domandò – aumentando in tal modo la mia comprensione?» Penso di no. Il suo sistema motorio risuona con la schiera di target *sensoriali* che le si presentano. La ragione per cui tende a reagire con un movimento, mentre qualcun altro che non gioca a basket può non farlo (anche se ha una comprensione simile del gioco) è che ha una grande esperienza di situazioni sensoriali simili e molte associazioni forti tra situazioni particolari e risposte motorie effettive. Come nel caso dell'ammiccamento condizionato, non si può fare a meno di scatenare le risposte motorie appropriate.

Consideriamo la comune reazione maschile alla vista di un altro uomo che riceve un calcio nell'inguine, vale a dire piegarsi su sé stesso e coprire la parte. Si noti che l'osservatore non simula l'azione di calciare e invece «simula» la reazione di chi riceve un calcio, perché nel tempo ha osservato azioni simili e sa che cosa si prova quando si è colpiti in quel modo. Il suo ripiegarsi è una risposta riflessa appropriata per evitare il dolore in tale situazione. Le risposte motorie scatenate dall'osservare l'azione in questo scenario, come negli eventi sportivi, non sono la *causa* della più ricca comprensione mentre si osserva, sono una *conseguenza* del fatto di avere una comprensione più ricca dello scenario, che spesso si riduce ad aver avuto più esperienze sensoriali. Peraltro *esistono* situazioni in cui le persone tendono a imitare le azioni degli altri, spesso inconsciamente, e di questo argomento ci occuperemo nel capitolo che segue.

Una delle ragioni per cui *fare* accresce la comprensione basata sull'osservazione è che più esperienza di azione vuol dire più esperienza di percezione. Esiste però anche un altro meccanismo potenziale. Svolgere personalmente un compito può farci pensare o notare cose che altrimenti non penseremmo o noteremmo. Prendiamo il surf, per esempio. Qualcuno che non l'ha mai praticato capisce che devi remare verso le onde, girare la tavola e poi remare *con* un'onda. Quando ti spinge in avanti, ti metti in piedi, ti volti e stai con un piede o con entrambi sulla punta della tavola. I surfisti alle prime armi si piazzano quasi sempre troppo indietro sulla tavola quando remano e così la punta è inclinata verso il cielo. Questo impedisce di prendere le onde perché la tavola non scivola sull'acqua, ma la *spinge*. Un surfista esperto quando rema tiene d'occhio la posizione della punta rispetto alla linea di galleggiamento; se osserva dalla spiaggia due surfisti che remano cercando di prendere un'onda, in base all'angolazione della tavola sa dire quale dei due probabilmente la prenderà. L'esperienza dell'azione può affinare i sensi mettendo in luce quali sono le cose a cui è importante prestare attenzione. Non è qualcosa di motorio di per sé, è qualcosa di sensoriale, legato all'attenzione, che prende forma via via che si agisce in un particolare ambiente.

Ciò non significa che il sistema motorio non immagazzini informazioni utili. Una memoria, o conoscenza, motoria esiste. Le capacità motorie possono senza dubbio essere perfezionate fino a raggiungere un livello mirabile, in cui un compito (come guidare o battere a macchina) può essere eseguito «con il pilota automatico» o «a occhi chiusi», cioè con poco feedback sensoriale. Queste capacità sono immagazzinate proprio nei sistemi motori e costituiscono una sorta di conoscenza, o «comprensione motoria» dell'azione. Si potrebbe essere tentati, quindi, di sostenere che la comprensione delle azioni è incompleta senza questa conoscenza motoria. Per esempio, forse non sapete suonare *Blackbird* alla chitarra e pertanto in questo senso esistono cose che non «capite» di quella canzone. Anche in questo caso, però, la canzone non è definita da come si muovono le dita su una chitarra; è qualcosa di più vicino a una traccia acustica della melodia. Potremmo suonarla al pianoforte e continuerebbe a essere *Blackbird*. Oppure potremmo suonarla con una chitarra scordata – i movimenti sarebbero identici, ma non sarebbe più *Blackbird*. Nel sistema motorio sono immagazzinate informazioni importanti, che però sono motorie, non semantiche (non riguardano il significato), come capiamo ogni volta che dedichiamo un minuto a esaminare una tesi sul significato basata su considerazioni motorie.

Il punto della questione è che i teorici dei neuroni specchio, benché tra percezione e azione vi sia realmente un'associazione stretta come sostengono, mettono il carico interpretativo, la semantica, nel posto sbagliato.

La storia naturale delle teorie motorie della percezione riflette questo errore: esse iniziano tirando in ballo programmi motori di basso livello e poi vengono trascinate di nuovo verso livelli superiori di astrazione via via che si accumulano prove contrarie. La teoria motoria della percezione del linguaggio iniziò come affermazione che le codifiche motorie per il controllo dei gesti articolatori sono responsabili della percezione dei suoni linguistici. Di fronte a risultati in netto contrasto con questa tesi, i fautori della teoria la modificarono un poco e sostennero che a svolgere il lavoro percettivo non sono programmi motori di basso livello ma «gesti *deliberati*» più astratti.[11] E allora ci si deve domandare: che cos'è un gesto deliberato? È l'intenzione di muovere la bocca in un modo particolare o l'intenzione di produrre un particolare *suono*? Le ricerche sul controllo motorio nella produzione del linguaggio ci dicono che l'alternativa corretta è la seconda, che gli obiettivi degli atti linguistici sono acustici.[12] Astraendo dai particolari motori, quindi, ci si ritrova ben presto nei sistemi sensoriali.

Le tesi sui neuroni specchio hanno seguito una traiettoria simile. All'inizio, era la simulazione dei movimenti stessi attraverso neuroni specchio congruenti a permettere la comprensione. Ora l'enfasi è sui neuroni che codificano «obiettivi» motori astratti in maniera del tutto indipendente da come si realizzano al livello motorio. Di nuovo dobbiamo domandarci: che cosa sono questi obiettivi? Si tratta di movimenti particolari (stendi il braccio, apri la mano) o di stati sensoriali (la mano è vicina all'oggetto e la forma della presa è in accordo con la forma dell'oggetto)? La discussione sul ruolo cruciale dei sistemi sensoriali nel guidare l'azione induce a credere che siano stati sensoriali.

Vedere il mondo attraverso i neuroni specchio

Se esaminiamo con attenzione ciò che sostengono i sostenitori dei neuroni specchio, possiamo constatare che le descrizioni recenti della comprensione delle azioni basata sui neuroni specchio sono soltanto teorie sensoriali mascherate. Consideriamo la descrizione di Iacoboni di ciò che implica effettivamente la sua migliore comprensione dei colpi di Roger Federer:

> Quando osservo la stessa volée di rovescio, la mia conoscenza motoria interna di come eseguire una volée di rovescio mi dà una comprensione molto più ricca [...] di tale azione. In altre parole, di solito posso prevedere la direzione, la velocità e il punto di arrivo della palla – anche qualche istante prima che la racchetta di Federer la colpisca – in base all'orientamento della racchetta, alla posizione del corpo e al movimento.[13]

La migliore comprensione emerge in termini non di movimenti, ma di stati sensoriali (traiettoria e velocità della palla) previsti sulla base di altri stati sensoriali (orientamento della racchetta, posizione del corpo). Se ciò che si cerca di prevedere è sensoriale, e se le informazioni pertinenti per formulare questa previsione sono sensoriali, perché prendersi il disturbo di simulare qualcosa nel sistema motorio? Perché non apprendere direttamente soltanto le associazioni tra stati sensoriali, come la relazione tra l'orientamento osservato della racchetta e la risultante traiettoria della palla?

Iacoboni descrive la sua conoscenza più profonda in termini sensoriali per una buona ragione: le generalizzazioni pertinenti non sono motorie. Consideriamo l'azione dei neuroni specchio più studiata, l'AFFERRARE. Come hanno fatto notare correttamente gli stessi teorici dei neuroni specchio, si può afferrare con la mano, con le labbra, con le braccia, con i piedi, con un gran numero di attrezzi o macchine e con la mente. Inoltre, si possono afferrare oggetti grandi o piccoli, alti o bassi, alla propria destra o alla propria sinistra, e così via. I sostenitori della teoria motoria amano dire che la nostra comprensione di tutti questi casi è «fondata» sul sistema motorio. Ma quale rappresentazione motoria potrebbe mai coprire tutto, da un uccello che afferra un verme a un pensatore che afferra un'idea? I teorici della cognizione incarnata sostengono che sono tutti questi atti e la loro somma totale a definire il concetto (o, in alternativa, che afferrare con la mano è una sorta di ancora concettuale concreta e che tutti gli altri esempi dell'azione sono intesi come generalizzazioni di questa forma fondamentale). Bene, quindi come fa il cervello a sapere che cosa comprendere nell'operazione di somma (o quale generalizzazione formulare dalla forma fondamentale)? Il criterio non può essere la somiglianza dei movimenti, perché si può afferrare grazie a movimenti molto diversi (o a nessun movimento). Per scoprire che cosa hanno in comune tutti gli afferramenti occorre di nuovo uscire dal sistema motorio, poiché là nulla li raggruppa naturalmente, come abbiamo visto nel capitolo 6. Ciò che unisce tutti gli esempi è più astratto di qualsiasi movimento particolare. Siamo al punto di partenza. Rinviare al sistema motorio non risolve alcun problema.

L'esistenza stessa di questo libro indica che non tutti sono d'accordo con i miei argomenti che minimizzano il ruolo del sistema motorio nella comprensione del mondo. In un recente articolo teorico, Arthur Glenberg e Vittorio Gallese spiegano la visione alternativa, incentrata sul sistema motorio:

> Siamo convinti che la funzione fondamentale della cognizione sia il controllo dell'azione. Da una prospettiva evoluzionistica, è difficile immaginare qual-

siasi altra storia. In altre parole, i sistemi si evolvono perché contribuiscono alla capacità di sopravvivere e di riprodursi, e queste attività richiedono azione. Come ha osservato Rodolfo Llinas, «Il sistema nervoso è necessario soltanto per creature multicellulari che possono orchestrare ed esprimere movimenti attivi [...]». Pertanto, anche se il cervello ha straordinarie capacità di percezione, emozione e altro, queste capacità sono al servizio dell'azione.[14]

Non sono d'accordo. La funzione fondamentale della cognizione non è controllare l'azione. È accrescere la probabilità della sopravvivenza e della riproduzione (su questa parte Glenberg e Gallese hanno ragione). I sistemi coinvolti nella «percezione, emozione e altro» non sono al servizio dell'azione. Sono al servizio della sopravvivenza e della riproduzione. Glenberg e Gallese sono colpiti, giustamente, dal fatto che la sensazione non è molto utile senza azione, però ignorano che l'azione è inutile, anzi impossibile, senza sensazione. La cognizione, che nell'accezione più generale comprende la percezione e l'azione, è un sistema, che in ogni sua parte si è evoluto sotto la spinta di pressioni evolutive. L'evoluzione non ha dato forma separatamente al sistema motorio, non avrebbe potuto farlo.

Dove capiamo?

Dato che il sistema motorio non rappresenta la semantica delle azioni, si potrebbe essere tentati di dedurne che il significato emerge nei sistemi sensoriali, ma neanche questo è vero, quanto meno non in un senso semplice. Tutti i problemi che abbiamo incontrato sul versante motorio si presentano anche su quello sensoriale. Quando vediamo un uccello afferrare un verme o il cliente di un supermarket afferrare una lattina di ceci, quali caratteristiche percettive definiscono l'azione in modo tale da farci riconoscere entrambi i casi come esempi della stessa azione? Dal punto di vista percettivo, i due eventi sono piuttosto diversi.

Questo è un problema generale nella scienza della percezione. Pensate alla variabilità fisica delle dimensioni, delle forme, dei colori e delle posizioni degli oggetti che classifichiamo come tazze, sedie o cani, a tutte le diverse angolazioni da cui possiamo osservare questi oggetti e a tutti i modi in cui possono essere parzialmente nascosti o resi poco visibili da altri oggetti o da ombre; nonostante tutto ciò, noi li riconosciamo. Inoltre possiamo riconoscere un oggetto alla vista, al tatto o soltanto ascoltando il suono che emette. Le categorie di azioni (AFFERRARE, SALTARE, CALCIARE) o di oggetti (CANI, SEDIE, VEICOLI) non possono essere definite da caratteristiche sensoriali di basso livello, non più di quanto possano essere definite da caratteristiche motorie di basso livello; a quel livello di analisi, vi è troppa variabilità. Il nucleo del significato di un'azione o di un oggetto deve essere qualcosa di più astratto che trascende i dettagli fisici di basso livello e persino il sistema sensoriale e il sistema motorio.

Vi è poi il gran numero di concetti astratti come ASTRATTO, CONCETTO, SUGGERIRE, per citarne tre utilizzati in queste pagine, che sono difficili da collegare ai sistemi sensomotori. Questa è una delle ragioni per cui le teorie classiche della conoscenza concettuale facevano appello a un sistema astratto che non è legato a una particolare modalità sensoriale o di azione.

Un quadro di riferimento per la conoscenza concettuale

Come riassumere tutto ciò? È una situazione che confonde. In queste pagine ho sostenuto che i sistemi motori non rappresentano la nostra comprensione del mondo, quindi neanche la nostra comprensione delle azioni. Nella prima parte di questo capitolo, ho cercato di illustrare come i sistemi sensoriali siano assolutamente fondamentali per dare scopi al sistema motorio: forniscono i bersagli per le azioni e un feedback determinante sulle conseguenze delle azioni. Ciò suggerisce che per scoprire la base neurale della comprensione dovremmo rivolgerci ai sistemi sensoriali. Però è altrettanto ragionevole credere che i sistemi di conoscenza concettuale astraggano da tutti i dettagli sensoriali, e persino dalle modalità sensoriali. Dobbiamo elaborare una teoria che trascenda i sistemi sensoriali e motori, il che ci conduce a un modello classico «a sandwich» dell'organizzazione concettuale. Tuttavia, come abbiamo visto nel capitolo precedente, è probabile che questa posizione sia troppo forte; alcuni dettagli sensomotori influiscono chiaramente sulla nostra comprensione e sul nostro modo di ragionare sul mondo, quindi abbiamo bisogno di una teoria che sia almeno parzialmente «fondata».

Non pretendo di sapere come il cervello rappresenta ed elabora la conoscenza concettuale delle azioni o di qualsiasi altro genere di informazioni – i filosofi e gli scienziati ci lavorano da secoli senza aver risolto il problema – ma credo che inserendo questi problemi in un quadro di riferimento più ampio dell'organizzazione del cervello possiamo per lo meno vedere i punti essenziali di una soluzione.

Questo quadro generale comprende due princìpi di organizzazione che sono stati temi sempre presenti nella storia delle neuroscienze. Uno è il principio dell'organizzazione gerarchica del sistema nervoso. L'altro riguarda i due diversi usi delle informazioni sensoriali da parte del cervello, discussi nel capitolo 4: per il controllo immediato dell'azione (il *come*) e per la comprensione (il *che cosa*). Li prendiamo in esame uno alla volta.

PRINCIPIO I: ORGANIZZAZIONE GERARCHICA

I riflessi sono controllati da circuiti sensomotori relativamente semplici gestiti al livello del midollo spinale. Il riflesso rotuleo, per esempio, funziona in questo modo: il colpo leggero del martelletto del medico fa allungare il tendine del ginocchio che stimola i recettori sensoriali nel muscolo della gamba → queste cellule sensoriali formano sinapsi con neuroni motori nel midollo spinale in modo diretto e indiretto (attraverso gli interneuroni, anche questi nel midollo spinale) → le cellule motorie del midollo spinale inviano segnali ai muscoli, facendo muovere la gamba. I riflessi sono molto utili per impedire lesioni dovute a urti, bruciature e sforzi improvvisi e inaspettati, ma sicuramente non ci aiutano a non lasciar cadere un piatto bollente quando iniziamo a sentire il calore nelle mani. Per annullare i riflessi, e poter quindi avere un comportamento più *flessibile*, abbiamo bisogno di circuiti di livello superiore che possano capire che tutto sommato è un disastro maggiore lasciar cader il piatto che continuare a reggerlo. Sono stati individuati diversi livelli di circuiti sensomotori, che formano anelli primari e secondari dal tronco encefalico fino alla corteccia cerebrale.

Se esaminiamo i sistemi sensoriali e motori nella corteccia, troviamo un numero di livelli gerarchici persino maggiore.[15] Le cellule nei primi stadi corticali di elaborazione visiva, come quelle della corteccia visiva primaria, rispondono bene a stimoli semplici come barrette luminose con un orientamento particolare che compaiono in punti particolari del campo visivo; sono sensibili a caratteristiche visive di livello relativamente basso. Procedendo di molti stadi di elaborazione nel sistema corticale (in altre aree visive), troviamo che le cellule rispondono preferenzialmente a stimoli visivi più complessi come i volti o altri stimoli associati a oggetti. La posizione precisa dell'oggetto nel campo visivo conta meno, rispetto alla grandezza dello stimolo (cioè alla grandezza dell'immagine retinica), il che fa pensare che esista un codice o una rappresentazione di livello superiore che viene astratta dai dettagli – un volto è un volto che si trovi alla nostra destra o alla nostra sinistra, vicino o lontano. Anche lo schema di connettività tra le varie regioni di questi sistemi avvalora l'idea di un'organizzazione gerarchica.[16]

PRINCIPIO II: FLUSSI DI ELABORAZIONE DISTINTI PER IL CHE COSA E PER IL COME

Come abbiamo visto nel capitolo 4, il cervello esegue due diversi compiti computazionali con lo stesso input sensoriale: riconoscere *che cosa* viene percepito e riconoscere *come* reagire sul piano motorio. La sostanza della questione è che le proprietà sensoriali più importanti per il *che cosa* e per il *come* sono diverse, in realtà complementari, ed è per questo che abbiamo bisogno di due sistemi, uno per ciascun compito computazionale. Per riconoscere che una tazza è una tazza, il sistema visivo deve ignorare le dimensioni assolute, l'orientamento, i dettagli della forma, la distanza dall'osservatore e così via. Il riconoscimento richiede invece al sistema di estrarre le caratteristiche *invarianti* che fanno di una tazza una tazza. Per raggiungere e afferrare la stessa tazza, tuttavia, il sistema visivo deve prestare molta attenzione ai dettagli precisi; estrarre soltanto caratteristiche invarianti non aiuta a codificare la traiettoria del braccio verso la posizione della tazza né a orientare e a disporre la mano nella maniera appropriata. Inoltre, per riuscire a raggiungere la tazza e ad afferrarla non è necessario riconoscere l'oggetto. Sir Isaac Newton, se potesse infilarsi in un *wormhole* e sbucare nel mio soggiorno, potrebbe afferrare il mio telecomando esattamente come faccio io pur non avendo la minima idea di che cos'è. È opportuno ricordare che nel cervello i flussi del *che cosa* e del *come* sono in gran parte isolati, rispettivamente in un flusso ventrale del lobo temporale e in un flusso dorsale del lobo parietale.

In che modo questi due princìpi danno forma a una soluzione possibile per il problema della natura della conoscenza concettuale? Iniziamo formulando chiaramente il problema, che deriva da una tensione tra il bisogno di astrazione nella conoscenza concettuale e le numerose osservazioni del fatto che almeno una parte della nostra conoscenza non è distinta dall'esperienza sensoriale e motoria. Questa tensione può essere descritta succintamente in modi diversi. Eccone uno:

- Da una parte, sostenere che una teoria della conoscenza concettuale delle azioni o di qualsiasi altro genere di informazioni debba essere totalmente avulsa dai sistemi sensoriali e motori è una posizione troppo forte. Quando richiamiamo alla mente ciò che sappiamo dei leoni, delle canzoni dei Led Zeppelin o del surf, non possiamo fare a meno di rivivere almeno una parte delle esperienze sensoriali e motorie associate, come hanno mostrato ottimi studi comportamentali e di *imaging* cerebrale.
- Dall'altra parte, ciò che definisce davvero questi concetti non è collegato a esperienze particolari; il nucleo del significato è astratto da tutte le esperienze sensoriali e motorie. Nei copricapi stilizzati della versione teatrale del *Re Leone* possiamo riconoscere dei leoni e in un insieme di stelle la costellazione del Leone, le versioni *muzak* di *Stairway to Heaven* e di *Black Dog* si possono ancora considerare brani musicali degli Zeppelin (beh, più o meno) e la frase «surfare sul web» mostra che il significato di questo verbo non è necessariamente collegato alle onde o all'acqua.

Oppure, da una prospettiva leggermente diversa:

- I sistemi sensoriali e motori sono intrecciati tanto strettamente che ha poco senso considerarli come fette distinte di input e output separate da un ripieno di carne cognitivo.

– Tuttavia, non possiamo indicare nessuna particolare rappresentazione motoria o sensoriale conforme alla portata della conoscenza concettuale.

I princìpi dell'organizzazione gerarchica e dei due flussi allentano la tensione permettendoci di avere la botte piena e la moglie ubriaca. Nel flusso dorsale, i sistemi sensoriali e motori sono per forza di cose strettamente collegati e una volta attivati effettuano le loro computazioni in modo *per lo più* automatico, senza un intervento sostanziale di domini cognitivi di livello superiore – nel senso che non dobbiamo pensare a quali configurazioni di contrazione/rilassamento dobbiamo generare nei muscoli delle braccia e del torso per raggiungere con la mano una tazza di caffè. Una volta deciso di farlo, le caratteristiche sensoriali della forma, delle dimensioni, dell'orientamento e della distanza, insieme alle informazioni propriocettive sulla posizione del corpo, possono essere trasformate automaticamente nell'esecuzione dell'atto. Non c'è un sandwich cognitivo nel flusso dorsale; i processi sensoriali e motori funzionano come un sistema unitario.

Per prendere la decisione di raggiungere la tazza, tuttavia, il sistema deve fare qualcosa di diverso: deve riconoscere che l'oggetto è una tazza e non uno spargisale, per esempio, che il suo contesto spaziale e temporale indica che contiene caffè (anche se non possiamo vedere il liquido dentro la tazza) e che la tazza è socialmente accettabile come bersaglio dell'azione (non è di qualcun altro, per esempio); tutte queste informazioni, inoltre, devono essere collegate a stati interni come l'attuale desiderio di caffè. Per eseguire questo insieme di operazioni è necessario avere accesso a una conoscenza stabile, più astratta, per sapere che aspetto hanno le tazze di caffè, che sapore ha il caffè, se berlo provoca piacere o soltanto agitazione, quali convenzioni sociali si applicano all'azione di afferrare tazze di caffè, se il caffè, dato il tempo in cui è rimasto nella tazza, probabilmente sarà troppo caldo, troppo freddo, o della giusta temperatura, e così via. In altre parole, il potenziale bersaglio di azione deve essere interpretato e compreso – la funzione del flusso ventrale. Ora abbiamo una sorta di sandwich cognitivo: le informazioni sensoriali vengono elaborate e collegate alla conoscenza memorizzata relativa all'attuale situazione, viene presa la decisione di agire sulla base di queste informazioni e il sistema (senso)motorio viene attivato, oppure no.

Possiamo pensare a questi due sistemi come a livelli diversi nella gerarchia sensomotoria nell'ambito dell'intero sistema nervoso. Il flusso dorsale controlla l'azione a un livello più diretto, inferiore. Più simile a un riflesso, non gli importa se l'azione è rivolta a una tazza o a uno spargisale – è qualcosa che esula dal suo compito; tutto ciò che gli interessa è che l'esecuzione dell'azione sul bersaglio sia scorrevole e coronata da successo. Anche in ciò simile a un riflesso, in gran parte questo sistema è inconscio. Se le condizioni dell'azione cambiano improvvisamente – se il bersaglio viene spostato o il nostro braccio incontra un ostacolo – il sistema del flusso dorsale modifica automaticamente la traiettoria del movimento con una facilità che è difficile ottenere nei robot.[17] Tutto ciò non vuol dire che il flusso dorsale non sia soggetto ad alcuna influenza. Come un riflesso algico di basso livello può essere contrastato da un controllo di livello superiore, così nell'azione simile a un riflesso composta di movimenti complessi controllati dal flusso dorsale possono interferire sistemi «cognitivi» di livello superiore. Questa interferenza è esattamente ciò che cerchiamo di evitare quando preparandoci a un tiro a golf diciamo: «Ci sto pensando troppo», o quando il nostro allenatore ci consiglia: «Lascia andare il colpo, i tuoi muscoli sanno cosa fare».

Il flusso ventrale, d'altra parte, controlla l'azione (o la mancanza di azione) a un livello superiore, più indiretto. Invece di agire in maniera riflessa su un bersaglio, questo sistema *valuta* le *affordances* per agire, per usare il termine di James Gibson, usando ricordi lontani di esperienze passate per classificare e riconoscere oggetti e per integrarli nel contesto ambientale e nel nostro stato interno, e poi usa queste informazioni per decidere se agire ora, più tardi o mai. È questo sistema a permettere la nostra incredibile flessibilità di comportamento.[18] Anche quando desideriamo ardentemente un caffè, possiamo trattenerci dall'afferrare la tazza per innumerevoli ragioni: appartiene a qualcun altro, ne sta arrivando un'altra appena riempita, ci farà venire mal di stomaco eccetera. Questo sistema è più accessibile alla riflessione cosciente e pertanto è un po' più lento e laborioso, meno automatico.

La capacità di produrre movimenti adattabili e complessi richiede quindi due tipi di sistemi sensoriali: uno che registra le caratteristiche percettive dell'ambiente che sono necessarie per guidare l'azione *ora* e l'altro che valuta le opportunità di azione alla luce dello stato attuale e della storia passata (memoria) dell'organismo e poi decide se e come agire.

Questa doppia architettura spiega perché è comprovato che i sistemi sensoriali e motori sono collegati in modo tanto stretto da essere quasi inseparabili, con poca mediazione «cognitiva» nel mezzo; nel flusso dorsale la situazione è esattamente questa. D'altro canto, essa spiega anche perché abbiamo prove del fatto che la conoscenza concettuale trascende i particolari sensoriali e motori: l'astrazione e l'integrazione con altre fonti di informazioni sono ciò che fa il flusso ventrale.

Non abbiamo ancora spiegato perché alcuni sistemi sensoriali o motori di livello piuttosto basso sembrano avere un ruolo per lo meno in alcuni aspetti della conoscenza concettuale, perché la corteccia uditiva si attiva quando pensiamo a una canzone e così via. In altre parole, perché tutta la conoscenza concettuale non è rappresentata altrettanto astrattamente al di fuori delle modalità sensoriali e motorie? La risposta ha a che fare con l'organizzazione gerarchica della conoscenza e con i sistemi neurali su cui si basa.

Se vi mostrassi una fotografia di un gatto e vi domandassi che cos'è, molto probabilmente direste «un gatto». Per gli scienziati cognitivi si tratta della *categoria basilare* dell'oggetto, poiché è il sostantivo più comune che viene in mente alle persone per descriverlo. Un gatto però appartiene anche a una serie di categorie sempre più astratte come ANIMALE DA COMPAGNIA, FELINO, ANIMALE ed ESSERE VIVENTE. Però possiamo anche pensare che sia un gatto domestico, un gatto abissino o il gatto Felix dei fumetti. Un punto importante è che a seconda di come concettualizziamo l'oggetto, ciò che gli associamo concettualmente varia. In quanto animale da compagnia, il nostro gatto è associato ai cani, agli uccelli e ai criceti. In quanto felino, è in compagnia di leoni, tigri e ocelot. È una questione pertinente, perché queste relazioni concettuali hanno effetto sul comportamento: noi decidiamo e ragioniamo usando informazioni sull'appartenenza alle categorie. Se sappiamo qualcosa di un gatto – per esempio, che inarca la schiena prima di balzare sulla preda – è ragionevolmente sicuro scommettere che anche gli altri gatti hanno questo comportamento. È una scorciatoia cognitiva per comprendere e prevedere eventi del mondo: anche se non abbiamo mai visto una tigre, la nostra esperienza con i gatti domestici è utile per prevedere il comportamento del gatto della giungla. Analogamente, se abbiamo esperienza di animali da compagnia, possiamo generalizzare ciò che sappiamo applicandolo a un nuovo animale da compagnia che possiamo incontrare, per esempio immaginando che probabilmente è *relativamente* mansueto, persino se l'animale in questione è una tigre.

Se le categorie sono organizzate gerarchicamente e se le informazioni categoriali sono importanti per l'attività cognitiva di deduzione e ragionamento, ciò implica che il sistema cerebrale di conoscenza concettuale è organizzato gerarchicamente ed è sfaccettato. Non esiste una sola rappresentazione concettuale di GATTO che sia del tutto astratta (come nella concezione classica) o completamente collegata a caratteristiche percettive o motorie (come nella concezione incarnata). Piuttosto, a un gatto si può pensare in più modi e ciò si riflette nei diversi livelli di reti concettuali, e nelle loro diverse associazioni, a cui è collegata la nostra conoscenza (gatti abissini, animali da compagnia, felini, animali, personaggi dei fumetti, esseri viventi). A seconda del contesto del compito cognitivo in questione – decidere che cosa fare incontrando una tigre nella giungla o una tigre tenuta al guinzaglio in un circo – sfruttiamo livelli diversi o parti diverse di quelle reti di conoscenza per fare le nostre deduzioni e ragionare sul problema.

Sin qui, tutto bene. Tuttavia i livelli concettuali di cui stiamo parlando sono ancora abbastanza astratti, anche per Felix, che può assumere forme diverse. Come spieghiamo perché a volte quando pensiamo a una canzone o a un gatto vengono coinvolte regioni sensoriali o motorie di basso livello? Immaginatevi un gatto. No, non un vecchio gatto generico, ma un gatto particolare in una posa specifica. Quanti baffi ha? Data la sua particolare posa nella vostra immagine mentale, li potete vedere tutti o alcuni sono nascosti? Qual è l'inclinazione rispetto al pavimento del baffo più in alto tra quelli visibili? Quando pensiamo ad aspetti del nostro mondo, possiamo pensare astrattamente in funzione di categorie (GATTI, ANIMALI DA COMPAGNIA, ANIMALI), oppure possiamo pensare a dettagli specifici. Alcuni di questi dettagli, se venissero analizzati percettivamente, comporterebbero livelli di elaborazione piuttosto bassi.

Ora abbiamo tutti gli ingredienti per spiegare sia il coinvolgimento di sistemi sensoriali e motori di basso livello nella «cognizione», sia il fatto che gli esseri umani formano categorie astratte. Questi ingredienti sono (1) l'organizzazione gerarchica della conoscenza concettuale, che può riguardare qualsiasi cosa, dalle caratteristiche percettive di basso livello alle categorie molto astratte, e (2) l'organizzazione gerarchica dei sistemi cerebrali percettivi e motori, che codificano qualsiasi cosa, dalle caratteristiche percettive di basso livello (linee e contorni) alle categorie molto astratte (VOLTI). Se supponiamo che i sistemi percettivi e motori facciano parte del sistema concettuale, come sostengono i teorici della cognizione incarnata, mescoliamo i due ingredienti e costruiamo un modello ibrido di organizzazione concettuale che comprende tanto i sistemi sensoriali e motori di basso livello quanto le categorie astratte. Facciamo riferimento a rappresentazioni di basso livello quando pensiamo a dettagli particolari e a rappresentazioni più astratte, di livello superiore, quando pensiamo in maniera più astratta. Il fatto che l'area della corteccia motoria che controlla la mano si attivi quando pensiamo di afferrare una tazza non significa che il concetto di AFFERRARE in generale sia codificato nella corteccia motoria primaria; tutto ciò che significa è che possiamo pensare (immaginare mentalmente) i dettagli di un caso particolare di afferramento. Il concetto più astratto di AFFERRARE, che comprende molte possibilità motorie, molti potenziali agenti e molti oggetti e anche molte idee, probabilmente è codificato a un livello molto superiore e in un sistema che non deve preoccuparsi dei particolari del controllo di un caso specifico di afferramento.

Base empirica a sostegno di un modello ibrido di conoscenza concettuale

I dati confermano questo modello gerarchico, ibrido, della rappresentazione concettuale. Abbiamo già discusso molti risultati che indicano che le regioni sensomotorie di basso livello si attivano quando pensiamo a dettagli. Esistono anche prove di un sistema più astratto non legato a una particolare modalità sensomotoria? Ebbene sì. Una ponderosa rassegna degli studi di *imaging* in relazione al «sistema semantico» lo sostiene in maniera piuttosto convincente.

Un gruppo diretto dal neurologo Jeffrey Binder del Medical College del Wisconsin ha esaminato singolarmente gli abstract di più di 2800 articoli scientifici pubblicati che descrivono studi di *imaging* funzionale (fMRI e PET) sull'elaborazione concettuale e ne ha recensiti in maniera approfondita 520.[19] L'insieme è stato poi ridotto a 120 articoli che soddisfano i criteri stabiliti dai ricercatori per l'inclusione in una metanalisi più dettagliata. I criteri erano mirati a escludere l'influenza della difficoltà complessiva del compito e dei processi decisionali sugli schemi di attivazione cerebrale e a garantire che gli studi avessero compiuto i controlli adeguati per individuare elaborazioni sensoriali e motorie di basso livello non pertinenti. Per citare un problema, se uno studio misura l'attività cerebrale legata alla valutazione semantica di immagini (per esempio, premere un pulsante se l'immagine rappresenta un essere vivente e un altro pulsante se rappresenta un manufatto) e confronta lo schema di attivazione con una condizione «di riposo» (starsene tranquillamente sdraiati dentro lo scanner «senza fare nulla»), il controllo non è sufficiente. Il compito semantico e la situazione di riferimento differiscono in termini non solo di elaborazione semantica, ma anche di stimolazione sensoriale (vedere immagini) e di esecuzione motoria (premere pulsanti), fattori che hanno poco a che vedere con il pensare al significato di ciò che rappresenta un'immagine. È indubbio che in uno studio simile la corteccia visiva e la corteccia motoria si attivano anche se non partecipano all'elaborazione semantica. L'équipe di Binder ha escluso gli studi di questo genere, considerando soltanto quelli che mettono a confronto vari tipi di elaborazione semantica, per esempio paragonando stimoli significativi a stimoli privi di significato, azioni a oggetti, animali ad attrezzi.

Da questi studi i ricercatori hanno raccolto 1135 siti di attivazione associati a elaborazioni semantiche. Negli studi di *imaging* cerebrale, è usuale normalizzare l'immagine cerebrale di ciascun soggetto in uno spazio standard comune e descrivere le attivazioni in funzione delle coordinate x, y e z in quello spazio. Ciò permette ai ricercatori di eseguire metanalisi in cui gli schemi di attivazione di tutti gli studi possono essere raggruppati in una gigantesca analisi che separa statisticamente in maniera affidabile le attivazioni osservate da quelle spurie.

Dopo aver proceduto esattamente in questo modo, Binder e collaboratori hanno individuato una rete di aree corticali che partecipano all'elaborazione semantica concettuale, come l'hanno definita. In questa rete spiccava l'assenza delle più importanti aree di tessuto che corrispondono al sistema sensoriale e al sistema motorio. In realtà, se si prende un disegno del cervello e si colorano tutte le regioni solitamente associate all'elaborazione visiva, uditiva, somatosensoriale e motoria – comprese non solo quelle «primarie», ma anche tutte le regioni sensoriali e motorie estese – il «sistema semantico» del gruppo di Binder si trova quasi esclusivamente nelle aree non colorate, cioè nelle regioni che spesso vanno sotto il nome di *corteccia associativa eteromodale*, non legata a una particolare modalità sensoriale o motoria. I ricercatori hanno concluso che le loro «osservazioni confermano una generale distinzione tra il sistema concettuale e il sistema percettivo del cervello». Anche se riconoscono che i sistemi sensoriali e motori possono avere qualche ruolo difficile da rilevare che potrebbe essere sfuggito alla loro analisi, è chiaro dal loro lavoro che la maggior parte del sistema semantico concettuale, *invocato nei compiti esaminati*, non sta nella corteccia sensomotoria.

Il fatto che i processi semantici concettuali possono coinvolgere rappresentazioni astratte non legate a particolari modalità sensomotorie è stato messo in luce anche da un altro approccio, scoperto per una fortunata casualità. L'attore comico Steven Wright ha espresso questa osservazione fondamentale quando ha detto: «Stavo cercando di sognare a occhi aperti, ma la mente continuava a vagare». Ora farò una breve digressione per spiegare bene questa idea.

Un tempo si pensava, o quanto meno alcuni pensavano, che il cervello potesse davvero riposare, come un muscolo, attivandosi soltanto quando viene risvegliato da un compito.[20] Se consideriamo la fisiologia del cervello, capiamo che non è vero. I neuroni non diventano silenti quando non sono «in uso»; molto semplicemente, la loro frequenza di scarica ha un certo valore di base che poi viene modulato nelle varie condizioni «attive». Le onde cerebrali non diventano piatte quando si dice ai soggetti degli esperimenti di rilassarsi e riposarsi, ma continuano a oscillare e a tremolare. Per convincervi che il vostro cervello non riposa mai davvero, provate a non pensare a nulla per trenta secondi. È notevolmente difficile, forse impossibile. Anche negli stati meditativi – che richiedono un *allenamento*, a differenza degli stati *vegetativi* di chi sta ore e ore incollato davanti alla TV, che non ne hanno affatto bisogno – l'attenzione è rivolta a qualcosa, che sia un oggetto, il proprio respiro, un mantra o una illimitata consapevolezza interiore. Il necessario lavoro fisiologico del cervello è evidente nelle tracce EEG e negli schemi di attivazione PET/fMRI.[21] Gli autori di un recente studio di fMRI sulla meditazione hanno osservato che «chi praticava la meditazione da molto tempo [...] presentava un'attivazione significativamente più costante e prolungata [...] durante la meditazione [...] in confronto ai principianti».[22] Pensare a «nulla» potrebbe equivalere a pensare a qualcosa in maniera molto concentrata.

L'irrequietezza del cervello è un problema per molti studi di *imaging* cerebrale perché spesso confrontiamo l'attività associata al compito o allo stimolo in questione con il «riposo», una condizione in cui chiediamo ai partecipanti di «non fare nulla» e «svuotare la mente». Non funziona. Quando presero ad affluire i dati degli studi di *imaging* funzionale, negli anni ottanta e novanta, si iniziò a osservare regolarmente un identico fenomeno in molti studi di vario genere: una rete comune di aree cerebrali era più attiva durante il periodo di «riposo» di quanto lo fosse nelle diverse condizioni di esecuzione di un compito o di presentazione di stimoli, spesso sensoriali o motori. Queste *deattivazioni*, come venivano chiamate, di solito erano tenute in poco conto dai ricercatori (anche da me!) poiché eravamo tutti concentrati sulle regioni cerebrali in cui l'attività durante le condizioni di compiti o di stimoli *aumentava* rispetto ai valori di riferimento, non su quelle in cui *diminuiva*.

Alcuni ricercatori, però, si domandarono se non ci stesse sfuggendo qualcosa di importante.

Jeffrey Binder fu uno dei primi a preoccuparsi di che cosa riflettessero le deattivazioni. Si imbatté in lavori psicologici precedenti che indicavano che il flusso di coscienza tende a vagare quando l'ambiente esterno è costante e prevedibile (cioè quando siamo annoiati). Di fronte a un compito da svolgere o a un nuovo stimolo, tuttavia, il vagare della mente cessa. Binder sospettava che gli schemi di attivazione cerebrale durante il «riposo» riflettessero il vagare della mente e realizzò un esperimento per confermare questa intuizione. Il gruppo di Binder mostrò che la rete di aree cerebrali che si attiva durante il «riposo» relativamente a compiti attivi è essenzialmente la stessa rete che si attiva durante un compito semantico-concettuale, distinto da un compito semantico non concettuale. In altre parole, il cervello nello stato di «riposo» non sta riposando, ma sta elaborando attivamente informazioni significative, sta sognando a occhi aperti, sta *pensando*.[23]

Questo fenomeno è diventato un argomento di studio appassionante nelle neuroscienze cognitive e la rete in questione è stata chiamata *rete di default*.[24] Rimangono opinioni discordanti su che cosa sia esattamente – se si tratti di una sola rete o di molte, se sia più corretto descriverlo come un sistema di memoria autobiografica, un sistema semantico, un qualche genere di sistema di monitoraggio, oppure come la base neurale della teoria della mente (la nostra capacità di riconoscere che anche gli altri hanno una mente) – ma è del tutto chiaro che, qualunque cosa sia, è qualcosa di livello piuttosto alto, si attiva quando nell'ambiente esterno non succede granché, si disattiva quando è necessario concentrare l'attenzione sull'ambiente esterno e occupa gran parte del territorio della corteccia cerebrale.[25]

Qual è il succo di questa digressione? Le persone hanno una rete cerebrale che si attiva «quando sono impegnate in compiti rivolti verso l'interno, come recuperare ricordi autobiografici, prevedere il futuro e immaginare il punto di vista altrui», per citare le parole dello psicologo di Harvard Randy Buckner e dei suoi collaboratori.[26] In base a tutti gli studi, questo genere di pensiero, indipendentemente da come lo si chiami, è coinvolto nell'elaborazione di informazioni significative sulle proprie esperienze. Questa stessa rete è colpita in maniera particolarmente grave dalla degenerazione neurale che si verifica per il morbo di Alzheimer, una malattia che lede la capacità di ricordare e pensare le esperienze, gli eventi, i nomi, i luoghi, le parole e così via – tutte le cose che danno significato alla vita.[27] Un punto cruciale, per i nostri scopi, è che questa rete *non* comprende i sistemi che reagiscono durante l'interazione immediata con l'ambiente esterno. A quanto pare, la nostra conoscenza del mondo e le nostre esperienze personali nel mondo dipendono dall'integrità di una rete di alto livello che è in gran parte distinta dai nostri sistemi sensoriali e motori. Ciò non significa che questi sistemi non contengano o non possano contenere informazioni utili, però fa capire bene che buona parte del nostro mondo mentale coinvolge sistemi corticali di livello piuttosto alto che non fanno parte di modalità sensoriali e motorie particolari.

Il punto principale è quindi l'organizzazione gerarchica della conoscenza concettuale. Abbiamo una conoscenza sensoriale e motoria più specifica dei dettagli di basso livello delle nostre esperienze codificata in livelli altrettanto bassi della gerarchia corticale e abbiamo una conoscenza più generale del mondo immagazzinata in sistemi corticali di livello superiore, e presumibilmente in un insieme di livelli intermedi. Possiamo quindi accedere a livelli diversi di questa rete gerarchica a seconda del compito che dobbiamo svolgere. Le rappresentazioni molto astratte e le rappresentazioni concettuali fondate possono coesistere.

Verso una base neurale della comprensione delle azioni

Avendo in mente questo quadro generale, possiamo delineare una visione alternativa della comprensione delle azioni, non incentrata sui neuroni specchio. Iniziamo considerando la base neurale della nostra conoscenza degli oggetti (per esempio, FRUTTA, ATTREZZI, ANIMALI), che si trova da qualche parte tra le proprietà di basso livello e la conoscenza concettuale iperastratta. I concetti di oggetti sono quindi un buon modello per i concetti di azioni.

Decenni di ricerche sul fondamento neurale dei concetti di oggetti hanno portato a un punto di accordo tra i ricercatori: i concetti di oggetti risiedono nei lobi temporali.[28] Lo sappiamo perché un danno a questa regione provoca deficit di riconoscimento degli oggetti. Come sia organizzato esattamente il sistema nei lobi temporali è ancora oggetto di dibattito. Un problema fondamentale è come spiegare il fatto, notato nel capitolo precedente, che i deficit possono essere selettivi nei confronti di una data categoria di oggetti (per esempio, ANIMALI ma non FRUTTA E VERDURA). Secondo alcuni autori, come il neuroscienziato Alex Martin dei National Institutes of Health, l'organizzazione del sistema si basa su caratteristiche percettive (forma, colore, movimento), mentre secondo altri, come Alfonso Caramazza dell'Università di Harvard, si basa su categorie funzionali, in particolare quelle evolutivamente importanti (ANIMALI, PIANTE, VOLTI e forse ATTREZZI).[29] Questo dibattito non ha molto a che fare con la nostra discussione. Un altro punto controverso è dove si trovino esattamente le reti in questione nel lobo temporale. I dati degli studi di *imaging* funzionale mostrano il coinvolgimento delle regioni posteriori del lobo temporale. Quasi ogni volta che si domanda ai soggetti di questo genere di studi di eseguire un compito concettuale che ha a che fare con oggetti o nomi di oggetti, si rilevano attivazioni che coinvolgono la parte posteriore del giro temporale medio.[30] Per contro, i dati provenienti da un'altra fonte, la malattia degenerativa nota come demenza semantica, hanno rilevato il coinvolgimento di regioni più anteriori del lobo temporale.[31]

La demenza semantica è una malattia neurologica molto affascinante dal punto di vista scientifico, seppur devastante per le persone che ne sono affette. È un sottotipo della classe delle cosiddette afasie progressive primarie, malattie degenerative simili all'Alzheimer che colpiscono in particolare i sistemi concettuali e del linguaggio.[32] I primi sintomi che si presentano nella variante semantica sono la difficoltà a nominare gli oggetti e a comprendere singole parole, da qui il collegamento con l'afasia. Via via che la malattia progredisce, tuttavia, i pazienti sembrano perdere proprio i concetti stessi degli oggetti.

In un articolo fondativo pubblicato nel 2007, il neurologo John Hodges e la psicologa Karalyn Patterson hanno illustrato la degenerazione della conoscenza delle parole descrivendo le prestazioni dei pazienti nel compito di nominare gli oggetti in una serie di visite al laboratorio.[33] Agli inizi, le risposte sbagliate sono semanticamente vicine e allo stesso livello rispetto al bersaglio: la zebra è una «giraffa», lo struzzo è un «cigno», la formica è «un uccello», uno stivale è «un calzino». Con il progredire della malattia, gli errori tendono a spostarsi verso nomi più comuni della stessa categoria o nomi di categorie più fondamentali: la zebra è «un cavallo», lo struzzo è «un uccello», la formica diventa «un animale». Negli stadi avanzati, le risposte più frequenti sono «una cosa», «qualcosa» e «non lo so». E il problema non si presenta soltanto con le parole o le immagini. Invitati a copiare il disegno di un pavone, i pazienti riescono a produrre una copia facilmente riconoscibile, ma dieci secondi dopo, alla richiesta di ridisegnarlo, il pavone si trasforma in un animale diverso, con quattro zampe e una folta coda, proprio come le risposte nel compito di nominare trasformano un oggetto (la zebra) in un altro, spesso più comune (il cavallo). Invitati a ripetere una parola complicata come *ippopotamo*, i soggetti la ripetono alla perfezione, ma dovendo spiegare che cos'è un ippopotamo forniscono risposte come «Penso di aver sentito parlare di un ippopotamo, ma non so dire che cos'è». È come se i concetti nel corso del tempo scomparissero in una nebbia neurale.

È possibile seguire la degenerazione neurale nella demenza semantica usando metodi di *imaging* che valutano i cambiamenti di atrofia della corteccia cerebrale, del flusso ematico e della connettività. Tutte queste misure indicano porzioni anteriori dei lobi temporali, regioni molto più a valle rispetto alle prime elaborazioni sensoriali e per nulla vicine alla corteccia motoria.[34] Il punto pertinente è questo. Anche se i dettagli del sistema all'interno dei lobi temporali (il flusso ventrale) sono ancora oggetto di dibattito, la maggior parte dei ricercatori conviene che la conoscenza concettuale degli oggetti coinvolge sistemi di livello moderatamente elevato e non coinvolge il sistema motorio. A causare la demenza semantica non è un danno alla corteccia visiva, uditiva o somatosensoriale primaria né alla corteccia motoria, cioè ai livelli inferiori della corteccia sensoriale o motoria. *Nessun* risultato indica che un danno a questi sistemi corticali di basso livello produce un qualunque genere di deficit concettuale collegato agli oggetti. Quando sono danneggiate aree *primarie* come queste, si osservano invece deficit focali di basso livello: un punto cieco nel campo visivo, difficoltà a distinguere suoni simili, mancanza di sensibilità o debolezza di un arto, e così via. In maniera analoga, un danno del flusso dorsale, anche quando sono presenti deficit motori di alto livello come l'aprassia degli arti, non dà luogo a demenza semantica.

Le prove neuropsicologiche sono chiare: la base neurale della conoscenza concettuale degli oggetti coinvolge in maniera essenziale i lobi temporali, non il sistema motorio.

Che cosa si può dire dei concetti di azioni come AFFERRARE, CALCIARE e LANCIARE? I teorici dei neuroni specchio e dell'incarnazione motoria sono convinti che coinvolgano il sistema specchio, in particolare l'area di Broca, o la corteccia motoria primaria. I dati non confermano questa visione e, al contrario, indicano sempre di più nei lobi temporali la sede più importante della conoscenza dei concetti di azioni. Benché uno studio condotto su un ampio gruppo di soggetti abbia descritto un'associazione tra il danno all'area di Broca e la capacità di riconoscere azioni come strimpellare una chitarra, da questo stesso studio appare chiaro che la correlazione era lungi dall'essere causativa, come si è discusso nel capitolo 4.[35] Studi successivi hanno descritto una situazione diversa. In un esperimento condotto su un gruppo di pazienti affetti da afasia progressiva primaria (un sottotipo diverso dalla demenza semantica) si è rilevata un'associazione tra deficit di riconoscimento dei gesti e degenerazione corticale nel giro temporale superiore e in una regione parietale posteriore, non nell'area di Broca.[36] Un altro studio, condotto su 43 pazienti colpiti da ictus, ha rilevato una forte associazione tra il danno alla parte posteriore del giro temporale medio e la capacità di riconoscere il significato di gesti manuali, come il gesto di martellare.[37] Inoltre, benché le ricerche sulla demenza semantica si siano concentrate soprattutto sui concetti di oggetti, in questa sindrome il deficit si estende anche ai concetti di azioni, indicando ulteriormente il coinvolgimento delle regioni del flusso ventrale nel riconoscimento delle azioni.[38]

Per correttezza va detto che alcuni studi pubblicati sembrano sostenere direttamente la visione secondo la quale il sistema motorio/specchio è alla base dei concetti di azioni. Uno dei primi è stato pubblicato nel 2003.[39] Lo studio riguardava non meno di 90 soggetti con lesioni di uno dei due emisferi; i ricercatori hanno valutato la conoscenza delle azioni di ciascun soggetto (per i dettagli si veda più avanti) e hanno collegato i deficit alla sede delle lesioni. La mappa delle lesioni responsabili presentava una forte somiglianza con la mappa del sistema specchio umano, per lo meno a prima vista: comprendeva tutta l'area di Broca, aree della corteccia motoria e la parte anteriore del lobo parietale inferiore – la regione del flusso dorsale, sensomotorio. Era compresa però anche un'altra sede di lesioni, la stessa parte posteriore della regione temporale media scoperta in studi più recenti.

Per quale ragione lo studio del 2003 potrebbe aver rilevato un tale coinvolgimento importante delle regioni del flusso dorsale e del flusso ventrale? È probabile che il problema stia nel compito, come nel caso discusso nel contesto dell'elaborazione del linguaggio nel capitolo 5. Ai soggetti di questo studio non venivano mai mostrati video di azioni complete, ma solo immagini statiche di azioni, di una persona che sbuccia una mela o una banana, o che mescola o distribuisce le carte. Il compito non consisteva nell'identificare l'azione (sbucciare o distribuire), bensì nel dedurre qualcosa riguardo all'azione. Per esempio, di fronte a due immagini, una di carte distribuite e l'altra di carte mescolate, i soggetti dovevano scegliere l'azione più rumorosa, oppure, dopo aver osservato tre immagini di azioni (come sbucciare una banana, sbucciare una mela e sollevare il coperchio di una pentola), dovevano scegliere l'azione che non aveva nulla in comune con le altre due. I compiti di questo genere richiedono operazioni cognitive per cui non è sufficiente la capacità di rappresentare il significato delle azioni, come dedurre l'azione da un'immagine statica, dedurre proprietà associate all'azione, come il rumore che potrebbe produrre, e confrontare proprietà associate a diverse azioni raffigurate. È noto da tempo che le operazioni cognitive di alto livello come queste (a volte chiamate «funzioni esecutive») – dedurre, conservare le informazioni nella «memoria di lavoro» mentre si confrontano le proprietà degli elementi di un insieme, scegliere tra risposte alternative simili – coinvolgono aree cerebrali del lobo frontale.

È quindi plausibile che i deficit nei compiti di deduzione (come stabilire quale azione produce più rumore) possano derivare almeno da due fonti: un deficit di elaborazione della conoscenza delle azioni e un deficit di realizzazione delle funzioni esecutive richieste dai compiti. Dato che la maggioranza degli studi ha rilevato lesioni nella parte posteriore del lobo temporale, è ragionevole concludere che questa regione è un nodo cruciale della rete concettuale e che le regioni frontali e motorie sono più dipendenti dal compito.

Una figura dello studio del 2003, qui riprodotta in maniera approssimativa, rafforza questa conclusione. Sono illustrate le aree cerebrali danneggiate di due diversi pazienti; in un caso vi è una lesione massiva delle aree motorie frontali, nell'altro una piccola lesione della parte posteriore del giro temporale medio. Il soggetto con la lesione più grave, nelle aree motorie, aveva difficoltà nell'eseguire uno dei due compiti (gli autori non dicono quale), e ciò indica che quanto meno in alcune condizioni l'accesso alla conoscenza delle azioni è conservata, mentre il soggetto con la lesione più piccola, alla parte posteriore del giro temporale, aveva difficoltà nell'eseguire entrambi i compiti, e ciò suggerisce la presenza di un deficit concettuale più grave.

La maggior parte dei risultati indica un modello di comprensione delle azioni in cui ha un ruolo centrale non il sistema motorio, ma la parte posteriore del lobo temporale. Non dico che questa regione sia un'isola frenologica per l'immagazzinamento della conoscenza delle azioni. È più simile a una specie di *hub*, o *zona di convergenza*, per usare l'espressione del neurologo Antonio Damasio, che collega una rete più vasta che rappresenta ed elabora le informazioni collegate alle azioni.[40]

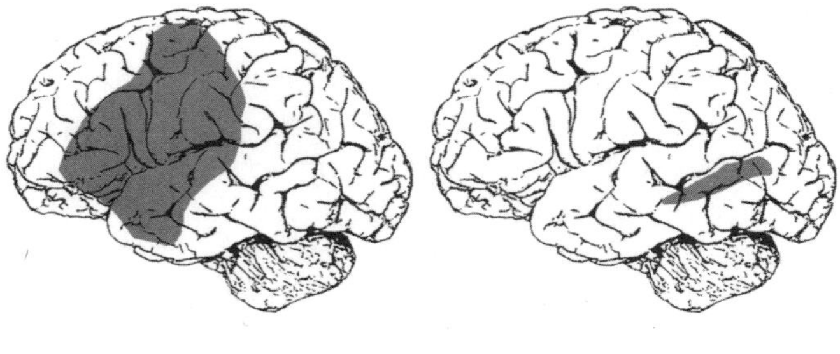

Per quale ragione il sistema motorio potrebbe essere coinvolto in compiti che richiedono «funzioni esecutive»? Spesso per questi compiti è necessaria qualche forma di memoria di lavoro, la capacità di mantenere attive e accessibili le informazioni mentre si risolve un problema. Il sistema motorio contribuisce alla memoria di lavoro fungendo da blocco per appunti. Se sentite una sequenza di numeri che dovete ricordare per un po' prima di poterli digitare sul vostro telefono, che cosa fate? Li ripetete mentalmente, ossia ricodificate i numeri nel sistema motorio per il linguaggio e ripetete il codice fino a quando potete telefonare. Non dovete ripeterli mentalmente per capirli – dopo aver sentito una sequenza di 50 numeri, sareste in grado di dire se erano soprattutto numeri piccoli o grandi – dovete soltanto reclutare il sistema motorio per conservare la particolare sequenza del numero telefonico per qualche secondo.[41] Decenni di ricerche sulla memoria di lavoro degli esseri umani e delle scimmie hanno mostrato che il lobo frontale è coinvolto in ogni genere di situazione che richiede un temporaneo mantenimento di informazioni, non solo nel ricordare i numeri di telefono.[42] Negli esseri umani, tuttavia, il linguaggio è un blocco per appunti molto comodo per informazioni di ogni tipo e quindi non dobbiamo escludere con leggerezza che la ricodifica linguistico-motoria possa essere d'aiuto in qualche compito. In realtà, potrebbe essere una spiegazione del fatto che l'area di Broca, un'area motoria del linguaggio, si attiva in moltissimi compiti che non sembrano richiedere la produzione del linguaggio: forse i soggetti dentro lo scanner stanno semplicemente parlando con sé stessi!

Questa rete più vasta probabilmente comprende la vicina area mediotemporale (MT), che da tempo sappiamo essere coinvolta nell'elaborazione visiva del movimento in generale sia nelle scimmie sia negli esseri umani. Probabilmente sono compresi anche collegamenti a conoscenze più specifiche su come i *corpi* tendono a muoversi, la cosiddetta *percezione del movimento biologico*. Gli esseri umani sono bravissimi a identificare il movimento biologico, tanto che possono farlo basandosi su poche informazioni visive. Lo psicologo svedese Gunnar Johansson lo dimostrò in maniera convincente in un articolo pubblicato nel 1973. Per lo studio descritto, Johansson piazzò una decina di toppe di nastro di materiale altamente riflettente sulle principali articolazioni di un assistente-attore e lo filmò mentre camminava sotto la luce di un potente riflettore. Accentuando al massimo il contrasto, nei filmati erano visibili soltanto i riflessi delle giunture (*punti luminosi*). I soggetti venivano invitati a descrivere che cosa vedevano nel filmato. «Al primo passo, al secondo al massimo, arriva sempre la stessa risposta spontanea: "È un essere umano che cammina!"», scrisse Johansson. (Se cercate «point-light walker» sul web, troverete molte dimostrazioni.) Lavori successivi hanno mostrato che non poche azioni sono facilmente e immediatamente riconoscibili. È una capacità notevole. Per citare Johansson, «com'è possibile che dieci punti che si muovono in contemporanea su uno schermo in modo piuttosto irregolare diano un'impressione tanto vivida e precisa di un essere umano che cammina?»

Non sappiamo ancora rispondere in modo esauriente a questa domanda, ma le ricerche neuroscientifiche che usano animazioni di punti luminosi hanno identificato la regione cerebrale coinvolta: la parte posteriore del solco temporale superiore (STS – si veda la figura a p. 42). Negli studi di *imaging* funzionale, si rileva che risponde di più ad animazioni di punti luminosi riconoscibili che a movimenti casuali delle stesse luci. Inoltre, stimolare la regione con la TMS disturba la capacità dei soggetti di riconoscere i movimenti nei filmati.[43] La stessa regione si attiva alla vista di azioni umane normali, visibili per intero, come raggiungere e afferrare oggetti, muovere le labbra e spostare lo sguardo.[44] Uno studio recente ha mostrato che l'attività della parte posteriore dell'STS mostra una straordinaria sensibilità alle azioni socialmente rilevanti: distingue tra spostamenti attesi e inattesi dello sguardo (la persona osservata guarda verso un oggetto che le è comparso davanti, oppure dalla parte opposta), distingue se la persona rivolge lo sguardo verso l'osservatore o lo distoglie e distingue tra azioni osservate che hanno o non hanno raggiunto l'obiettivo dichiarato (tentativi riusciti o falliti di infilare un anello su un bastoncino).[45] Risultati come questi hanno portato a ipotizzare che la parte posteriore dell'STS abbia «un ruolo importante nel discernere, prevedere e ragionare sulle azioni sociali e sulle intenzioni alla base di queste azioni»[46] – esattamente il tipo di funzione che dovrebbero spiegare i neuroni specchio.

Alcuni studi dell'attività di singoli neuroni dell'STS delle scimmie hanno registrato risposte molto simili. I neuroni dell'STS delle scimmie rispondono ad azioni come camminare avvicinandosi o allontanandosi, voltare la testa, comparire e scomparire alla vista, muovere le braccia e anche a interazioni tra la mano del ricercatore e un oggetto (e in questo caso mostrano selettività per azioni specifiche, come raggiungere, recuperare, manipolare, raccogliere, strappare, presentare oggetti alla scimmia e tenerli in mano).[47] Le cellule dell'STS delle scimmie sono sensibili anche alla direzione dello sguardo e all'orientamento della testa dell'individuo osservato.[48] Più in generale, queste cellule rispondono anche ad animazioni di punti luminosi delle azioni di altre scimmie.[49]

Questa costellazione di proprietà delle risposte è piuttosto impressionante per una regione che secondo i teorici dei neuroni specchio non è coinvolta nella comprensione delle azioni. Propongo di assumere una posizione teorica più semplice e ipotizzare che l'STS, data la sua sensibilità nei confronti di una vasto insieme di azioni, comprese quelle socialmente molto rilevanti, sia un nodo importante, anzi fondamentale, nella rete di comprensione delle azioni. Se cerchiamo di individuare la base neurale della comprensione delle azioni nelle scimmie e negli esseri umani, il sistema specchio non è l'unica alternativa.

Gli altri sistemi che probabilmente sono collegati alla zona di convergenza della comprensione delle azioni nel lobo temporale posteriore (e forse nell'STS) comprendono le regioni del lobo temporale che potrebbero inserire il movimento percepito (prendere una tazza, poniamo) (1) nel contesto degli oggetti circostanti che si percepiscono visivamente (per esempio, i tavolini, le sedie, i piatti e gli attrezzi di un bar – la corteccia occipitale laterale), (2) nel contesto delle rappresentazioni semantiche di ordine superiore degli oggetti (per esempio, che aspetto hanno di solito tazze e piatti e per cosa vengono usati – il lobo temporale anteriore e/o posteriore), (3) nel contesto delle persone coinvolte (per esempio, un amico, il coniuge o un collega – l'area fusiforme dei volti), (4) nel contesto semantico o autobiografico più generale (per esempio, qual è lo scopo dell'evento – la rete di default e le aree di memoria del lobo temporale medio) e (5) nel contesto emotivo (per esempio, situazione di incontro amichevole o di scontro – amigdala). Tutte insieme, queste regioni rimpolpano di comprensione lo scheletro dell'azione percepita. La rete deve essere collegata anche ai circuiti prefrontali coinvolti (1) nella valutazione della rilevanza dell'azione dato il suddetto contesto, (2) nel dirigere l'attenzione all'azione se il contesto lo impone e (3) nella scelta di una risposta appropriata, se ne esiste una. Inoltre, questa rete è certamente collegata ai sistemi del linguaggio per pensare al nome dell'azione, ai sistemi uditivi per le associazioni acustiche, ai sistemi somatosensoriali per le associazioni tattili e ai sistemi motori per imitare o per reagire in altro modo all'azione, qualora fosse giustificata una reazione.

È davvero una rete complicata e ingovernabile! Si potrebbe controbattere che non è altro che un modello della funzione dell'*intero* cervello dalla prospettiva di un ipotetico «nodo» fondamentale coinvolto nell'esecuzione di alcuni compiti di laboratorio collegati alla vista di azioni. È senz'altro troppo complicato e troppo poco parsimonioso per essere un modello utile di come il cervello comprende le azioni.

Ecco, è proprio questo il punto. «Comprendere» è una cosa complicata con molte parti mobili. Non se ne può staccare una e chiamare *quella* «la base della comprensione delle azioni». Non funziona per le parti motorie e nemmeno per le parti sensoriali. Né la parte di alto livello dell'STS e/o del giro temporale medio è sufficiente per definire che cosa significa comprendere, poniamo, l'azione di AFFERRARE in tutte le sue forme.

La comprensione delle azioni è il frutto dell'interazione di molti elementi. Al centro, senza dubbio, vi sono l'azione stessa e le reti neurali coinvolte nell'elaborazione dei movimenti in questione; probabilmente l'STS è fondamentale per questa parte del sistema. I soli movimenti non sono però sufficienti (in questo concordo con Rizzolatti e i suoi collaboratori): devono essere collegati al contesto dell'azione. E l'interpretazione di queste informazioni deve essere anche influenzata dalla conoscenza posseduta dall'osservatore delle persone o creature coinvolte, delle caratteristiche della loro personalità, del loro stato emotivo e di come hanno agito in passato in situazioni simili. Ovviamente, anche lo stato cognitivo ed emotivo dell'osservatore interagisce con l'azione stessa e con altri fattori per il raggiungimento di una piena comprensione (o incomprensione – a volte ci sbagliamo).

Nel contesto di un modello come questo, dire che comprendiamo l'azione simulandola nel nostro sistema motorio non ha molto senso. La parte motoria, pur essendo senza dubbio associata all'azione, è una parte tanto minuscola del quadro generale da essere praticamente inutile da sola. Tutt'al più si potrebbe sostenere che accedere a una copia motoria dell'azione percepita potrebbe contribuire ad agevolare o accelerare l'accesso alla rete più vasta, non motoria, che permette la comprensione.[50] Siamo però ben lontani dalla presunta «*base* della comprensione delle azioni» che ha generato il grande entusiasmo per i neuroni specchio. Oltre a ciò, perché non accedere alla rete più vasta semplicemente dalla rappresentazione sensoriale, che il cervello deve produrre in ogni caso e che, in base a tutte le descrizioni, è anch'essa associata al resto della rete? Se facciamo assegnamento sui dati delle lesioni come guida, sembra che il vero *gateway* per la comprensione sia il sistema percettivo, come la zona di convergenza dell'STS, non il sistema motorio.

Se tutto il cervello è coinvolto nella comprensione, non si potrebbe dire che questa è semplicemente una riformulazione della teoria della cognizione incarnata? Dunque, se per «cognizione incarnata» si intende che il cervello è una rete computazionale a tutti i livelli, che è organizzato gerarchicamente, che la conoscenza può avere gradi diversi di granulosità riflessi nella gerarchia neurale, che la conoscenza è organizzata in base al particolare compito che l'organismo deve eseguire e il suo accesso dipende da tale compito, allora sì, è proprio la visione incarnata. Se per «cognizione incarnata» si intende che la comprensione è soltanto il risultato della (ri) attivazione sensoriale o motoria di basso livello, senza astrazione, senza elaborazione delle informazioni e senza una differenziazione dei sistemi a seconda degli obiettivi dei compiti, allora no, non è la concezione incarnata. Alla fin fine, non importa come la chiamiamo. Qui l'obiettivo è spiegare come funziona il cervello, non dare un nome all'approccio filosofico.

Un'altra obiezione possibile è che non si è mai pensato che la teoria della comprensione delle azioni basata sui neuroni specchio spiegasse l'intero processo, ma solo la parte che ci permette di distinguere tra afferrare e colpire. Il fatto che comprendere le azioni al livello più profondo e con più sfumature possa coinvolgere sistemi cerebrali al di fuori del sistema motorio non significa che la simulazione motoria non sia parte essenziale di una forma più fondamentale di riconoscimento delle azioni. D'accordo. Come abbiamo visto, però, se restringiamo l'attenzione soltanto a questa forma più fondamentale, i dati indicano un *hub* nella parte posteriore del lobo temporale, non nel sistema specchio. Più in generale, inoltre, questa forma non è sufficiente per capire che qualcuno sta afferrando un oggetto. Per capire il mondo a un livello che ci permetta di agire in modo mirato, dobbiamo comprendere le forze causali che stanno dietro alle azioni. Capendo che l'azione di afferrare un menu è causata dal desiderio di scegliere un piatto, che è causato dalla sensazione di fame, possiamo non solo capire la causa di quella particolare azione, ma anche generalizzare la forza causale per spiegarne o prevederne altre. Per esempio, potremmo riuscire a riconoscere che un'azione radicalmente diversa, come scrutare il ristorante cercando la lavagna dei piatti del giorno, andrebbe interpretata esattamente nello stesso modo. Di questo genere di comprensione non può essere responsabile il solo sistema motorio o il solo sistema sensoriale, poiché afferrare e scrutare non hanno nulla in comune sul piano motorio o sensoriale. È necessaria una base molto più profonda per l'interpretazione.

La visione alternativa della base neurale della comprensione delle azioni delineata in queste pagine è appunto soltanto un abbozzo. Non spiega la comprensione delle azioni più di quanto la spieghi la «simulazione motoria». Per una vera spiegazione abbiamo bisogno di teorie computazionali precise che descrivano dettagliatamente come l'attività di scarica dei neuroni all'interno di complesse architetture neurali permette al cervello di trasformare una configurazione visiva di forma e movimento sulla retina in una rappresentazione di una configurazione di movimento riconoscibile e come questa rappresentazione è collegata attraverso altre reti neurali altrettanto complesse al contesto spaziale e temporale dell'azione, ai ricordi del passato, agli stati emotivi dell'osservatore e della persona osservata, e così via. È inoltre necessaria una teoria computazionale di come questa rete di informazioni viene integrata e trasformata in una rappresentazione che riflette un livello di comprensione e un piano d'azione (o di inazione) appropriato per il compito dell'osservatore in quel particolare momento. L'abbozzo non soddisfa neanche lontanamente queste richieste, però offre un quadro di riferimento per rimpolpare alcuni degli elementi. Va detto inoltre che moltissimi scienziati stanno già lavorando a questo problema, anche se non lo sanno, con grande successo. Gli studiosi della visione stanno facendo progressi notevoli nella comprensione di come vengono elaborate le informazioni relative alla forma, al movimento e anche al movimento biologico; i ricercatori del settore del controllo motorio stanno decifrando i circuiti che controllano l'azione; altri scienziati stanno scoprendo i dettagli dell'integrazione multimodale delle informazioni provenienti dai sensi; sono in corso moltissime ricerche sulla formazione e il recupero dei ricordi; tante anime coraggiose si stanno avventurando nello studio della corteccia prefrontale per capire come vengono integrate le informazioni e prese le decisioni e qual è il ruolo delle informazioni emotive in questi processi. Abbiamo un abbozzo della forma del puzzle e molte tessere. Dobbiamo soltanto sederci e capire nei dettagli come si combinano e poi controllare che cos'altro ci manca. Alcuni ricercatori, come Michael Arbib e i suoi collaboratori, stanno già procedendo in questa direzione.[51]

Allora, se non sono la base della comprensione delle azioni, che cosa fanno i neuroni specchio? Affronteremo questa domanda nel capitolo che segue.

8.
Homo imitans e la funzione dei neuroni specchio

> In generale si celebra il fatto che la nostra specie manifesta creatività e pensiero (Homo sapiens). Le prove che lo attestano sono associate, specialmente durante il periodo iniziale di rapido sviluppo psicologico, a una forte propensione alla ri-creazione e all'imitazione (Homo imitans).
>
> Andrew Meltzoff, 1988[1]

Imitatori umani

Forse l'imitazione è la forma più sincera di adulazione, ma è un genere di complimento che viene accettato di rado. Ammiriamo i leader politici e chi inaugura tendenze sociali, ma rimproveriamo i nostri figli perché seguono la massa (che sbaglia). Premiamo le innovazioni imprenditoriali nei settori del design e della tecnologia, ma portiamo in tribunale gli imitatori per contraffazione di brevetto. Tributiamo grandi riconoscimenti a chi concepisce idee nuove e realizza opere uniche nelle arti e nelle scienze, mentre abbiamo una scarsa considerazione per i lavori poco originali e puniamo il plagio. L'imitazione, che si tratti di granchi finti o di zirconi cubici, è apprezzata raramente.

Se lo psicologo dell'età evolutiva Andrew Meltzoff ha ragione, tuttavia, non possiamo fare a meno di imitare. Fa parte della natura umana ed è «cablato» nel cervello. Per di più, l'imitazione potrebbe essere una capacità esclusivamente umana e un ingrediente chiave nella ricetta della saggezza. Gli esseri umani scimmiottano meglio delle scimmie e questo, presumibilmente, ci dà una spinta intellettuale.

Meltzoff giunse a questa conclusione basandosi su una serie di esperimenti condotti nei trent'anni precedenti che documentavano la straordinaria capacità di imitare dei neonati umani. Nel più sbalorditivo di questi studi, i neonati erano stati esaminati mentre si trovavano ancora nel reparto maternità dell'ospedale; il soggetto più giovane era nato da 42 minuti. Nell'esperimento, un ricercatore eseguiva di fronte al neonato un'azione, aprire la bocca o mostrare la lingua, ognuna per un certo intervallo di tempo. I bambini tendevano a compiere di più l'azione che il ricercatore stava eseguendo in quel momento.[2] Esperimenti successivi condotti da Meltzoff e da altri ricercatori su bambini più grandi fornirono prove dell'imitazione dell'uso di oggetti (i bambini imparavano a usare un oggetto mediante l'osservazione),[3] dell'imitazione di suoni linguistici,[4] dell'imitazione di comportamenti ricordati (imitazione differita),[5] della capacità di distinguere tra azioni intenzionali e accidentali (le azioni accidentali non venivano imitate)[6] e della capacità di imitare l'*intenzione* di un'azione osservata più che il suo *risultato effettivo* quando l'obiettivo dell'azione non viene raggiunto.[7]

Il comportamento imitativo quindi compare molto presto, è diffuso ed è intelligente. A che cosa serve? Se alcune teorie recenti sono corrette, tra i suoi scopi vi sono l'apprendimento sociale (l'apprendimento per osservazione), la trasmissione sociale, lo sviluppo della teoria della mente e l'empatia.[8] Analizziamo questi argomenti.

Probabilmente lo scopo più ovvio dell'imitazione è l'apprendimento sociale. Molti risultati attestano che se può imparare da un esperto – da qualcuno che ha già risolto il problema – un bambino può completare l'apprendimento in molto meno tempo. In uno studio, gli «insegnanti» erano bambini di 14 mesi già esperti nell'uso di alcuni giochi e i soggetti erano bambini impreparati che non sapevano farli funzionare. Nella prima fase dell'esperimento, i bambini inesperti osservavano i bambini-insegnanti usare i giocattoli, aprirli, gettarli a terra, farli ronzare e così via. Due giorni dopo, altri sperimentatori si recavano a casa dei bambini inesperti portando con sé i giocattoli. I bambini riuscivano a far funzionare i giocattoli più dei bambini del gruppo di controllo che non li avevano mai visti usare da qualcuno.[9] È proprio vero che i bambini piccoli imparano osservando gli altri bambini, come molti genitori sanno fin troppo bene.

Gli esseri umani hanno istituzionalizzato questo tipo di apprendimento, ovviamente, in forma di scuole, programmi di formazione, internati e tirocini. Il fenomeno permea il linguaggio quotidiano che usiamo con i bambini, a volte incoraggiando l'imitazione e a volte scoraggiandola: «Segui il mio esempio», «Fa' come dico, non come mi vedi fare», «Osserva e impara», «Pensa con la tua testa!», «Hai scoperto l'acqua calda». La propensione infantile al comportamento imitativo è evidente anche nella vasta schiera di gadget per bambini ideati esplicitamente per imitare la cultura umana moderna: cellulari, arnesi da cucina, attrezzi, bambole, automobili a motore, laptop, kit di pronto soccorso, mazze da golf e qualunque altra cosa vi possa venire in mente.

Questo genere di apprendimento sociale non è affatto nuovo. In un sito archeologico neolitico situato nella Svezia meridionale sono venute alla luce tracce di un possibile gioco imitativo dell'attività di battere la selce (per trasformare un pezzo di selce in uno strumento litico lo si colpiva con un'altra pietra o un oggetto duro). In una piccola area del sito si sono trovate tracce della produzione abile, sistematica, di uno strumento specializzato, un'ascia, mentre l'area all'intorno presentava i segni della produzione non sistematica di schegge, come se un bambino avesse battuto la selce per gioco spostandosi qua e là intorno al costruttore esperto di utensili.[10]

Se questa interpretazione del sito archeologico è corretta, illustra quale sia la *funzione di trasmissione culturale* dell'apprendimento per imitazione: tramandare tecnologie e altri memi culturali da una generazione all'altra. Se possiamo imparare da un esperto a trasformare un pezzo di selce in un'ascia o a eliminare i tannini amari e potenzialmente tossici dalle ghiande, non dobbiamo capire da soli come si fa, il che offre un vantaggio di sopravvivenza e dispensa dal dedicare tempo a sviluppare nuove tecnologie. In breve, l'apprendimento sociale permette che nella nostra specie la cultura e la tecnologia *si accumulino*.

Riguardo all'importanza dell'apprendimento sociale basato sull'imitazione e alla straordinaria bravura degli esseri umani a sfruttare il proprio talento imitativo il consenso è quasi unanime. Più controversa è l'idea che l'imitazione sia la base innata della capacità umana di avere una *teoria della mente*. L'argomento è basato sulla psicologia dell'età evolutiva ed è in tre parti.[11]

1. *Gli esseri umani nascono con la capacità di riconoscere (non necessariamente in modo conscio) l'equivalenza tra le azioni altrui perce-*

pite visivamente e le azioni eseguite personalmente. Questo è il *problema della corrispondenza*, come l'hanno chiamato alcuni scienziati, e non è banale.[12] Non avendo mai visto la propria lingua, e nemmeno il proprio volto, come fanno i neonati a sapere che il lumacone rosa che sporge dal buco nel terzo inferiore dell'oggetto oblungo che hanno di fronte corrisponde a qualcosa che sta nella propria bocca e può essere controllato attivando un particolare programma motorio? I neonati sembrano capaci di imitare movimenti semplici come questo già alla nascita; ciò significa che non può trattarsi di apprendimento per esperienza e pertanto la genetica deve aver risolto per loro il problema della corrispondenza cablando il cervello in modo che associ il lumacone rosa al comando motorio di controllo della lingua.

2. *Attraverso l'esperienza, i bambini imparano la relazione tra i propri movimenti e i propri stati mentali.* Imparano che i loro desideri, per esempio, sono correlati ai movimenti che mirano a soddisfarli (afferrare un giocattolo, portare il cibo alla bocca o respingerlo) e che gli stati emotivi sono correlati a particolari stati del corpo (dolore = pianto, frustrazione = capriccio, e così via).

3. *La capacità di riconoscere una corrispondenza tra le proprie azioni e quelle altrui (parte 1), insieme alla comprensione del fatto che le proprie azioni sono causate da particolari stati mentali (parte 2), permette di dedurre che le azioni compiute dagli altri sono causate dai loro stati mentali, cioè di avere una teoria della mente.*

È un argomento formidabile. Se è corretto, significa che l'imitazione è alla base, è il fondamento stesso di ciò che significa essere umani dal punto di vista culturale e sociale. Ed è a questo punto che la storia ritorna ai neuroni specchio.

Neuroni specchio e imitazione

I neuroni specchio sembrano essere fatti apposta per assumere il ruolo di meccanismo neurale per l'imitazione. Dopo tutto, rispondono non solo durante l'esecuzione di azioni, ma anche durante l'osservazione delle stesse azioni. Se i neuroni specchio sono alla base dell'imitazione, potrebbero «fondare» l'evoluzione culturale e sociale degli esseri umani su un apparato neurale piuttosto semplice. Questa possibilità sembra in perfetto accordo con il grande entusiasmo per i neuroni specchio: cellule che svolgono una funzione semplice forniscono la chiave per comprendere le complessità della mente umana attraverso il meccanismo dell'imitazione.

C'è un problema, però. Nonostante alcune affermazioni iniziali del fatto che i neuroni specchio svolgono una funzione imitativa più che essere alla base della comprensione delle azioni,[13] né il gruppo di Parma né psicologi dell'età evolutiva come Meltzoff credono che i neuroni specchio dei macachi abbiano molto a che fare con l'imitazione. Perché? I macachi non imitano. Ecco la difesa di Rizzolatti:

> Spesso i profani sono convinti che l'imitazione sia una funzione cognitiva molto primitiva, ma si sbagliano. La maggior parte degli etologi ritiene che l'imitazione, la capacità di imparare a eseguire un'azione vedendola eseguire da altri [...] sia presente tra i primati soltanto negli esseri umani e (probabilmente) nelle antropomorfe [...] Pertanto la funzione primaria dei neuroni specchio non può essere l'imitazione delle azioni.[14]

E quella di Meltzoff:

> Inoltre le scimmie, pur avendo certamente l'apparato fondamentale di neuroni specchio, non imitano. Ci vuole qualcosa in più per provocare e sostenere il comportamento imitativo, specie l'imitazione di azioni nuove e l'imitazione basata sui ricordi, senza che lo stimolo sia percettivamente presente [che sono caratteristiche dell'imitazione umana].[15]

Ci vuole qualcosa in più oltre ai neuroni specchio per spiegare l'imitazione umana.[16]

Stando ad alcune sue affermazioni pubblicate, Rizzolatti sembra dissentire: «il sistema dei neuroni specchio è il sistema alla base dell'imitazione negli esseri umani».[17] In realtà, però, la logica lo obbliga a essere d'accordo, altrimenti i macachi *imiterebbero*, come trapela da altre dichiarazioni sue e dei suoi coautori, come questa tratta da una discussione del ruolo dei neuroni specchio nell'evoluzione del linguaggio (il corsivo è mio):

Il sistema dei neuroni specchio delle scimmie è costituito da neuroni che codificano azioni dirette a un oggetto. Un primo problema per la teoria dell'evoluzione del linguaggio basata sui neuroni specchio è spiegare come questo sistema chiuso riguardante oggetti divenne un sistema aperto capace di descrivere azioni e oggetti senza fare riferimento diretto a essi. *È probabile che il grande balzo da un sistema chiuso a un sistema specchio comunicativo dipese dall'evoluzione dell'imitazione [...] e dai cambiamenti collegati del sistema umano dei neuroni specchio: la capacità dei neuroni specchio di rispondere ad azioni mimate [...] e ad azioni intransitive [...] che nelle scimmie era assente.*[18]

I neuroni specchio da soli non sono sufficienti; si doveva evolvere qualcos'altro, l'imitazione, per permettere ai neuroni specchio di sostenere capacità umane complesse come l'uso del linguaggio. Da questa prospettiva sembrerebbe che i neuroscienziati siano finiti fuori strada. L'ossessione per i neuroni specchio ha nascosto la vera base del linguaggio, della teoria della mente e dell'empatia: l'imitazione!

Se facciamo un passo indietro, vediamo una storia complicata. Esaminiamone i punti salienti. Secondo molti ricercatori, l'imitazione è la chiave per comprendere gli straordinari progressi della cultura e della cognizione sociale degli esseri umani. Secondo un altro gruppo di studiosi, i neuroni specchio sono la base neuroscientifica di quegli stessi progressi. In effetti, è provato che i compiti di imitazione attivano il presunto sistema specchio umano, in particolare l'area di Broca, forse in realtà in maniera più regolare rispetto all'osservazione di azioni dirette a oggetti che guida il sistema specchio delle scimmie.[19] (Si veda il capitolo 3.) In ogni caso, tutti convengono che i neuroni specchio dei macachi da soli non possono essere la base dell'imitazione – che qualcosa oltre i neuroni specchio ha permesso l'imitazione umana – benché sembrino fatti apposta per questo.

Per mettere a fuoco la questione, consideriamo le seguenti affermazioni sui neuroni specchio che secondo i teorici di Parma sono vere (i miei commenti sulle «affermazioni vere» compaiono tra parentesi quadre):

- I neuroni specchio non permettono l'imitazione nei macachi [anche se sembrano capaci di associare le azioni osservate a quelle eseguite].

- Anche i neuroni specchio umani associano le azioni osservate a quelle eseguite; gli esseri umani imitano, ma questa capacità ha richiesto l'evoluzione dell'imitazione e dei «cambiamenti collegati» dei neuroni specchio [come si siano evoluti o siano cambiati i neuroni specchio per permettere l'imitazione non viene specificato].
- Il meccanismo di rispecchiamento – la semplice risonanza tra azioni osservate ed eseguite sostenuta dai neuroni specchio [ovvero il meccanismo che da solo non basta a rendere possibile l'imitazione umana] – è la base del linguaggio, dell'empatia e della teoria della mente negli esseri umani [ma non è alla base di queste capacità nei macachi, che pure possiedono il medesimo meccanismo].
- I neuroni specchio dei macachi e degli esseri umani sono alla base della comprensione delle azioni [benché nei macachi non sia mai stato verificato direttamente e nel caso degli esseri umani si abbiano prove del contrario].

Quando siete a metà di un cruciverba e scoprite che le soluzioni di alcune definizioni rimaste in sospeso sono incompatibili con le parole che avete già inserito, capite che dovete riesaminare tutto da capo. La teorizzazione sui neuroni specchio ha raggiunto quel punto ed esaminare i neuroni specchio in relazione alle capacità imitative mette ulteriormente in luce la situazione.

È ora di premere il pulsante di reset

Torniamo indietro fino al 1992, apriamo una copia di «Experimental Brain Research» e iniziamo a leggere un articolo intitolato *Understanding Motor Actions: A Neurophysiological Study*. Dopo i dettagli dell'esperimento originale che scoprì l'esistenza dei neuroni specchio (anche se non ancora sotto quel nome), leggiamo il primo capoverso della discussione (le citazioni sono state eliminate):

> Una delle funzioni fondamentali della corteccia premotoria è il recupero degli atti motori appropriati in risposta agli stimoli sensoriali. Esistono alcune prove del fatto che il recupero delle azioni può avvenire in risposta a configurazioni bidimensionali, al colore, alle dimensioni e alla forma di oggetti tridi-

mensionali. I dati del nostro studio indicano che oltre a questi fattori fisici, il recupero può avvenire anche in risposta al significato dei gesti compiuti da altri individui. Se si considerano le ricche interazioni sociali all'interno di un gruppo di scimmie, la comprensione da parte di un individuo delle azioni compiute da altri deve essere un fattore molto importante nel determinare la scelta dell'azione. Pertanto la capacità dei neuroni premotori inferiori di scegliere le azioni in base al significato dei gesti è in accordo con il quadro concettuale dell'attuale teoria sulle funzioni della corteccia premotoria e la estende fino a farle comprendere la scelta dei movimenti in relazione ai rapporti interpersonali.[20]

Stop! È una teoria magnifica. La corteccia premotoria fa parte di un sistema di associazioni sensomotorie che può avere come input un numero qualunque di caratteristiche – dimensioni, forma, colore, oggetti, gesti – e usare queste informazioni per scegliere l'azione appropriata. Ciò non vuol dire che queste cellule siano responsabili della *comprensione* delle dimensioni, della forma, del colore, degli oggetti o dei gesti; significa soltanto che le informazioni fornite da questi stimoli possono essere usate per guidare la scelta dell'azione. La teoria «è in accordo con il quadro concettuale» di questo circuito sensomotorio nel flusso dorsale. Bene.

I neuroni specchio, però, hanno finito per essere trattati in modo diverso da altre cellule della stessa regione per motivi che ora conosciamo: il comportamento che i neuroni specchio sembravano essere perfettamente adatti a sostenere, l'imitazione, non veniva osservato nei macachi. In effetti, nei primi anni novanta in generale si credeva che l'imitazione fosse una capacità (quasi) esclusivamente umana, «*Homo imitans*». Dato che il repertorio dei macachi non comprendeva un comportamento analogo che potesse essere associato alla risposta dei neuroni specchio, abbandonare la teoria della selezione delle azioni e perseguire altre alternative fu una mossa teorica naturale. All'epoca comparivano ancora nella letteratura echi della teoria motoria della percezione del linguaggio, che quindi spinsero a considerare una funzione *percettiva* dei neuroni specchio. Con un percorso logico breve, da lì si arrivò a spiegazioni teoriche del linguaggio, della teoria della mente, dell'empatia e, alla fine, a uno scontro frontale con dati empirici che attestano il contrario.

Oggi, però, abbiamo due informazioni importanti che non erano disponibili nei primi anni novanta: sappiamo che in seguito la teoria della comprensione delle azioni ha incontrato problemi fattuali e che in realtà i macachi *imitano*.

Le ricerche degli ultimi vent'anni hanno affinato, o più precisamente ampliato, la comprensione dell'imitazione. Gli psicologi ne identificano almeno due tipi:

- *imitazione semplice o automatica*: è il caso in cui viene copiata un'azione che fa già parte del repertorio dell'osservatore;
- apprendimento per imitazione (detto anche *imitazione complessa*, *imitazione vera* o *apprendimento osservazionale*): è il caso in cui viene copiata una sequenza di *nuovi* movimenti imparati da un modello.[21]

Si è fatta inoltre una distinzione tra *imitare*, ovvero riprodurre i movimenti del corpo, ed *emulare*, ovvero copiare gli obiettivi delle azioni, come il movimento di oggetti. Oltre all'imitazione semplice, vi sono molti comportamenti imitativi di apprendimento sociale che possiamo esplorare in relazione ai neuroni specchio delle scimmie.

La scimmia vede, la scimmia fa

Considerando la questione da questa prospettiva più ampia, troviamo molte prove della capacità imitativa delle scimmie e di un certo numero di altre specie. In uno studio, due macachi di nome Horatio e Oberon si sono alternati nei ruoli di insegnante e di alunno in un compito che consisteva nel toccare quattro immagini in un ordine predeterminato.[22] Le immagini venivano presentate simultaneamente su uno schermo sensibile al tatto; in ciascuna sessione le quattro immagini comparivano in posizioni casuali su una griglia con 16 posti (4 × 4). Durante l'addestramento, Horatio e Oberon imparavano le proprie sequenze per tentativi ed errori; quando toccavano le immagini nell'ordine giusto, ricevevano un premio. In totale, i due macachi dovevano imparare 15 sequenze con diversi insiemi di quattro immagini, quindi la quantità di cose da ricordare era notevole. In media, a Horatio servivano 19-20 sessioni per azzeccare la sequenza corretta di un nuovo insieme di immagini e a Oberon poco meno di 16. Dopo un po' di pratica, riuscivano a toccare le immagini nell'ordine giusto nel 75-80% dei casi.

Una volta imparate le proprie sequenze, il nuovo compito era imparare le 15 sequenze del compagno. Prima di iniziare le prove vere e proprie, però, ciascuno dei due aveva la possibilità di osservare il compagno esperto mentre si esercitava con le sue sequenze. La domanda era: l'alunno poteva imparare dall'insegnante e arrivare prima alla sequenza giusta di un nuovo insieme di immagini rispetto a quando ci era arrivato per tentativi ed errori? Ebbene sì: osservando il compagno esperto, Horatio e Oberon imparavano più alla svelta. In media, Horatio impiegava 7,5 sessioni in meno e a Oberon ne bastavano 6.

Questo risultato prova in maniera conclusiva che le azioni di una scimmia-modello sono «un fattore molto importante nel determinare la scelta dell'azione» in una scimmia che la osserva. (Uno studio di *follow-up* che ha utilizzato il medesimo compito ha rilevato che i bambini di due anni manifestano la stessa capacità di apprendere per osservazione e in effetti compiono errori dello stesso tipo e con la stessa frequenza.)[23]

Altre prove di apprendimento sociale nelle scimmie sono emerse da studi condotti su una colonia di macachi giapponesi che vivono allo stato libero nelle vicinanze di Kyoto e hanno acquisito particolari comportamenti, apparentemente non adattativi, di manipolazione di pietre, come raccoglierle e impilarle, rotolarle tra le mani, batterle contro superfici dure o una contro l'altra, stringerle tra le braccia, frantumarle, lanciarle (finora i comportamenti individuati sono 45, per la precisione).[24]

A quanto pare, il primo individuo a manifestare questo comportamento fu una giovane femmina innovativa (o annoiata), nel 1979 (il branco è stato studiato con continuità per trent'anni). All'inizio la trasmissione di questo comportamento di manipolazione di pietre era orizzontale, avveniva tra compagni di gioco, ma quando questi giovani crebbero ed ebbero figli (intorno al 1984), il comportamento iniziò a essere trasmesso verticalmente dagli adulti ai giovani. Da quel momento in poi, il comportamento di manipolazione delle pietre è stato appreso da ogni cucciolo del gruppo; all'epoca dell'innovazione iniziale, però, non era stato acquisito da nessuna scimmia di più di cinque anni.

Oggi il comportamento si è diffuso a quattro branchi di macachi giapponesi che vivono in cattività e a sei che vivono in libertà. L'aspetto interessante è che le forme di manipolazione di pietre osservate nei diversi branchi variano da una regione all'altra e il grado di somiglianza tra le forme è correlato alla distanza tra i branchi: se i membri di due branchi si incontrano spesso, le forme in comune sono numerose; se invece si incrociano di rado, il numero di forme in comune è molto minore, come avviene per i dialetti regionali. Studi longitudinali di questo comportamento in un periodo di quindici anni hanno mostrato che più tempo è passato da quando la manipolazione delle pietre è entrata a far parte dell'esperienza del gruppo più vario e complesso diventa il comportamento, per il cosiddetto *effetto di irreversibilità*. Studi controllati di questo comportamento in macachi in cattività hanno rilevato che l'età a cui un piccolo lo acquisisce è prevedibile in base alla sua frequenza nella madre.

La conclusione che si trae da questo affascinante insieme di fatti è che i macachi trasmettono verticalmente una tradizione culturale da una generazione all'altra attraverso l'apprendimento sociale (imitativo). In altre parole, le azioni di una scimmia-modello sono collegate alla selezione delle azioni nella scimmia che osserva.

Il comportamento di apprendimento osservazionale di questi macachi giapponesi non è inconsueto nel regno animale. Oggi si sono dimostrati esempi simili in altre specie, tra cui le scimmie uistitì,[25] i cani addomesticati,[26] le manguste,[27] i delfini dal naso a bottiglia,[28] i pipistrelli[29] e alcune specie ittiche[30] e invertebrate.[31] La capacità di osservare un'azione e usare lo stimolo visivo per scegliere un'azione sembra essere comune tra gli animali.

Da dove provengono i neuroni specchio?

Abbiamo quindi un comportamento che potrebbe essere basato sui neuroni specchio e non si tratta di imitazione semplice, bensì di una forma di apprendimento sociale o di tipo imitativo. Ma quale forma di apprendimento sociale potrebbe basarsi sui neuroni specchio nel contesto del paradigma sperimentale che ha portato alla loro scoperta? La psicologa Cecilia Heyes ha una spiegazione semplice. Prendendo spunto da proposte avanzate nei primi anni di questo secolo dal neuroscienziato computazionale Michael Arbib e dai suoi collaboratori,[32] la Heyes sostiene che questa forma è l'associazione pura. I macachi raggiungono e afferrano oggetti continuamente e osservano le proprie azioni. Ben presto, si forma un'associazione tra l'esecuzione di un'azione e l'(auto)osservazione della stessa azione.[33] *Et voilà!* Nascono i neuroni specchio. Quando la scimmia vede lo sperimentatore eseguire un'azione simile a quelle che essa stessa ha eseguito in precedenza, le cellule scaricano a causa della preesistente associazione basata sull'auto-osservazione. Non ha nulla a che fare con la comprensione. A favore di questa tesi, la Heyes cita la conclusione della sua ricerca sugli esseri umani, discussa nel capitolo 4, la quale ha mostrato che il cambiamento dell'associazione tra osservazione ed esecuzione modifica le proprietà della risposta dei neuroni specchio.

È un'idea che mi piace e sono anch'io convinto che i neuroni specchio facciano parte di un circuito di associazione sensomotoria estremamente plastico. L'idea della Heyes, però, richiede che le cellule generalizzino dall'osservazione delle proprie azioni all'osservazione delle azioni altrui. Può sembrare un passo banale, tuttavia, come fa notare la stessa Heyes, il «problema della corrispondenza» – cogliere la relazione tra le proprie azioni e quelle degli altri – non è banale. Non è irresolubile, ma è un problema.[34]

Passiamo a un'altra considerazione, a cui ho accennato nel capitolo 4. Si ricordi che durante l'addestramento per gli esperimenti sui neuroni specchio, le scimmie osservano gli sperimentatori estrarre un oggetto dal contenitore e inserirvene un altro e quindi li vedono ripetutamente posare e afferrare oggetti. Sono gli stessi oggetti che le scimmie devono raggiungere e afferrare per eseguire il compito. (È per questa fortunata casualità che vennero scoperti i neuroni specchio: le scimmie stavano osservando gli sperimentatori che afferravano oggetti tra una sessione e l'altra e le cellule iniziarono a scaricare.) In alcune situazioni, inoltre, lo sperimentatore afferra un oggetto e poi lo offre alla scimmia. Consideriamo, per esempio, questa descrizione tratta dall'articolo del 1996 sui neuroni specchio delle scimmie:

> Davanti alla scimmia veniva posto un vassoio con un pezzo di cibo, lo sperimentatore faceva il gesto di afferrarlo e poi spostava il vassoio verso la scimmia, che afferrava il cibo.[35]

Questo brano proviene invece da un articolo del 2001:

> Prima di iniziare gli esperimenti neurofisiologici, si sono fatte abituare le scimmie agli sperimentatori. Venivano fatte sedere su una sedia per primati e addestrate a ricevere cibo dagli sperimentatori. I bocconi offerti erano di grandezze diverse e venivano messi in posizioni diverse. Questa fase di preaddestramento era importante per le successive verifiche delle proprietà motorie dei neuroni [...] e per insegnare agli animali a prestare attenzione agli sperimentatori.[36]

A quanto pare, le procedure di addestramento del gruppo di Parma facevano sì che le scimmie osservassero una gran quantità di azioni umane direttamente collegate al compito di interazione con gli oggetti che avrebbero dovuto svolgere in seguito.

Sappiamo già che la forma e le dimensioni degli oggetti sono fattori importanti per la scelta dell'azione. La sola vista di un oggetto particolare attiva le cellule motorie che contribuiscono alla scelta del tipo di presa adatto all'oggetto; questi sono i neuroni canonici. Dato che le scimmie vengono addestrate a prestare attenzione agli sperimentatori, e poiché queste azioni sono indizi importanti per la scelta dell'azione (la particolare azione o il particolare tipo di presa dello sperimentatore sono correlati con la forma e le dimensioni dell'oggetto che la scimmia ha il compito di afferrare), non stupisce che le cellule motorie imparino a rispondere alle azioni stesse. È un semplice caso di condizionamento classico.

Potrebbe essere per questo motivo che i neuroni specchio per la stragrande maggioranza sono collegati alle azioni di afferrare e posare, e non, poniamo, di manipolare o tenere in mano: afferrare e posare probabilmente sono state azioni più frequenti durante la fase di addestramento e sono indizi più importanti per le azioni della scimmia. Forse è anche la ragione per cui i neuroni specchio non rispondono all'azione di afferrare con le pinze: se non sono addestrati con le pinze, non possono stabilire un'associazione...

non prima di aver osservato molte volte gli sperimentatori usarle per posare e raccogliere oggetti, infatti a quel punto si possono osservare risposte di tipo specchio, come ha mostrato l'esperimento del gruppo di Parma del 2005.[37] Potrebbe anche spiegare perché i neuroni specchio non rispondono quando le azioni non sono dirette a un oggetto, come nel caso di azioni mimate; se non c'è un oggetto, la scimmia non ha motivi per scegliere un'azione. Infine, potrebbe spiegare perché i neuroni specchio sembrano rispondere all'obiettivo di un'azione: perché le *sue* azioni dirette a un oggetto vengono scelte dai particolari contesti (sono accoppiate ai particolari contesti) che determinano le azioni stesse. Se una scimmia è stata addestrata ad afferrare oggetti e a metterli in una tazza *quando la tazza è presente*, il contesto è stato associato all'azione mirata a un obiettivo. Quando la scimmia in seguito osserva gli stessi oggetti nello stesso contesto, ciò potrebbe attivare l'azione mirata a un obiettivo a cui è stata associata. Si tratta, anche in questo caso, di condizionamento classico.

Nel capitolo 1 ho citato, quasi di sfuggita, alcune delle caratteristiche dei neuroni specchio descritte nel primo articolo del 1992 che *non* mostravano una relazione congruente tra azioni eseguite preferite e azioni osservate preferite. Vale le pena riesaminare la questione. Di un sottoinsieme di queste cellule, i ricercatori di Parma scrivono:

> Le azioni osservate erano collegate *logicamente* alle azioni eseguite e si potevano considerare preparatorie. Per esempio, l'azione osservata era posare un oggetto sul tavolo, mentre l'azione eseguita era portare il cibo alla bocca o afferrare l'oggetto.[38]

Le cifre sono queste:

39 è il numero delle cellule che rispondevano all'osservazione dell'azione;

12 è il numero dei neuroni specchio congruenti;

11 è il numero delle cellule che avevano una «relazione logica» tra osservazione ed esecuzione, come posare → afferrare.

I neuroni specchio congruenti sono la base di tutta l'impresa teorica, eppure un numero quasi identico di cellule aveva una risposta non di tipo specchio, basata su una «relazione logica» (corrispondente a una relazione importante per la scelta dell'azione): tu poni, io afferro. Nel più lungo articolo del 1996, il sottotipo dei «neuroni specchio del *posare*» era il secondo sottotipo più comune dopo i «neuroni specchio dell'*afferrare*» ed era almeno due volte più numeroso di qualsiasi altro tipo. Se fosse stata selezionata questa classe comune di neuroni specchio per lo sviluppo della teoria, probabilmente avremmo una storia non sulla comprensione delle azioni, ma sulla scelta delle azioni.

La mia proposta è una descrizione associativa dei neuroni specchio simile a quella promossa da Arbib e dalla Heyes, ma con una diversa fonte di associazione: l'addestramento sperimentale stesso piuttosto che la generalizzazione sensomotoria delle proprie azioni alle azioni degli altri. Il gruppo di ricerca di Parma potrebbe aver inavvertitamente addestrato i neuroni specchio nel cervello della scimmia. Si spera che in futuro verranno progettati esperimenti per verificare questa ipotesi.

Le descrizioni associative dei neuroni specchio, come quella appena delineata, hanno uno straordinario interesse teorico in più: possiedono il tipo di adattabilità sensomotoria necessaria per un sistema motorio e richiesta dai dati empirici. Sappiamo che le caratteristiche sensoriali di un oggetto quali le dimensioni, la forma, il colore, la posizione, l'odore, il suono e così via possono essere importanti per guidare la scelta dell'azione e che abbiamo bisogno di essere adattabili ai cambiamenti di queste caratteristiche. In maniera simile, le azioni di altre creature, tra cui i conspecifici, i predatori e le prede, hanno molto a che fare con la scelta dell'azione. Per il sistema motorio di un animale è determinante essere capace di associare i movimenti di un serpente, per esempio, alle azioni di risposta appropriate, anche se l'animale osservatore può non essere capace di strisciare e arrotolarsi. Per certe creature può essere utile prestare attenzione alle azioni dei conspecifici e imitarli in un modo o nell'altro, ossia rispecchiarli come nei casi di apprendimento sociale (si pensi ai macachi giapponesi, oppure a Horatio e Oberon). Allo stesso tempo, per queste stesse creature può essere altrettanto importante prestare attenzione alle azioni dei conspecifici e scegliere azioni completamente diverse, non di tipo specchio o «in relazione logica», come ostacolare un attacco o sfuggirvi, o sottomettersi con un comportamento di *grooming*. Gli esperimenti descritti dal gruppo di Parma offrono un sostegno empirico all'esistenza di queste cellule non di tipo specchio (tu-fai-questo, io-faccio-quello) di associazione di azioni.

Più in generale, ritengo che l'impulso interpretativo iniziale del gruppo di Parma fosse corretto; le azioni di altri animali sono attinenti alla scelta delle azioni dell'osservatore. Ora che sappiamo che i neuroni specchio potrebbero essere la base di moltissimi comportamenti dei macachi, come di altre specie, non esistono considerazioni di carattere teorico che spingano ad abbandonare l'idea che i neuroni specchio siano la base dell'imitazione in un senso più ampio di associazioni tra azioni, come nell'apprendimento osservazionale.

Da dove proviene «Homo imitans»?

Resta aperto un problema: se i neuroni specchio non sono altro che cellule di associazione sensomotoria, e se l'imitazione può essere concettualizzata come una corrispondenza o associazione tra le proprie azioni e le azioni degli altri, e se i macachi possiedono questo fondamentale meccanismo neurale, perché non sono imitatori prodigiosi come noi? Per spingere oltre il paradosso, se l'imitazione è la chiave della saggezza, perché i macachi (e molte altre specie) non sono saggi come *Homo sapiens*? *Ci vuole qualcosa in più.*

Penso che l'esistenza stessa di questo paradosso indichi un errore logico nell'idea che l'imitazione sia il fondamento di capacità più complesse come la teoria della mente o che si dovesse evolvere l'imitazione *stessa* per dare il via a un grande balzo in avanti. Forse dovremmo pensare il contrario. L'imitazione non è la causa, ma la conseguenza dell'evoluzione delle capacità cognitive umane. I macachi non imitano non perché sprovvisti dell'apparato neurale fondamentale – chiaramente costituito dai loro neuroni specchio! – ma perché non hanno i sistemi cognitivi per ricavare tanto quanto noi dall'imitazione.

Da sola, l'imitazione non è tanto utile. Consideriamo il linguaggio, che superficialmente è un esempio primario dell'imitazione umana. Dopo tutto, impariamo la lingua che ascoltiamo (o vediamo) da bambini e finiamo per «imitare» i suoni, le parole e le strutture sintattiche dei nostri genitori, fratelli e coetanei. Ma non lo facciamo in modo esatto. È vero che riproduciamo i fonemi, le parole e così via, ma non imitiamo pedissequamente l'intonazione, per esempio. Né diciamo «cane» indicandolo con la sinistra e «lucertola» indicandola con la destra perché la mamma è mancina e il papà destrimano. Imitiamo gli elementi importanti e ignoriamo gran parte del resto (si veda più avanti, però). Inoltre, com'è ovvio, usare il linguaggio non vuol dire solo imitare ciò che si sente.

Gli studi sull'imitazione infantile indicano la stessa conclusione. Se un bambino osserva un bambino-modello che cerca di smontare un nuovo giocattolo (e in effetti lo fa a pezzi) e però lo impugna male e perde più volte la presa, il bambino non imita questa parte, ma afferra saldamente il giocattolo e riesce a farlo a pezzi.[39] Del resto, non imita i colpi di tosse, le grattatine al naso o il continuo schiarirsi la gola dello sperimentatore durante la sessione.

Non imitiamo sempre tutto, anche se potremmo farlo. I bambini a volte lo fanno per gioco e imitano o adottano il modo di parlare dei compagni – gli studiosi del linguaggio lo chiamano *shadowing* (seguire come un'ombra). Ma nel contesto dell'apprendimento non si verifica mai e comunque in generale è fastidioso.

Inoltre, l'imitazione da sola non è sufficiente. I pappagalli imitano il linguaggio, ma un pappagallo non può dire all'altro che gli esseri umani sono usciti a far spese e stanno per tornare a casa. Nemmeno negli esseri umani l'imitazione del linguaggio basta a permettere il linguaggio. I bambini non sentono mai i genitori dire «romputo» o «prenduto», ma questo non impedisce al bambino che impara a parlare di generalizzare troppo (non può essere soltanto imitazione).[40] I cuccioli di macaco giapponese imitano il comportamento di manipolazione delle pietre, ma non per fabbricare asce. *Ci vuole qualcosa in più.*

Affinché l'imitazione sia di qualche utilità, occorre sapere che cosa e quando imitare e avere l'apparato mentale che sta dietro al comportamento imitativo per poterlo impiegare bene. Per arrivare a capire davvero l'imitazione, forse dobbiamo esaminare i meccanismi, i domini cognitivi che definiscono le caratteristiche rilevanti dello stimolo e pertanto definiscono gli obiettivi delle azioni imitative. Più specificamente, per comprendere il ruolo dell'imitazione nell'apprendimento del linguaggio dobbiamo studiare come funziona il linguaggio, per comprendere il ruolo dell'imitazione nello sviluppo della teoria della mente ci occorre un modello della teoria della mente, e così via. Per dirla in modo leggermente diverso, invece di incentrare i nostri sforzi teorici sull'imitazione e poi considerare per quali compiti computazionali potrebbe essere utile, potremmo concentrarci su particolari compiti computazionali (parlare, comprendere le azioni, afferrare gli oggetti) e poi considerare quale ruolo potrebbe avere l'imitazione in quei contesti. Secondo me, questo approccio rivelerà il «qualcosa in più» che è il motore dell'imitazione.

Questa visione è del tutto compatibile con la tesi della Heyes secondo la quale l'imitazione in sé non è un apposito adattamento cognitivo, ma piuttosto un semplice meccanismo associativo presente in tutto il regno animale. Anche in questo caso, però, direi che per usare quel semplice meccanismo associativo sono necessari sistemi appositi che possano incanalarvi le informazioni pertinenti, e farlo nei momenti appropriati. Anche i neuroni specchio sono intelligenti sotto questo profilo: non risuonano sempre e comunque con qualsiasi azione, ma solo con azioni che hanno un obiettivo, definito non dai movimenti stessi, ma dai movimenti in un particolare contesto, in base a una comprensione più profonda.

Camaleonti umani

Sento già levarsi il coro degli scettici: «Negli esseri umani, l'imitazione non è sempre intelligente!» È vero, quanto meno fino a un certo punto. Sappiamo che gli esseri umani tendono a imitare il modo di parlare degli altri (si pensi all'*uptalk*) – anche se in qualche modo riconosciamo chiaramente che non è un comportamento cruciale per la comunicazione (a differenza, per esempio, della riproduzione di sequenze di fonemi). Uno degli studi descritti, inoltre, sembra mostrare che i neonati umani imitano in maniera quasi automatica (si veda più avanti, però). E c'è dell'altro.

Forse avrete notato che in alcune situazioni sociali due persone tendono a imitare l'una i gesti e la postura dell'altra. Se una persona incrocia le braccia o le gambe, si attorciglia una ciocca di capelli, si aggiusta gli occhiali, beve un sorso di tè, o fa qualunque altra cosa, l'altra tende a fare altrettanto. Gli adolescenti sono famosi per imitare i comportamenti dei coetanei. Le coppie sposate sono giudicate più simili di aspetto quando stanno insieme da decenni rispetto a quando erano sposini. Una spiegazione che è stata proposta per questo fenomeno è che i coniugi tendono a imitare l'uno le espressioni dell'altro, il che a sua volta cesella le caratteristiche del volto in modo simile.[41] Woody Allen ha descritto il fenomeno in un film del 1983, *Zelig*, un finto documentario su un uomo piuttosto insignificante che assume l'aspetto e le caratteristiche di chi gli sta accanto – una specie di camaleonte umano.

Alcuni esperimenti formali hanno confermato che in effetti in certe situazioni sociali gli esseri umani tendono a imitare inconsciamente gli altri. In uno di questi studi, il compito ufficiale dei soggetti era descrivere un insieme di fotografie.[42] I soggetti venivano informati che avrebbero lavorato in coppia, alternandosi nel descrivere che cosa vedevano, e che avrebbero avuto due compagni diversi, ma in realtà le fotografie non avevano nulla a che vedere con l'esperimento e gli «altri partecipanti» erano complici, membri del gruppo sperimentale. Dopo aver ricevuto queste informazioni, il soggetto entrava nella stanza dell'esperimento insieme a uno dei complici e i due iniziavano a descrivere a turno un insieme di tre fotografie; alla fine della sessione, il primo complice se ne andava e ne arrivava un altro per la seconda sessione.

Il vero esperimento riguardava i gesti compiuti dai complici durante le sessioni (toccarsi il viso o far dondolare un piede). Il primo complice faceva uno dei due gesti e il secondo faceva l'altro e così ogni soggetto li vedeva entrambi. La domanda era: i soggetti si sarebbero toccati il viso di più quando erano in coppia con il complice che si toccava il viso e avrebbero fatto dondolare il piede di più in presenza del complice che faceva dondolare il piede? Sì, i soggetti si comportarono così e in base a quanto dichiararono in seguito nelle sedute di *debriefing* lo facevano inconsciamente.

In un esperimento di *follow-up*, i ricercatori imitavano i gesti dei soggetti durante lo svolgimento di un compito di descrizione di fotografie simile a quello appena considerato. Dopo la sessione, i soggetti venivano invitati a valutare il proprio gradimento per il partner e l'andamento dell'interazione. Se erano stati imitati, entrambi i giudizi erano migliori. È il cosiddetto *effetto camaleonte*, la tendenza degli esseri umani ad armonizzarsi con il proprio ambiente sociale imitando, per lo più inconsciamente, gli schemi di comportamento di chi hanno intorno.

L'effetto camaleonte sembra suggerire che Meltzoff ha ragione riguardo a *Homo imitans*: imitare è un comportamento innato, punto. Poi su questa base possiamo costruire capacità cognitive complesse. Con l'imitazione camaleontica, però, incontriamo gli stessi errori in cui ci siamo imbattuti nel caso di altri tipi di imitazione. I camaleonti umani non imitano tutti sempre.[43] Possono imitare gli strofinamenti del viso e i dondolii del piede dell'interlocutore, ma non copiano il suo modo di parlare e non afferrano la stessa penna nello stesso momento. Se gli esseri umani imitassero sempre tutti, farebbe rabbrividire – e non sarebbe utile. In realtà, un'imitazione eccessiva e inappropriata, detta *ecofenomeno*, costituisce una classe riconoscibile di malattie neurologiche. L'*ecolalia* è l'eccessiva imitazione del linguaggio e l'*ecoprassia* è l'eccessiva imitazione delle azioni.[44]

Paradossalmente, l'imitazione inconscia in realtà è molto selettiva.[45] Tendiamo a imitare chi ci piace ed è chiaro che evitiamo di imitare chi non ci piace. Inoltre l'imitazione è più probabile tra membri dell'*in-group* (persone della stessa nazionalità, della stessa religione o dello stesso gruppo etnico) che tra membri dell'*out-group*. Di nuovo, avere la pura capacità di imitare non è sufficiente. *Ci vuole qualcosa in più* per spiegare perché alcuni gesti vengono imitati e altri no.

Per capire l'effetto camaleonte dobbiamo considerare quali funzioni potrebbe avere questo comportamento. Qual è il meccanismo di base che guida il comportamento imitativo? Non occorre cercare tanto lontano. Woody Allen sembra aver trovato la risposta qualche anno prima che gli psicologi sociali la inserissero nella teoria psicologica tradizionale. Nella sceneggiatura di Allen, il comportamento da camaleonte di Zelig era motivato da un profondo desiderio di approvazione sociale, che egli cercava di ottenere trasformandosi nell'immagine delle persone intorno a lui. È un fenomeno abbastanza comune (a livelli meno spettacolari), specie negli adolescenti, ma se si fa attenzione è piuttosto evidente anche negli adulti. Gli psicologi Tanya Chartrand e John Bargh lo descrivono in questo modo:

> Sospettiamo che l'effetto camaleonte contribuisca a un'efficace coordinazione dei comportamenti tra i membri di un gruppo [...] le conseguenze positive dell'empatia, della simpatia e dei legami che si producono automaticamente a causa dell'effetto camaleonte probabilmente sarebbero più vantaggiose per i gruppi di recente costituzione, in cui le relazioni tra i membri non esistono ancora o sono fragili – tenderebbe anche a modellare le sensazioni iniziali tra i membri del gruppo in una direzione positiva.[46]

In breve, l'imitazione inconscia svolge una funzione sociale. Chi agisce come me è percepito come parte del mio *in-group* e ciò produce atteggiamenti sociali positivi. D'altro canto, se ho atteggiamenti sociali positivi nei confronti di un individuo o di un gruppo, ciò innesca la tendenza a imitarli. Alla base del processo vi è un meccanismo sociale, non l'imitazione. Non siamo sociali perché imitiamo, imitiamo perché siamo sociali. Non si tratta di una descrizione alternativa della relazione. Le due prospettive hanno capacità esplicative diverse. Se cerchiamo di considerare l'imitazione inconscia come la base innata su cui si sviluppa naturalmente la socialità, non riusciamo a spiegare perché non imitiamo tutti sempre. Com'è possibile che l'imitazione inconscia, «automatica», sia così selettiva? Se invece l'imitazione inconscia è una conseguenza di un cervello sociale, gli stati sociali (qualunque cosa possano essere – lascio la questione agli psicologi sociali) possono essere il «qualcosa in più» che guida l'imitazione.

Nati per imitare?

Vale la pena dedicare un paragrafo a un'ultima obiezione al punto di vista proposto in queste pagine, secondo il quale l'imitazione umana è prodigiosa non perché siamo gli unici a essere fatti per imitare, ma perché abbiamo i sistemi cognitivi necessari per sfruttare appieno l'imitazione. I neonati sembrano avere una tendenza innata a imitare. Forse la psicologia dell'età evolutiva può spiegare in che modo l'imitazione diventa selettiva: inizia in forma generale e poi viene plasmata dall'esperienza. La dimostrazione che i neonati imitano dà fondamento a questa prospettiva. Va detto, però, che questo risultato è stato oggetto di contestazioni. La psicologa Susan Jones, per esempio, ha esaminato in modo critico i dati e i metodi usati per raccoglierli, tra cui le sbalorditive dimostrazioni di imitazione nel reparto maternità, ed è giunta a una conclusione alquanto diversa:

> I risultati sono compatibili con una descrizione di sistemi dinamici in cui la capacità di imitare non è un modulo specializzato ereditato, ma è invece il prodotto emergente di un sistema formato da elementi sociali, cognitivi e motori, che si sono sviluppati ciascuno in maniera diversa.[47]

La mia discussione precedente era soltanto un modo prolisso di dire ciò che la Jones ha espresso con grande eleganza e concisione.

Il *meccanismo* dell'imitazione è chiaramente primitivo e incorporato nei neuroni specchio dei macachi, «insito nel cervello», oserei dire. Come sostiene in modo convincente la Heyes, fondamentalmente non è un meccanismo complicato. Ciò che serve è soltanto l'associazione. Tutto sta nel sapere che cosa e quando associare. Per questo obiettivo dobbiamo accoppiare il meccanismo associativo della Heyes con i sistemi di ordine superiore della Jones che possono sfruttare l'imitazione in modo «intelligente» (in senso evoluzionistico). Il cervello dei macachi è dotato dei meccanismi atti a sfruttare le informazioni sulle azioni degli altri per guidare e scegliere le proprie, a volte simili e a volte diverse. I neuroni specchio fanno parte di questo apparato. Il cervello dei macachi, tuttavia, non è predisposto per sfruttare appieno l'imitazione ai fini dell'apprendimento del linguaggio o delle relazioni sociali. Il cervello umano, d'altro canto, è fatto per sfruttare meglio ciò che può offrire l'imitazione. Noi abbiamo lo stesso meccanismo associativo fondamentale, probabilmente abbiamo lo stesso tipo di neuroni specchio, ma siamo diversi per quanto riguarda i meccanismi cognitivi (di elaborazione delle informazioni) che si sono evoluti per impiegare bene questi meccanismi associativi fondamentali. Ed è per questo che gli esseri umani sono più bravi delle scimmie a scimmiottare.

9. Specchi rotti

> Essere un bambino autistico vuole dire essere incapace, a un livello variabile di gravità, di stabilire comunicazioni sociali e legami significativi con gli altri, di stabilire un contatto visivo col mondo degli altri, di condividere l'attenzione con gli altri, di imitare il comportamento degli altri o comprenderne le intenzioni, le emozioni e le sensazioni.
>
> Vittorio Gallese, 2006

I disturbi dello spettro autistico sono complessi e molto variabili e la loro causa è poco compresa. Le possibili cause genetiche e ambientali sono argomento di una vasta letteratura e di molti dibattiti, ed esiste una letteratura altrettanto ampia che tenta di affinare la diagnosi, individuare marcatori diagnostici, differenziare sottotipi dello spettro e determinare la fonte della variabilità tra le persone autistiche. Molte domande sono ancora senza risposta. Qual è la causa dell'autismo? Perché la sua incidenza è in aumento? Si tratta di una sola malattia o di molte? Perché i maschi ne sono più colpiti? Esistono trattamenti efficaci? Si potrebbe scrivere un libro intero sui dettagli dell'autismo e in effetti sono già usciti molti libri di questo genere.

I miei interessi qui sono più circoscritti. Mi limiterò a discutere soltanto i sintomi comportamentali dell'autismo e i modelli (neuro) cognitivi che permettono di spiegarli. In queste pagine metterò in rilievo due delle ipotesi più autorevoli, la teoria dello specchio rotto e la teoria della mentalizzazione guasta. Inoltre non intendo affatto presentare una rassegna esaustiva della vasta schiera di esperimenti che hanno indagato tutte le capacità e incapacità dei soggetti autistici e nemmeno discutere le teorie cognitive in maniera molto approfondita. Per avere una prospettiva più ampia, il lettore è invitato a consultare una delle molte fonti originarie.[1]

Con questo capitolo vorrei raggiungere due obiettivi. Il primo è prendere in esame la descrizione dell'autismo basata sui neuroni specchio, poiché questa teoria ha esercitato una grande influenza e la posta in palio è alta, considerando quante vite tocca l'autismo. Il secondo obiettivo è mettere in rilievo un punto di vista alternativo, così come spero di essere riuscito a fare con le concezioni alternative della funzione dei neuroni specchio, della cognizione incarnata e dell'imitazione. In modo particolare, illustrerò la possibilità che l'assunto delle teorie neurocognitive dominanti dell'autismo – che i deficit comportamentali derivano dalla *scarsa* o *nulla* sensibilità sociale – sia sbagliato e che in realtà sia vero il contrario.

Che cosa possiamo dedurre dal comportamento?

Le teorie che vedono nei deficit la causa delle disfunzioni sono ragionevoli e intuitive. Se un individuo non risponde in maniera normale al suono, è probabile che abbia una *ridotta* capacità di sentire ed elaborare il suono. Molto semplicemente, non è in grado di percepire il segnale. Analogamente, se un individuo non risponde in maniera normale alla stimolazione sociale, è ragionevole pensare che abbia una *ridotta* capacità di elaborare le informazioni sociali. Consideriamo, però, il seguente esperimento mentale. Immaginate di avere collegato il vostro televisore a un impianto audio adatto a un concerto rock in uno stadio e di tentare di guardare il notiziario serale tenendo il volume al massimo. Molto probabilmente, vi tappereste le orecchie e correreste fuori dalla stanza. Se vi sforzaste di restare, cercando di ascoltare e osservare incontrereste almeno uno di tre problemi. Innanzitutto, il dolore fisico sarebbe tanto grande che non riuscireste a concentrarvi sul messaggio. In secondo luogo, i tentativi di attutire il suono e alleviare il dolore, per esempio infilandovi gli indici nelle orecchie, vi farebbero perdere molti dei dettagli minuti di cui avete bisogno per sentire normalmente. Percepireste meno bene. Il terzo problema è che, se in qualche modo riusciste ad ascoltare il notiziario, il volume estremo ecciterebbe tante fibre nervose da coprire i dettagli del segnale stesso e quindi anche in questo caso perdereste molte informazioni. Per la funzione normale l'eccesso può essere dannoso tanto quanto la scarsità.

Consideriamo anche gli schemi di comportamento di due ipotetici individui, Owen ed Ethan. Owen va spesso al parco o al mare, cammina, va in bicicletta, nuota e va in barca a vela. Ama vivere all'aperto, come dimostrano i capelli schiariti dal sole e l'abbronzatura. Ethan invece sta quasi sempre al chiuso. Passa il tempo libero leggendo, componendo o esercitandosi in palestra e di tanto in tanto partecipa a una battaglia di *paintball* al coperto. Il suo armadio contiene una sfilza di camicie a maniche lunghe e diversi cappelli a tesa larga, che sono appesi di fianco al cestino delle creme solari a schermo totale e a fattore di protezione 70, se gli dovesse capitare di stare all'aperto. Dei due, qual è l'amante del sole? Owen, giusto? Non necessariamente. Può darsi che Ethan brami il calore e la brillantezza del sole, ma non possa soddisfare il suo desiderio perché è eccessivamente sensibile alla luce, mentre Owen potrebbe essere indifferente al fatto che la giornata sia luminosa e soleggiata oppure fresca e nuvolosa perché gli basta andare in bici o in barca a vela per essere felice.

Possiamo immaginare una situazione simile in relazione ai comportamenti alimentari. Nella dieta di Owen i latticini sono esclusi, mentre in quella di Ethan gli ingredienti principali sono pizza e frullati. Si può presumere che Ethan ami i latticini più di Owen? No. *Potrebbe* essere vero, però è possibile anche che Owen adori il formaggio e il gelato, in realtà più di Ethan, ma sia intollerante al lattosio.

Il comportamento non rivela *automaticamente* la propria causa e può essere fuorviante. Non dobbiamo mai dimenticarlo quando consideriamo il fenotipo comportamentale associato all'autismo e le sue usuali interpretazioni.

Autismo: la prospettiva clinica

La quinta edizione del *Manuale diagnostico e statistico dei disturbi mentali* (DSM-V) definisce il disturbo dello spettro autistico (DSA) mediante due classi di comportamento (che sintetizzo):[2]

> *Deficit persistenti nella comunicazione sociale e nell'interazione sociale in contesti diversi*, compresi (1) deficit nella reciprocità socio-emotiva come una scarsa condivisione degli interessi o delle emozioni e incapacità di dare inizio o rispondere a interazioni sociali; (2) deficit nei comportamenti comunicativi non verbali usati per l'interazione sociale, come anomalie del

contatto oculare e del linguaggio del corpo o deficit di comprensione e uso dei gesti, e mancanza di espressività del viso e di comunicazione non verbale; (3) deficit nello sviluppo, nel mantenimento e nella comprensione delle relazioni, come difficoltà nel regolare il comportamento per adattarlo a diversi contesti sociali, nel fare amicizie e mancanza di interesse per i propri pari.

Modalità di comportamento, attività e interessi limitati e ripetitivi, tra cui (1) uso degli oggetti e movimenti motori stereotipati e ripetitivi; (2) insistenza nel fare la stessa strada o mangiare lo stesso cibo, inflessibile aderenza alla routine, modalità di comportamento verbale o non verbale ritualizzata; (3) fissazioni, interessi ristretti anomali per intensità o per focalizzazione; (4) iperreattività o iporeattività agli stimoli sensoriali o eccezionale interesse per aspetti sensoriali dell'ambiente.

Il DSM-V prevede inoltre diversi livelli di gravità dei sintomi comportamentali e varianti con e senza disabilità intellettuale, con e senza compromissione del linguaggio, definendo in tal modo lo *spettro*.

Per i nostri scopi, notiamo che i criteri diagnostici per il DSA danno quasi per scontata una teoria dei *deficit* – «*Deficit* persistenti nella comunicazione sociale» – e sottolineano la possibilità di «*ipo*-reattività agli stimoli sensoriali». È opinione diffusa che i bambini autistici siano meno sensibili al dolore perché le loro reazioni a eventi dolorosi, come un prelievo di sangue, spesso sono meno drammatiche di quelle tipiche di un bambino. Uno studio recente ha analizzato in maniera più approfondita la reattività al dolore degli autistici ed è giunto a una conclusione piuttosto diversa.[3] I partecipanti, 73 bambini e adolescenti affetti da autismo e 115 soggetti di controllo, venivano esaminati durante un prelievo di sangue. La reattività comportamentale al dolore della puntura dell'ago era valutata da un'infermiera e da uno psichiatra infantile, entrambi presenti durante la procedura. Nel complesso, la risposta comportamentale al dolore del gruppo autistico era meno forte, in accordo con la credenza popolare. I ricercatori, tuttavia, hanno misurato anche la frequenza del battito cardiaco e i livelli sierici di un ormone dello stress (b-endorfina). I soggetti autistici mostravano una frequenza del battito cardiaco maggiore in risposta alla puntura dell'ago e avevano una concentrazione di b-endorfina più alta rispetto ai soggetti di controllo. Ecco la conclusione degli autori: «I risultati suggeriscono chiaramente che le precedenti descrizioni di ridotta sensibilità al dolore negli individui autistici hanno a che fare con una diversa modalità di *espressione* del dolore più che con una insensibilità» (il corsivo è mio). Ribadisco: il comportamento non rivela automaticamente la propria causa.

Autismo: il punto di vista cognitivo

Dalla prospettiva della ricerca di orientamento cognitivista, gli autistici appaiono privi, del tutto o almeno in parte, della capacità di comprendere gli obiettivi e le intenzioni che stanno dietro alle azioni degli altri, di interpretare le emozioni degli altri, di provare empatia, di condividere l'attenzione (indicare oggetti di comune interesse o rivolgere lo sguardo a ciò a cui stanno prestando attenzione gli altri), di riconoscere i volti e di imitare gli altri. Senza dubbio è comprovato che gli autistici possono ottenere risultati anomali nei test che saggiano tali capacità.

Molti di questi deficit hanno a che fare con quel genere di capacità che dovrebbe essere permesso dalla teoria della mente, come capire le intenzioni degli altri, provare empatia e condividere l'attenzione. Di conseguenza, in base a un'autorevole descrizione cognitivista dell'autismo gli individui affetti da questa malattia non hanno una teoria della mente, non sono dotati della capacità di «mentalizzare», ossia di considerare il comportamento altrui come frutto di stati mentali simili ai propri.[4] Lo psicologo Simon Baron-Cohen ha chiamato questa condizione *cecità mentale*.[5] È una teoria ragionevole: se qualcuno ottiene risultati scarsi in test ideati per valutare, poniamo, la comprensione delle intenzioni, è molto probabile che il modulo mentale alla base di questa capacità sia guasto.

È interessante notare che Vittorio Gallese, il coscopritore dei neuroni specchio, considera questa teoria «totalmente indifendibile», e cita come prova fondamentale lo studio di un singolo caso «condotto su una paziente con una lesione focale bilaterale della corteccia cingolata anteriore, indicata in precedenza come la possibile sede del modulo della teoria della mente, [la quale] non mostrava alcun deficit nell'interpretare i contenuti mentali altrui».[6] Gallese propone una sua teoria:

> Sono convinto che questi deficit, come quelli osservati nella correlata sindrome di Asperger, debbano essere attribuiti a un deficit o malfunzionamento della «consonanza intenzionale» a causa di un malfunzionamento dei meccanismi della simulazione incarnata, a sua volta prodotto da una disfunzione dei sistemi dei neuroni specchio.[7]

La «consonanza intenzionale» è un'espressione ricercata che indica la capacità di essere consapevoli delle intenzioni degli altri, in realtà una nuova etichetta per l'idea della mentalizzazione. Gallese però non si ferma qui e sostiene che i deficit di mentalizzazione derivano da un danno non a un modulo neurale dedicato alla teoria della mente, ma a un più elementare meccanismo di simulazione che dipende dai neuroni specchio. Questa è la *teoria dello specchio rotto* che è stata proposta da diversi autori per spiegare l'autismo.[8]

Dovremmo applicare l'argomento di Gallese basato sulla lesione e osservare che centinaia di pazienti affetti da afasia di Broca e/o aprassia degli arti, che spesso hanno lesioni che riducono la capacità motoria e distruggono il sistema specchio, non sono considerati autistici. In base alla logica di Gallese, ciò rende «totalmente indifendibile» la sua teoria, tuttavia l'ipotesi dello specchio rotto ha dimostrato di esercitare una grande influenza.

Una parte del fascino della teoria dello specchio rotto è dovuta al fatto che spiega deficit sociali di alto livello in funzione di un meccanismo neurale elementare che copre un grande territorio cognitivo. I neuroni specchio sono la base del linguaggio, dell'imitazione, della teoria della mente, dell'empatia, della comprensione delle intenzioni e degli obiettivi e della capacità di interpretare le emozioni degli altri. Negli individui autistici tutte queste funzioni sono compromesse, pertanto l'autismo può essere ricondotto a un deficit del sistema dei neuroni specchio. È ovvio che, se i neuroni specchio non sono la base di nessuna di queste funzioni, come ho cercato di dimostrare in queste pagine, la catena di deduzioni che porta all'ipotesi dello specchio rotto si spezza. Dagli argomenti presentati nei capitoli precedenti discende che la stessa teoria dello specchio rotto è totalmente indifendibile.

Giungo a questa conclusione chiarendo gli assunti fondativi che stanno alla base della funzione dei neuroni specchio. Altri hanno attaccato la teoria dello specchio rotto da un'altra direzione. La neuroscienziata Antonia Hamilton ha confrontato con cura le previsioni della teoria con i dati sperimentali disponibili sul comportamento degli autistici. La Hamilton arriva alla stessa conclusione: l'autismo non è causato da specchi rotti.[9] Il suo argomento si riduce al semplice fatto che le persone autistiche non presentano i profili di comportamento previsti dalla teoria dello specchio rotto. Per esempio, anche se è vero che alcuni studi hanno rilevato che gli autistici ottengono risultati scarsi nei test di imitazione di azioni *prive di significato*, altri studi hanno verificato che sanno imitare in maniera piuttosto efficace le azioni mirate a un obiettivo. I dati sembrano inoltre indicare che nell'autismo la capacità di riconoscere le azioni si conserva. In uno studio, la Hamilton e i suoi collaboratori hanno chiesto a un gruppo di bambini autistici di associare fotografie di varie posizioni delle mani a disegni di azioni (come stirare una camicia) in cui le mani non erano rappresentate. Il gruppo dei bambini autistici ha ottenuto risultati migliori rispetto al gruppo di controllo di bambini non autistici.[10] Sono capacità che secondo la teoria dello specchio rotto dovrebbero essere compromesse.

I dati empirici pertinenti sono stati esaminati anche dalla psicologa Morton Ann Gernsbacher, che ha confermato la valutazione della Hamilton. La Gernsbacher scrive che alcuni studi «sono unanimi nel dimostrare che gli autistici di ogni età sono perfettamente capaci di comprendere l'intenzionalità delle proprie azioni e di quelle altrui; non vi è «incapacità» né ridotta comprensione delle intenzioni alla base delle azioni».[11] La Gernsbacher solleva inoltre gravi preoccupazioni riguardo ai dati di *neuroimaging* che secondo alcuni rivelano disfunzioni del sistema specchio nell'autismo e cita due studi del 2005 e del 2006 che hanno segnalato un'attività anomala dei neuroni specchio in soggetti autistici.[12] Gli studi sono stati molto pubblicizzati dal «New York Times», da «Scientific American» e dalla NOVA, tuttavia, come fa notare la Gernsbacher, i loro risultati non sono stati riprodotti in studi successivi, alcuni dei quali non hanno segnalato differenze tra gli autistici e il gruppo di controllo.[13]

La psicologa Cecilia Heyes è un'altra studiosa che contesta l'ipotesi dello specchio rotto. Il suo argomento è incentrato sull'imitazione, che nello scenario dello specchio rotto dovrebbe essere gravemente compromessa. La Heyes respinge l'idea comunemente accettata che gli autistici abbiano un deficit fondamentale di imitazione, sostenendo che i test usuali non forniscono valutazioni dirette della capacità imitativa a causa della loro complessità cognitiva. Di solito ai partecipanti viene mostrata un'azione e viene chiesto di «fare la stessa cosa» e a tal fine essi devono dedurre che cosa sia esattamente ciò che sono invitati a fare, mantenere a lungo l'attenzione, usare la memoria di lavoro per ricordare la sequenza dei movimenti ed essere motivati a soddisfare la richiesta. Per evitare questi problemi, la Heyes e i suoi collaboratori hanno misurato l'imitazione automatica (inconscia) chiedendo a un gruppo di soggetti autistici di aprire o chiudere una mano il più velocemente possibile appena la mano della persona che avevano di fronte iniziava a muoversi. I ricercatori volevano sapere se gli autistici avrebbero mostrato un effetto di compatibilità dei movimenti, ovvero tempi di risposta inferiori quando l'azione percepita corrispondeva alla risposta richiesta. Il risultato è stato proprio questo e ciò indica che gli autistici sono perfettamente in grado di associare azioni percepite e azioni eseguite.[14]

Nel complesso, e nonostante tutto il sensazionalismo che la circonda sulla stampa popolare, prevale sempre più l'opinione che la teoria dello specchio rotto non sia confermata dai risultati scientifici.

Che cosa si può dire della teoria della mentalizzazione guasta? L'argomento più forte a favore di un deficit della teoria della mente nell'autismo proviene dal cosiddetto *compito della falsa credenza*, un classico test comportamentale della capacità di mentalizzare. Nella versione originaria, al bambino viene presentato il modellino di una stanza in miniatura, in cui una bambola di nome Sally mette in un cesto un oggetto desiderabile, per esempio un cioccolatino, e poi esce dalla stanza. A quel punto compare sulla scena un'altra bambola, Anne, che sposta l'oggetto in una scatola. Al bambino viene quindi mostrata Sally mentre rientra nella stanza, e viene chiesto dove crede che Sally andrà a cercare l'oggetto. Il punto importante è che per dare la risposta corretta l'osservatore deve riconoscere che, benché non sia vero, Sally *crede* che l'oggetto sia ancora nel cesto. Se il bambino prevede che Sally lo cercherà nel cesto, significa che sa che il comportamento non è causato soltanto dall'ambiente (dalla posizione reale dell'oggetto), ma anche da ciò che le persone *credono* del mondo, ovvero dai loro stati mentali. Il compito della falsa credenza viene quindi considerato una prova decisiva della presenza della teoria della mente.

I bambini di quattro anni superano il test della falsa credenza, ma quelli più piccoli ci riescono di rado, come i bambini autistici e gli adulti autistici (più raramente dei soggetti di controllo, in ogni caso). Di solito, se ne conclude che gli autistici e i bambini non autistici sotto i quattro anni non hanno una teoria della mente.

Paradossalmente, questi fatti fanno dubitare che il malfunzionamento di un modulo della teoria della mente sia una causa *fondamentale* dei sintomi comportamentali dell'autismo. Tanto per cominciare, come fa notare lo psicologo di Yale Paul Bloom, i bambini di tre anni, che non superano il test della falsa credenza, non si comportano come se fossero autistici.[15] In realtà, l'autismo spesso viene diagnosticato molto prima del quarto compleanno del bambino, a un'età in cui i bambini autistici e non autistici sono indistinguibili in base ai risultati che ottengono in simili test della teoria della mente. Un altro problema è dato dal fatto che una percentuale non insignificante di autistici e molti individui «ad alto funzionamento» affetti da disturbi dello spettro autistico *riescono* a superare il test della falsa credenza, ma manifestano quelle difficoltà sociali che caratterizzano lo spettro.[16] Oltre a un deficit della teoria della mente, così come viene misurato dal test della falsa credenza, dev'esserci qualcos'altro al centro dell'autismo.

Il compito stesso potrebbe far parte del problema. La Gernsbacher ha osservato che il successo nel compito della falsa credenza dipende in gran parte da capacità linguistiche: per rispondere nel modo giusto, una persona deve capire la domanda che le viene rivolta. Dato che gli autistici hanno problemi linguistici, non stupisce che non superino il test della falsa credenza.[17] Bloom nutre sospetti simili nei confronti del compito e ha persino presentato due ragioni per abbandonarlo del tutto come misura della teoria della mente.[18] La prima ragione è che il compito è cognitivamente troppo impegnativo e quindi non ha a che vedere soltanto con la teoria della mente. In analogia con l'argomento della Heyes riguardo ai compiti di imitazione, Bloom osserva che il compito della falsa credenza pone richieste significative alla capacità di sopprimere informazioni salienti ma fuorvianti (come la posizione effettiva dell'oggetto), e così via. A sostegno della sua tesi, cita il fatto che i bambini di meno di quattro anni riescono a superare alcune versioni semplificate del test. La seconda ragione è che la teoria della mente è necessaria per altri compiti che anche i bambini di meno di due anni riescono a svolgere. Ne abbiamo già incontrato un esempio nel capitolo precedente: intorno a un anno di età, spesso i bambini imitano l'azione che si *intendeva* compiere e non l'azione effettiva: se uno sperimentatore cerca di far funzionare un giocattolo e non ci riesce, i bambini imitano l'*intenzione*, non i fallimenti, dimostrando che i bambini molto piccoli capiscono le intenzioni. Bloom cita molti altri esempi.

Alcuni risultati, seppure non molti, indicano che, come nel caso dei bambini di meno di quattro anni, una semplificazione del compito della teoria della mente rende evidente la capacità di mentalizzare degli individui autistici. In uno dei compiti proposti, c'è una bambola a cui piace molto una merendina che non piace affatto ai partecipanti e ai bambini si domanda quale merendina sceglierà di mangiare la bambola. I bambini autistici che non superano il test normale della falsa credenza spesso riescono a superare il test semplificato.[19]

Dunque né la teoria dello specchio rotto né la teoria della mentalizzazione guasta reggono il confronto con i dati empirici sulle capacità e sui deficit nell'autismo. Antonia Hamilton conclude con queste parole la sua rassegna della letteratura:

> Né una teoria di basso livello (la teoria dello specchio rotto) né una teoria di alto livello (la più generale teoria della mentalizzazione) possono rendere conto in modo completo dei dati oggi disponibili. Probabilmente le teorie future dovranno essere capaci di distinzioni più sottili, per distinguere tra diversi tipi di sistemi di neuroni specchio e tra diversi tipi di mentalizzazioni. Pertanto affermazioni generiche riguardo a deficit del «sistema dei neuroni specchio» o di «mentalizzazione» nell'autismo non saranno più sufficienti.[20]

Sono d'accordo sul fatto che né l'una né l'altra teoria sono soddisfacenti, ma non sono convinto che distinzioni più sottili tra vari tipi di sistemi specchio o di funzioni della teoria della mente permetteranno di andare avanti. Sospetto che il problema si nasconda nel fatto che tutta questa discussione è ancora incentrata su ciò che *manca* nell'autismo. Gli autistici non sono dotati di sistemi specchio, non hanno una teoria della mente, non provano empatia, oppure non hanno la capacità di elaborare le informazioni sociali. Sono tutte teorie di *insufficienza* o *ipo*funzione; è una buona ipotesi di partenza, ma non è l'unica possibilità. Bene, considerando gli scarsi successi ottenuti, forse è ora di concentrare qualche ricerca su una teoria basata sull'*eccesso*, sull'*iper*sensibilità. Forse gli autistici non vivono in un mondo socialmente annebbiato, ma piuttosto in un mondo socialmente intenso.

La sindrome del mondo intenso

Henry Markram, Tania Rinaldi e Kamila Markram in effetti hanno proposto una teoria simile in un articolo del 2007 intitolato appunto *The Intense World Syndrome – An Alternative Hypothesis for Autism*.[21] La teoria si basa, stranamente, su un modello dell'autismo nei ratti. Dico «stranamente» perché l'autismo è sempre stato considerato una malattia che colpisce soltanto gli esseri umani, i cui sintomi caratterizzanti si manifestano nei domini di alto livello del linguaggio e delle relazioni sociali. Si è scoperto, però, che nei ratti l'esposizione prenatale all'acido valproico – un ingrediente di medicinali di uso umano per controllare gli attacchi epilettici e i disturbi bipolari – fa sviluppare alcune caratteristiche fondamentali dell'autismo sia neurali sia comportamentali, tra cui la perdita di neuroni del cervelletto, anomalie del sistema serotoninergico, diminuzione delle interazioni sociali, aumento di comportamenti ripetitivi, livelli maggiori di ansia, anomalie motorie e ipersensibilità sensoriale. Curiosamente, la prevalenza dell'autismo negli esseri umani che sono stati esposti all'acido valproico prima della nascita a causa dell'uso materno di un medicinale è sostanzialmente più alta (in base a una stima, 11-100 volte più alta) rispetto alla popolazione generale.[22]

Alcuni dei sintomi citati – livelli maggiori di ansia, ipersensibilità sensoriale – non emergono regolarmente quando si discutono teorie dell'autismo basate sulla rottura di questo o quello, e per ottime ragioni: quelle teorie hanno ben poco da dire al riguardo. Come spiegare una ipersensibilità alla stimolazione sensoriale in una sindrome causata da un modulo della teoria della mente guasto? Si tratta, però, di sintomi piuttosto tipici dell'autismo, perciò di qualcosa che dovremmo cercare di spiegare. Come vedremo, gli esempi di iperfunzione hanno una spiegazione naturale.

L'esistenza di un modello dell'autismo nei ratti permette di esplorare, in maniera notevolmente dettagliata, le basi neurali di un fenotipo simil-autistico. Questo è proprio il tipo di esplorazione realizzata dal gruppo diretto da Henry e Kamila Markram, che si è concentrato su tre regioni cerebrali: la corteccia somatosensoriale, la corteccia prefrontale e l'amigdala. La corteccia somatosensoriale dei roditori è ben sviluppata ed è stata studiata in maniera approfondita, quindi fornisce un buon modello per i sistemi sensoriali; la corteccia prefrontale è stata presa in esame come esempio di un sistema di elaborazione corticale di alto livello; l'amigdala è stata considerata a causa del suo noto ruolo nei processi emotivi e per valutare la funzione neurale in una rete non corticale.

Ecco una carrellata dei punti principali di ciò che ha mostrato questo lavoro.

L'équipe ha stabilito che le reti neurali locali nelle tre regioni cerebrali esaminate nei ratti sono *iperreattive*. Lo ha dimostrato stimolando, in vitro, un piccolo campione di tessuto cerebrale (meno di un millimetro quadrato) e registrando la risposta dei singoli neuroni compresi nel campione. L'ampia stimolazione attiva la cellula registrata e la sua rete locale. La risposta, pertanto, riflette non solo la stimolazione diretta, ma anche la stimolazione indiretta della rete attraverso i vicini della cellula. Negli animali trattati con acido valproico è stata rilevata una risposta neurale alla stimolazione della rete più intensa di quella degli animali di controllo. Se si stimola una sola cellula e non tutta la sua rete, si manifesta *ipo*reattività: occorre una stimolazione maggiore per far scaricare la cellula. Quindi non sono i neuroni stessi a essere ipereccitabili, sono le *reti*. Sembra che ad alimentare l'iperreattività a livello di microrete siano le connessioni dirette tra neuroni. Gli animali trattati con acido valproico mostrano un aumento del 50% del numero di connessioni dirette tra neuroni nell'ambito di un circuito locale.

Il gruppo diretto dai Markram ha inoltre scoperto che le reti neurali dei ratti esposti all'acido valproico sono anche *iperplastiche*. È noto dagli anni sessanta che, se due neuroni collegati vengono stimolati simultaneamente per un certo intervallo, la successiva risposta della rete di due cellule alla stimolazione continua a essere più intensa del valore di riferimento per molto tempo. Si tratta del cosiddetto *potenziamento a lungo termine*, che viene considerato un importante meccanismo cellulare nell'apprendimento e nella memoria. Rispetto ai ratti di controllo, negli animali trattati con acido valproico il potenziamento a lungo termine era due volte tanto in tutt'e e tre le regioni cerebrali studiate, mostrando che questa forma di plasticità si accentua. Anche la plasticità della connettività delle reti aumenta. Esaminando gli schemi di connettività tra neuroni in reti locali ed estese prima e dopo l'attivazione diffusa e prolungata (per tutta una notte) dell'intera rete, nei ratti trattati si è rilevato un aumento della velocità di riconnessione, evidente soprattutto nelle reti non locali, rispetto al gruppo di controllo. Questa iperplasticità sembra avere conseguenze sul comportamento: i ratti trattati hanno una risposta di paura condizionata – la risposta a un suono che in precedenza era stato accoppiato a una lieve scossa elettrica – che è più forte, generalizza più facilmente e persiste più a lungo rispetto alla risposta degli animali di controllo.

Considerando questi tipi di cambiamenti neurali nel modello dell'autismo nei ratti, possiamo elaborare una descrizione plausibile della base neurale della gamma dei comportamenti autistici. Le iperabilità, come un'altissima sensibilità sensoriale o una straordinaria memoria in un dominio particolare, possono essere spiegate dall'iperattività e dall'iperplasticità dei circuiti neurali. L'iporisposta agli stimoli sociali può essere spiegata dall'intensità emotiva del segnale, che scatena reazioni di ansia e di evitamento, il che significa che in ogni occasione sociale si acquisiscono meno informazioni e nel corso del tempo si hanno meno opportunità di apprendimento nel dominio sociale. Anche l'impiego della teoria della mente dovrebbe risentire di una risposta iperattiva ai segnali sociali – anche in assenza di deficit fondamentali di mentalizzazione – a causa della maggiore ansia durante l'interazione con gli altri e/o del fatto che il comportamento di evitamento fa diminuire la quantità di informazioni percepite o apprese. I comportamenti ripetitivi possono essere considerati come un meccanismo protettivo di controllo, mirato a regolare il mondo intenso del bambino. I deficit motori possono essere spiegati dall'ipereccitabilità della risposta alla stimolazione sensoriale, che ha conseguenze sul piano motorio, come abbiamo discusso, o dall'iperreattività dei sistemi motori stessi. Inoltre, poiché il linguaggio a certi livelli è un compito sensomotorio e ad altri un comportamento altamente sociale, si può prevedere che le anomalie nel dominio sensomotorio o in quello sociale si ripercuotano sul linguaggio.

Tutto ciò è interessante, e significativo, ma in quale misura riguarda realmente l'autismo? È una buona domanda. In questa fase, in realtà abbiamo soltanto prove indiziarie sotto forma di corrispondenze tra l'autismo umano e il modello dell'autismo nei ratti trattati con l'acido valproico. In ultima analisi, sono i risultati che contano. Se sulla base del modello dell'autismo nei ratti si potranno sviluppare terapie o misure preventive dimostrabilmente utili per gli esseri umani, o se si potranno dimostrare in modo inequivocabile gli stessi cambiamenti neurali negli esseri umani, allora avremo una conferma.

Anche se alla fine non avessimo una piena conferma, il modello dell'autismo nei ratti è comunque utile per i nostri scopi, poiché dimostra in maniera essenziale che da un sistema iperreattivo possono emergere sintomi simili a quelli dell'autismo. Non è necessariamente vero che le anomalie di esecuzione di questo o di quell'altro compito derivano da una funzione neurale debole. I Markram lo sostengono esplicitamente in relazione a un lavoro precedente sul collegamento tra la disfunzione dell'amigdala e l'autismo. Vale la pena citarne un lungo brano (da cui ho eliminato le citazioni):

> Il primo modello animale dell'autismo è stato realizzato provocando una lesione dell'amigdala e studiandone gli effetti sulla gerarchia e sui comportamenti sociali, partendo quindi dal presupposto che la mancanza di attività dell'amigdala potesse spiegare la mancanza di interazioni sociali o di intelligenza sociale nell'autismo. Questa concezione ha dominato le ricerche sul

ruolo dell'amigdala nell'autismo. Si sono tracciati paralleli tra pazienti con lesioni dell'amigdala e soggetti autistici e si sono associati studi di fMRI indicanti un'insufficiente attivazione dell'amigdala nei soggetti autistici a deficit di interpretazione degli stati mentali e delle sensazioni altrui. Tuttavia, potrebbe essere vera anche la situazione opposta, che provocherebbe sintomi simili: nell'autismo l'amigdala, invece di essere ipoattiva o non rispondere in maniera sufficiente, potrebbe essere eccessivamente reattiva. Di conseguenza, potrebbe essere che gli autistici elaborano troppe informazioni emotivamente rilevanti e in particolare che hanno un'eccessiva elaborazione della paura e dell'ansia. Il risultato potrebbe essere simile a quello derivante da un'amigdala non sufficientemente attiva: ripiegamento su sé stessi e diminuzione dell'interazione sociale a causa di una aumentata risposta allo stress e del superamento della capacità socioemotiva. In effetti, come descritto più avanti, i nostri studi sui discendenti di ratti trattati [con acido valproico] indicano che l'amigdala è iperreattiva, iperplastica e produce una maggiore elaborazione dell'ansia e della paura. In accordo con questa possibilità, anche studi di fMRI più recenti rivelano un'iperattivazione dell'amigdala nell'autismo.[23]

Questo tipo di effetto – iperreattività che porta all'evitamento – viene osservato in maniera regolare e non controversa nel dominio sensoriale.[24] Spesso gli individui autistici si coprono le orecchie quando nell'ambiente sono presenti suoni anche moderatamente forti e manifestano altre forme di comportamenti di evitamento. Come nell'esempio dell'impianto audio da concerto rock presentato all'inizio del capitolo, se una persona autistica non riuscisse a ottenere informazioni da suoni moderatamente forti o uscisse semplicemente dalla stanza, non diremmo che ha una capacità ridotta di sentire il suono. È più facile attribuire la risposta a una aumentata sensibilità alla stimolazione sensoriale. Come ha detto la scienziata autistica Temple Grandin in un'intervista radiofonica, «Come fa una persona a socializzare se le sue orecchie sono tanto sensibili che stare in un ristorante è come essere all'interno di un altoparlante a un concerto rock e fa male alle orecchie?».[25] Buona domanda.

Vedi ciò che vedo io?

Un altro indicatore di ipersensibilità ce l'abbiamo proprio davanti agli occhi. Gli autistici sembrano percepire di meno le espressioni del volto rispetto alle persone non autistiche e la parte del cervello sensibile ai volti, l'area fusiforme dei volti, negli autistici risponde meno bene. La prima, e più popolare, interpretazione di questi dati è che gli autistici non sanno interpretare le espressioni del volto a causa dello scarso sviluppo dell'area neurale per i volti. Un gruppo di ricerca di Pittsburgh che ha sottoposto a scansione Temple Grandin mentre osservava fotografie di volti e di scene senza volti ha ottenuto esattamente questo risultato. La Grandin ha descritto la sua esperienza nello scanner durante una conferenza tenuta allo UC Davis's MIND Institute nel 2008 (il MAIUSCOLETTO indica le parole pronunciate con particolare enfasi):

> [La ricercatrice] Nancy Minshew ha fatto un'altra scansione e ha scoperto che ero più interessata agli OGGETTI che alle fotografie di persone [...] Poi inizia a mostrarmi tutti quegli strani filmati di persone, aerei che volano sopra il Gran Canyon, ponti, mele e oggetti di ogni tipo. E io li guardo [pensando] *dove ha preso questi video degli anni settanta? Quante violazioni di copyright ci saranno in questo video?* Perché guardavo gli OGGETTI? Perché gli OGGETTI mi davano più informazioni sull'origine dei filmati. E io stavo cercando di capire su che cosa vertesse l'esperimento.

Analizzando soltanto le scansioni cerebrali, sembrerebbe che l'area dei volti di Temple Grandin non funzioni bene, ma dal suo racconto dell'esperienza è chiaro che stava prestando più attenzione agli oggetti, il che potrebbe tranquillamente produrre i risultati osservati anche se la sua area fusiforme dei volti fosse del tutto normale (l'attenzione modula la risposta neurale). Può darsi che fosse più attenta alle immagini di oggetti perché la sua area dei volti non funziona bene? È possibile ed è la spiegazione usuale sia dello schema di risposta sia del comportamento della Grandin, orientato più agli oggetti che ai volti. Non è l'unica possibilità, però! Può darsi, per esempio, che la sua area dei volti sia *iper*reattiva e che ciò la spinga a evitare di soffermarsi sui volti, facendole prestare più attenzione agli oggetti, il che porta al risultato osservato. O forse è soltanto abbastanza intelligente da riconoscere (e infatti l'ha osservato) che nel contesto del problema che voleva risolvere durante lo studio, cioè capire gli obiettivi dell'esperimento, gli OGGETTI danno più informazioni.

Almeno un altro studio di fMRI ha confermato che le spiegazioni alternative delle «disfunzioni» nell'elaborazione dei volti potrebbero andare nella direzione giusta. I ricercatori hanno sottoposto a scansione cerebrale soggetti autistici e non autistici che osservavano immagini di volti con un'espressione neutra o emotivamente espressivi. Un punto cruciale è che, usando tecniche di inseguimento dello sguardo, i ricercatori hanno anche monitorato le parti delle immagini osservate dai soggetti durante l'esperimento. Nel complesso, nei soggetti autistici l'area fusiforme dei volti si attivava in maniera meno vigorosa rispetto ai soggetti di controllo, come rilevato in ricerche precedenti. I dati relativi allo sguardo, tuttavia, mostravano che ciò era dovuto al fatto che gli autistici dedicavano meno tempo a osservare la regione più informativa dei volti, gli occhi. In realtà, quando i ricercatori hanno esaminato l'attivazione dell'area fusiforme in funzione del tempo trascorso fissando gli occhi dei volti fotografati, hanno rilevato una forte correlazione positiva nel gruppo autistico. Ciò significa che il cervello autistico risponde piuttosto bene agli stimoli facciali, se si tiene conto del tempo trascorso a osservarli.[26]

Possiamo di nuovo domandarci: perché mai gli autistici non guardano la regione più informativa del volto? Se a limitare la loro capacità di ricavare informazioni dagli occhi non è un deficit generale di elaborazione dei volti, potrebbe essere un deficit di elaborazione *emotiva* dei volti. Secondo questa prospettiva, la spiegazione sarebbe che negli autistici il sistema di elaborazione dei volti *in generale* funziona bene, come attesta l'attivazione nell'area fusiforme quando osservano effettivamente un volto, tuttavia gli autistici si soffermano sulle regioni critiche meno dei soggetti di controllo perché hanno difficoltà a elaborare le emozioni. Come prima, si tratta di un'interpretazione possibile, ma anche in questo caso non è l'unica. Un'alternativa è che gli autistici non osservino altrettanto a lungo gli occhi a causa di una risposta iperattiva alle informazioni emotive, che è particolarmente evidente quando li osservano. In accordo con questa possibilità alternativa, inoltre, lo stesso studio ha riferito che durante l'osservazione dei volti l'attivazione dell'amigdala era più forte negli autistici che nei soggetti di controllo.

In accordo con questa alternativa sono anche le ipotesi di iperreattività emotiva formulate dagli autistici stessi. Ecco alcuni esempi tratti da un articolo sull'elaborazione dei volti nell'autismo:[27]

Per me osservare il volto di una persona è doloroso. Trovo particolarmente difficile guardare gli occhi e la bocca di una persona. Il fatto che non stabilisco un contatto visivo a volte induce le persone, in particolare i miei educatori e professori, a pensare che non stia prestando attenzione.

Matthew Ward, studente, Università del Wisconsin

Gli occhi sono molto intensi e mostrano le emozioni. Due occhi che ti scrutano possono farti venire i brividi. Certi autistici non guardano negli occhi neanche gli attori e i giornalisti della TV.

Jasmine Lee O'Neill, scrittrice

Da quando ero piccolo fino a poco tempo fa, i miei fratelli e tutti gli altri hanno sempre cercato di farsi guardare negli occhi. È praticamente la cosa più difficile che possa fare, in quanto autistico, poiché è come l'ipnosi. E voi vi guardate tutti dritti negli occhi, è estenuante.

Lars Perner, professore, Università Statale di San Diego

Sono dichiarazioni significative per due ragioni. Innanzitutto, indicano chiaramente che in queste persone la teoria della mente è intatta («Il fatto che non stabilisco un contatto visivo [...] induce le persone [...] a pensare che [...]). In secondo luogo, evitare attivamente il contatto visivo indica che si è sensibili alle informazioni che se ne ricaverebbero tanto quanto impegnarsi attivamente nel contatto visivo. Se non riconosci che gli occhi contengono informazioni, perché dovresti evitarli?

L'autismo continua a essere poco compreso a tutti i livelli. Non voglio lasciar intendere di conoscere le risposte. Qualcosa sappiamo, tuttavia. Sappiamo che la teoria dello specchio rotto non regge bene al confronto con i fatti empirici: gli autistici non presentano l'insieme di deficit previsti dalla teoria e, cosa a mio avviso ancora più importante, i neuroni specchio non sono alla base di quelle capacità che nell'autismo sono compromesse. La situazione della teoria della mentalizzazione guasta non è molto migliore considerando che i compiti comunemente usati per valutare la teoria della mente destano qualche seria preoccupazione, l'esecuzione di tali compiti non permette sempre di distinguere i soggetti autistici da quelli di controllo e la descrizione di questa teoria affronta un solo aspetto del quadro generale dell'autismo. La teoria del mondo intenso sembrerebbe promettente. La gamma di dati che abbiamo considerato in questo capitolo giustifica ampiamente un aumento delle indagini sul «modello umano» dell'autismo alla luce di questa teoria.

Piccola digressione. Il fatto che qualcuno non stabilisca un contatto visivo, rifugga dalle interazioni sociali o appaia ossessionato dagli OGGETTI non significa necessariamente che non sappia interpretare le emozioni, che sia *a*sociale o che non provi empatia. Per contro, se una persona è simpatica, socievole e carismatica, non significa che incarni l'ideale platonico della società. I sociopatici, per esempio, a volte presentano proprio le caratteristiche citate (un esempio famoso è il serial killer Ted Bundy).

Sulla scia delle recenti sparatorie ad Aurora, a Newtown e altrove, è stato tracciato in modo implicito o esplicito un increscioso collegamento tra autismo e comportamento antisociale. È un collegamento facile da stabilire se ci si basa sugli assunti classici riguardo alla malattia, in particolare se si descrivono gli autistici ad alto funzionamento come persone diverse da noi, che non provano empatia, come un enigma. Considerandoli alieni o robot, e arrivando persino a paragonarli ad animali non umani, si sono forniti tutti gli ingredienti per il classico personaggio demoniaco hollywoodiano. Gli esperti tuttavia fanno continuamente e giustamente notare che non esistono collegamenti causali tra autismo e violenza né tra autismo e comportamento sociopatico.

10.

Prevedere il futuro dei neuroni specchio

Distruggere la stalla

La teoria dei neuroni specchio alla base della comprensione delle azioni – con le sue incursioni nel linguaggio, nell'empatia, nella teoria della mente, nell'autismo e in altri settori – ha avuto delle belle soddisfazioni. A partire dagli anni novanta, quando i teorici si arrampicarono su una scala di deduzioni che portava dalle proprietà delle risposte dei neuroni specchio ad alcuni dei problemi più ardui della cognizione umana, la stragrande maggioranza delle ricerche sui neuroni specchio si è concentrata – come fa tuttora – non sui neuroni specchio dei macachi, ma sulle applicazioni della teoria dei neuroni specchio agli esseri umani. Gran parte di questi lavori continua a presupporre che i neuroni specchio dei macachi siano alla base della comprensione delle azioni.

Molti ricercatori non si accorgono, tuttavia, che nel frattempo una serie di scossoni probabilmente ha fatto cadere la scala di deduzioni. Le ricerche sugli esseri umani mostrano che la capacità di comprendere le azioni, che si tratti di linguaggio, gesti, espressioni del volto o movimenti di serpenti o uccelli, non dipende dalla capacità di eseguirle con il proprio sistema motorio. È stata scoperta (o, se volete, riscoperta) una spiegazione più semplice del comportamento dei neuroni specchio: l'associazione sensomotoria allo scopo di scegliere l'azione. Un semplice meccanismo di simulazione, inoltre, non può spiegare in maniera adeguata comportamenti umani complessi come il linguaggio, la comprensione, la teoria della mente, l'imitazione e l'autismo.

Perché la teoria è diventata tanto popolare? Aveva tre caratteristiche particolarmente attraenti. Innanzitutto, la semplicità. Si poteva spiegare in poche parole: «*capiamo un'azione perché nel nostro cervello viene attivata la sua rappresentazione motoria*».[1] In secondo luogo, la teoria prometteva di estendere questa semplicità di spiegazione a molti problemi complessi. Da ultimo, si basava su risultati fondamentali della neurofisiologia animale e non soltanto forniva un meccanismo per la cognizione umana, ma rivelava anche una traiettoria evolutiva del suo sviluppo. Sembrava che i neuroni specchio avessero aperto una nuova via per arrivare a comprendere la mente, una via che offriva una spiegazione più semplice rispetto alle teorie allora dominanti.

In quella semplice spiegazione, tuttavia, si nascondeva una grande complessità. I neuroni specchio non risuonano sempre insieme all'azione. Come fanno a «sapere» quali azioni simulare e quali lasciar perdere? Da dove viene *questa* comprensione? Se la risonanza dei neuroni specchio è la base del linguaggio umano, perché i macachi non parlano? Se è la base dell'imitazione, perché i macachi non imitano come fanno gli esseri umani? Se è la base dell'empatia, della cognizione sociale e di tutte le capacità umane, perché i macachi non agiscono di più come noi? Deve essersi evoluto *qualcosa* che ora fa sì che il sistema specchio umano si comporti in maniera diversa dal sistema specchio dei macachi. È la materia oscura dell'universo dei neuroni specchio.

Negli ultimi cinquant'anni questa «materia oscura» è stata studiata nell'ambito della psicologia cognitiva, dalla linguistica e di altri settori collegati e si sono fatti non pochi progressi. Le ricerche prodotte da questi approcci «tradizionali» suggeriscono che il sistema specchio dei macachi e quello degli esseri umani si comportano in maniera diversa perché le app neurali computazionali o di elaborazione delle informazioni a cui sono collegati sono diverse. Il sistema specchio umano è collegato a reti che permettono una comprensione concettuale complessa, il linguaggio, la teoria della mente eccetera. Anche il sistema dei macachi è collegato a un sistema di elaborazione delle informazioni formidabile, però diverso da quello umano. Da questa prospettiva, ciò che vediamo quando osserviamo il comportamento del sistema specchio è il *riflesso* dei flussi di elaborazione delle informazioni a cui è collegato.

Abbiamo già percorso una strada simile. I comportamentisti utilizzavano meccanismi molto semplici (associazione e rinforzo) per spiegare i comportamenti umani complessi. Eliminando la mediazione della mente tra ambiente e comportamento, tuttavia, in definitiva non si otteneva la necessaria potenza esplicativa. La teoria della risonanza dei neuroni specchio non è proprio comportamentismo, ma i gradi di separazione non sono molti poiché la teoria «sottolinea [...] la supremazia di un accoppiamento diretto tra l'osservazione e l'esecuzione di azioni».[2] Il concetto di «accoppiamento diretto» elimina quel genere di operazioni a cui normalmente si potrebbe attribuire il ruolo di mediatrici della relazione tra osservazione e sistemi di azione, come classificare l'azione, riconoscerne l'importanza per il comportamento, interpretarla in un contesto, e così via. La conseguenza di questa mossa è una perdita di capacità esplicativa. La tesi dell'accoppiamento diretto operato dai neuroni specchio porta all'impossibilità di spiegare come fanno i neuroni specchio a sapere quando rispecchiare.[3] Per trovare la spiegazione dobbiamo quindi rivolgerci al «sistema cognitivo», il che ci riporta al punto di partenza: davanti a una mente complessa dietro alla cortina della spiegazione basata sui neuroni specchio delle funzioni mentali complesse.

Non sono insensibile al richiamo della semplicità. Noi scienziati ci sforziamo di arrivare alla teoria più semplice che spieghi il maggior numero di fatti. È così che misuriamo il successo. Agli inizi, i neuroni specchio sembravano essere l'equivalente teorico di un supereroe: usavano un'unica, semplice, capacità che conferiva loro un potere straordinario su tutte le altre teorie e tutti gli altri domini cognitivi. Chi non ama i supereroi? Un'analisi più attenta, però, rivela che la singola capacità dei neuroni specchio, pur essendo importante, ha bisogno di una schiera di altri supereroi per essere in qualche modo utile.

Mandate a chiamare i falegnami

In questo libro mi sono concentrato quasi esclusivamente sulla prospettiva teorica del gruppo di Parma e l'ho fatto per una buona ragione: è stata la teoria dei ricercatori parmensi a generare l'ondata di entusiasmo. Le teorie sulla funzione dei neuroni specchio, però, stanno iniziando a evolversi, anzi si stanno evolvendo da una decina d'anni. Autori come Michael Arbib,[4] Gergely Csibra,[5] Cecilia Heyes,[6] James Hurford,[7] Pierre Jacob e Marc Jeannerod,[8] James Kilner[9] e altri hanno avanzato proposte alternative, di cui solo alcune sono state discusse nelle pagine precedenti. Alcune di queste prospettive, come la mia, mettono in dubbio il ruolo dei neuroni specchio nella «comprensione». Altre prendono in considerazione una possibilità intermedia, ossia che i neuroni specchio possano *accrescere* la comprensione delle azioni, migliorarla.

Illustrerò questo punto utilizzando il modello del «sistema dei neuroni specchio» proposto dal neuroscienziato computazionale Michael Arbib e dal suo collaboratore Erhan Oztop. Come fa Cecilia Heyes nella sua proposta, Arbib e Oztop ipotizzano che i neuroni specchio acquisiscano le loro proprietà sensoriali attraverso l'auto-osservazione.[10] I comandi motori sono eseguiti grazie ai neuroni canonici (motoneuroni che rispondono all'osservazione di oggetti) e danno luogo a movimenti degli arti che la scimmia osserva. Tenendo conto del fatto che il feedback visivo è importante per il controllo motorio, come ha dimostrato il caso di Ian Waterman (capitolo 7), Arbib e Oztop ipotizzano che i neuroni specchio si siano sviluppati originariamente per questo scopo. Così come i neuroni canonici usano le informazioni visive relative agli oggetti per scegliere le azioni, le informazioni provenienti dall'osservazione delle proprie azioni possono essere usate, attraverso i neuroni specchio, per guidare ulteriormente o perfezionare il controllo dei movimenti. In base a questo modello, quindi, i neuroni specchio non si sviluppano per la comprensione delle azioni, ma per il controllo motorio. *Tuttavia*, una volta entrato in funzione il sistema, secondo Arbib e Oztop è possibile introdurvi le azioni osservate di *altri* e quindi stabilire la corrispondenza tra le proprie azioni e quelle degli altri, che può aiutare la comprensione.

Come potrebbe facilitarla? Secondo James Kilner e la sua équipe (tra gli altri), questa corrispondenza permette al sistema di formulare *previsioni* degli stati futuri o degli obiettivi del movimento, poiché prevedere il futuro è una parte fondamentale del funzionamento dei sistemi motori.[11] È una scoperta affascinante sul nostro controllo del corpo, che vale la pena descrivere per sommi capi.

Come abbiamo visto nel capitolo 7, il feedback sensoriale è un fattore critico per l'azione. Ha un difetto, però: è troppo lento. Immaginate di essere il soggetto di un esperimento condotto in un laboratorio di ricerche sul controllo motorio. Siete seduti su una sedia e impugnate un manico attaccato a un braccio robotico. Il vostro compito è spostare il braccio da una posizione a un'altra. Dopo qualche tentativo, vi abituate alla lieve inerzia del dispositivo e riuscite a eseguire facilmente il movimento. A quel punto, inizia l'esperimento. Continuate a ripetere il movimento finché all'improvviso vi capita di sentire che il braccio sta per superare il punto giusto. Percependo la deviazione, fate una rapida correzione applicando più forza nella direzione opposta e vi rimettete in carreggiata.

Sono ritocchi che operiamo di continuo e senza difficoltà, per esempio quando la brocca del latte è un po' più pesante di quanto pensassimo, quando qualcuno ci sfiora il braccio mentre stiamo per afferrare la nostra tazza di caffè, o quando finiamo su un punto scivoloso del marciapiede e perdiamo l'equilibrio. Paradossalmente, siamo più bravi a compensare queste deviazioni di quanto dovremmo essere.

Considerate il compito affrontato dal vostro sistema motorio nell'esperimento con il braccio robotico. A un certo punto della manovra, il braccio robotico ha esercitato una forza facendo deviare il vostro braccio dalla sua traiettoria. Il vostro sistema sensoriale registra questa forza, ma passano più di 100 millisecondi prima che il segnale raggiunga il cervello. Una volta arrivato, le informazioni devono essere analizzate (*quanto siamo lontani?*), va calcolato un segnale di correzione e poi vanno rinviate le informazioni lungo il braccio per realizzare la correzione, e tutte queste operazioni richiedono tempo. Nel frattempo, il movimento è ancora in atto e quando il segnale di correzione arriva ai muscoli il braccio è in una posizione diversa. In sostanza, il cervello riceve informazioni sensoriali su ciò che è accaduto all'arto nel *passato* (più di 100 millisecondi fa) e deve generare una correzione che funzioni per la posizione *futura* dell'arto quando il segnale arriverà. È come se cercaste di guidare guardando lo specchietto retrovisore; avete solo informazioni su dove siete stati, ma dovete capire come controllare l'auto nell'immediato futuro. È un problema ingegneristico difficile.

Fortunatamente, il cervello ha risolto il problema con un abile stratagemma. Il cervello *modella* o *prevede* lo stato attuale e lo stato futuro dell'arto *internamente*, usando anche i comandi motori stessi, non solo il feedback sensoriale. Gli scienziati che studiano il controllo motorio lo chiamano *modello interno* o *modello interno anticipatore* (perché prevede lo stato dell'arto in un momento successivo); alcuni lo chiamano *codifica predittiva*. In sostanza, dopo molte esperienze di movimento del nostro corpo e di registrazione del feedback sensoriale (ritardato) di questi movimenti, il cervello impara la relazione tra i particolari programmi motori e la risposta del corpo. Con il tempo, riesce a prevedere il risultato in anticipo. Dato un sistema capace di prevedere con precisione le conseguenze dei movimenti, il feedback sensoriale effettivo può essere usato in modo più rapido ed efficiente perché l'analisi neurale si riduce al rilevamento degli errori: il feedback sensoriale effettivo corrisponde al feedback sensoriale atteso (previsto)? Ritornando al compito di guidare usando soltanto lo specchietto retrovisore, immaginate quanto sarebbe più facile disponendo di un'«immagine fantasma» registrata, una sorta di modello, di che cosa si *dovrebbe* vedere guardando nello specchietto retrovisore: per restare sulla strada basterebbe guidare in modo che l'immagine fantasma e l'immagine reale siano allineate. *La codifica predittiva attraverso modelli interni anticipatori è la chiave di un controllo motorio efficiente ed è un'importante funzione computazionale del flusso dorsale, sensomotorio.*

Oltre al fatto che nel controllo dei movimenti siamo più bravi di quanto dovremmo essere, dato il problema dello specchietto retrovisore, molti risultati indicano l'esistenza di modelli interni per il controllo motorio.[12] Una delle fonti interessanti è il fatto che non possiamo farci il solletico da soli. Se la sensazione del solletico è una risposta sensoriale, e se la stimolazione sensoriale sulla pelle è la stessa che sia io o altri a farmi il solletico, a che cosa è dovuta la differenza? La codifica predittiva fornisce una risposta: il cervello prevede le conseguenze sensoriali del *mio* movimento, riducendone in tal modo l'effetto percettivo, ma non può prevedere i movimenti *degli altri*, che quindi sono percettivamente più intensi.[13] Lo stesso fenomeno si verifica ogni qual volta muoviamo gli occhi. Tutte le volte che guardiamo a destra o a sinistra, l'immagine di fronte a noi sfreccia sulla retina, eppure noi percepiamo il mondo come fermo. Se potessimo ribaltare la situazione – fissare lo sguardo e muovere l'immagine – avremmo una netta percezione di un mondo in movimento. Per averne una dimostrazione, chiudete un occhio e con un dito premete leggermente di lato il bulbo oculare dell'occhio aperto. Percepite un movimento. Avete mosso l'occhio, facendo così muovere l'immagine relativamente alla retina, che in definitiva registra un segnale di movimento. Quando muoviamo gli occhi in maniera normale, il cervello prende quel programma motorio di movimento degli occhi e lo traduce in una previsione di quanto cambiamento attendersi nell'immagine; il risultato è una percezione sensoriale soppressa del movimento risultante, simile a un «autosolletico».[14]

Abbiamo anche altre prove. Se ascoltiamo le nostre vocalizzazioni *mentre stiamo parlando*, nella corteccia uditiva si produce una risposta fisiologica ridotta in confronto a quando ascoltiamo una registrazione delle medesime vocalizzazioni.[15] Quando parliamo, i comandi motori per la produzione del linguaggio inibiscono la risposta alle conseguenze sensoriali attese di quegli atti motori. Effetti simili sono stati segnalati anche in altri primati che comunicano con la voce, le comuni scimmie uistitì. Le registrazioni di singoli neuroni nella corteccia uditiva di questa specie rivelano che la frequenza di scarica dei neuroni *prima* delle vocalizzazioni del soggetto viene soppressa ed è selettiva – alcuni neuroni vengono inibiti da un certo tipo di richiamo, ma meno da un altro.[16]

A quanto pare, quindi, la previsione sensoriale è molto diffusa nel controllo motorio e si realizza in forma di *inibizione* dei neuroni che codificano l'evento previsto. Perché inibire e non intensificare? È un meccanismo computazionale per il rilevamento degli errori, per accorgersi di quando qualcosa non va per il verso giusto, che in realtà è tutto ciò a cui è interessato il sistema motorio per quanto riguarda il feedback sensoriale. Se un atto motorio o linguistico sta per centrare il bersaglio, dal punto di vista del sistema motorio tutto va bene; non sono necessarie modifiche. È solo quando un'azione manca o sta per mancare il bersaglio che il sistema motorio deve prestare attenzione al feedback sensoriale. Il circuito neurale per la codifica predittiva è organizzato per implementare questo obiettivo di elaborazione delle informazioni. Funziona inibendo l'attività dei neuroni sensoriali che corrispondono esattamente all'evento previsto cosicché, quando si verifica l'evento, la normale eccitazione che altrimenti sarebbe stata prodotta dalla stimolazione sensoriale viene soppressa – *a meno che* non ci sia un errore nella previsione, nel qual caso lo stimolo sensoriale eccita un insieme di neuroni non previsti (non inibiti) che registrano un forte segnale sensoriale. Dalla prospettiva del sistema motorio, se è presente un forte segnale di feedback sensoriale significa che qualcosa è andato male, mentre se il segnale è debole oppure assente vuol dire che tutto è a posto.

Potete pensare a questo meccanismo come a una specie di gioco *Colpisci la talpa* neurale. Immaginatevi le talpe del gioco come una schiera di neuroni sensoriali che si attivano (sbucano dalla tana) in risposta a diverse configurazioni di stimoli sensoriali. Non è difficile immaginare che l'insieme di talpe che compaiono possa essere «letto» come un codice dello stimolo che le fa uscire fuori. Se collegassimo un insieme di talpe a una normale tastiera QWERTY, una talpa per ogni tasto, e qualcuno battesse un messaggio sulla tastiera, potremmo imparare a leggere le talpe come un codice per le lettere. Ora immaginate di battere *voi* sulla tastiera cercando di comunicare un messaggio a qualcun altro che legge le talpe. Volete che il messaggio sia trasmesso in maniera esatta e quindi fate attenzione agli errori nella configurazione di talpe che saltano fuori. È complicato, però: non solo dovete preoccuparvi di battere i tasti giusti, allo stesso tempo dovete anche leggere le talpe e valutare se la configurazione contiene errori.

Esiste un modo più efficiente di organizzare il sistema per la rilevazione degli errori, anche se dal punto di vista ingegneristico è un po' più complicato. Supponete che io vi inserisca alcuni elettrodi nella corteccia motoria, riuscendo così ad avere accesso al programma motorio che indica quali dita intendete muovere, su quali tasti intendete premere e quando – il codice motorio per le sequenze di lettere che *intendete* battere – e che poi colleghi i segnali dagli elettrodi direttamente alla macchina *Colpisci la talpa* in modo tale che, quando gli elettrodi impiantati rilevano una sequenza di movimenti che corrisponde, poniamo, alla parola *talpa*, vengano colpite le talpe che «codificano» t-a-l-p-a in sequenza e *all'interno* prima che possano saltar fuori: *pestaggio predittivo interno delle talpe.*

Ora abbiamo due input per la macchina *Colpisci la talpa*, quello proveniente dalla tastiera, che riflette che cosa battete effettivamente, e quello proveniente dal vostro cervello, che riflette il codice motorio di ciò che intendete battere. Se i due segnali corrispondono – se battete proprio ciò che specifica il programma motorio – le talpe che normalmente sbucherebbero a causa degli input provenienti dalla tastiera vengono colpite a causa dei vostri input neurali predittivi. Il risultato è che una battitura senza errori sopprime la comparsa delle talpe.

Se invece fate un errore di battitura, la talpa collegata al tasto premuto erroneamente salta su, segnalando un errore. Con questa organizzazione, rilevare gli errori è facile: se non sbuca nessuna talpa, va tutto bene, se al contrario ne compare qualcuna, c'è qualcosa di sbagliato. Notate che non avete bisogno di leggere il messaggio delle talpe per trovare un errore; gli errori vengono messi in evidenza automaticamente dal meccanismo, che è fatto per rilevare le deviazioni. Né dovete leggere il messaggio per fare una correzione: vi basta modificare il movimento sbagliato. *Questo è il vantaggio computazionale della codifica predittiva attraverso l'inibizione neurale.*

Torniamo ora ai neuroni specchio. Il meccanismo innato della codifica predittiva interna, che in maniera indipendente è necessario per il controllo motorio, permette ai segnali motori di influenzare le reti percettive. Questo è il meccanismo che un certo numero di teorici, come Arbib e Kilner, vorrebbero sfruttare per spiegare come i neuroni specchio potrebbero migliorare il riconoscimento delle azioni. Nel mio lavoro teorico, e sviluppando proposte di molti altri prima di me,[17] ho sostenuto esattamente la stessa cosa nel dominio linguistico. In un articolo del 2011 scritto insieme a John Houde e Feng Rong, ho sostenuto che i neuroni specchio, anche se non possono essere la *base* del riconoscimento del linguaggio, potrebbero essere capaci di potenziarlo (per esempio, di identificare le sillabe) cooptando meccanismi di codifica predittiva generata dal sistema motorio.[18] Secondo noi, questo potrebbe essere il meccanismo neurale alla base dei piccoli effetti sulla percezione del linguaggio osservati negli esperimenti di TMS in cui viene stimolata la corteccia motoria (discussi nel capitolo 5).

Continuò però a essere scettico, anche nei confronti delle mie stesse idee. La mia preoccupazione deriva dall'obiettivo computazionale della previsione motoria, cioè mettere in evidenza gli errori, *le deviazioni dalla previsione*, attraverso l'inibizione neurale. Questo genere di previsione tende ad annullare la sensibilità percettiva agli eventi previsti, come nella macchina *Colpisci la talpa*, e non è certo una proprietà desiderabile per un sistema che dovrebbe *accrescere* la percettibilità o il riconoscimento. In relazione al meccanismo di simulazione del sistema specchio, significa che simulare nel proprio sistema motorio un'azione osservata dovrebbe sopprimere i segnali sensoriali provenienti dall'evento stesso e quindi ridurne l'effetto percettivo, come un «autosolletico», proprio l'opposto dell'effetto desiderato.

Si potrebbe dire che il punto è proprio questo. Se il sistema può formulare previsioni sull'azione di un altro individuo attraverso la simulazione motoria, ciò che viene messo in risalto nel sistema percettivo è la *deviazione* dalla previsione (comparsa di talpe), semplificando in tal modo il compito computazionale della percezione così come il meccanismo predittivo semplifica quello del controllo motorio. A prima vista, sembra un ottimo esempio di riciclaggio neurale: un meccanismo computazionale efficiente ideato per uno scopo, la codifica predittiva per il rilevamento degli errori nel controllo motorio, viene cooptato per un altro scopo. Un esame più accurato rivela un inconveniente.

Consideriamo di nuovo l'analogia con il gioco *Colpisci la talpa*. Il segnale di codifica predittiva che colpisce le talpe prima della loro comparsa funziona bene per rivelarci se le nostre azioni sui tasti corrispondono alle codifiche della corteccia motoria che guidano la battitura. Funziona anche per leggere il messaggio battuto da qualcun altro? Guardando la macchina, vediamo che inizia a comparire una configurazione di talpe, conseguenza del fatto che qualcuno sta battendo su una tastiera collegata alla macchina *Colpisci la talpa*. Il fine ultimo è leggere il messaggio codificato dalle talpe che sbucano, cosa che potremmo fare traducendo ogni talpa che compare nella lettera corrispondente (sulla base di precedenti esperienze di lettura delle talpe): talpa_fila_2_colonna_11 = P, talpa_fila_2_colonna_5 = R, talpa_fila_2_colonna_10 = O, e così via, formando in tal modo parole che possiamo capire, per esempio PROSCIUTTO. Significherebbe rilevare stimoli percettivi (individuare comparse di talpe) e comprenderli (tradurre talpe in lettere/parole) *senza codifica predittiva*. Ma noi vogliamo agevolare questo processo mediante la codifica predittiva permessa dalla simulazione motoria. Vediamo come potrebbe funzionare.

Avendo imparato in precedenza l'associazione tra le nostre particolari codifiche motorie e le talpe che fanno comparire, possiamo sfruttare il collegamento nella direzione opposta e trasformare ogni talpa che vediamo comparire in un comando motorio per mezzo di un «*accoppiamento diretto*» (l'osservazione dell'azione della talpa fa contrarre il dito corrispondente). Se eseguiamo questi comandi motori e premiamo i tasti della *nostra* tastiera, possiamo *simulare* i movimenti dell'altra persona, il che genera una *previsione* di pestaggio delle talpe. Come abbiamo visto, la codifica predittiva può agevolare il processo riducendo il problema alla semplice rilevazione degli errori. Tutto ciò, si noti, può accadere per mezzo dell'accoppiamento diretto, cioè senza che sia necessario comprendere il messaggio.

Il problema salta all'occhio. Siamo in grado di collegare le talpe ai comandi motori soltanto *dopo* che le talpe sono comparse. La simulazione motoria è quindi destinata a restare sempre un passo indietro rispetto alle talpe, non è un codice *predittivo*, ed è incapace di agevolare il compito percettivo riducendolo alla rilevazione degli errori. Questo a meno che la sequenza motoria a cui arriviamo con il collegamento inverso non ci sia familiare. Se la conosciamo, forse la prima parte della sequenza (PROSCIUTTO) può suggerire la seconda (E UOVA VERDI) prima che compaiano le talpe. In questo caso, quando simuliamo le battute dell'altra persona, possiamo anticiparle leggermente, poiché sappiamo che cosa sta per arrivare nella sequenza motoria, e generare un codice di pestaggio delle talpe davvero predittivo che le colpisce preventivamente prima che possano saltar su. Questo metterebbe a tacere la macchina *Colpisci la talpa* (a patto che la nostra previsione sia corretta) e trasformerebbe il compito di rilevazione delle talpe e traduzione di lettere/parole in un semplice compito di rilevazione degli errori, come avviene nel controllo motorio.

C'è un altro problema. Anche se abbiamo effettivamente ridotto il compito alla rilevazione degli errori di previsione, stiamo prevedendo e rilevando errori nei *piani motori* – mignolo sinistro → indice destro → medio sinistro – non il contenuto del *messaggio*, che è ciò che stiamo cercando di capire (come ricorderete, il significato di un'azione non è codificato nei piani motori). L'inghippo è che, se riusciamo a prevedere la sequenza di comparsa delle talpe attraverso la simulazione motoria, finiamo per colpirle tutte prima che saltino fuori e quindi per sopprimere il segnale. Ciò che resta è un codice motorio simulato nel modo corretto (che non contiene il significato perché è accoppiato direttamente all'osservazione delle talpe) e non ci sono talpe che il sistema di decodifica del messaggio possa leggere. Il sistema potrebbe leggere i comandi motori invece delle talpe, dato che esiste una relazione tra talpe, tasti, comandi motori e lettere? Forse, ma quanto sarebbe efficiente? Perché non leggere il messaggio delle talpe direttamente dalle talpe stesse invece di farlo passare attraverso il sistema motorio?

Forse il potere della codifica predittiva fa sì che ne valga la pena. Si potrebbe sostenere che facciamo passare la comprensione attraverso il sistema motorio perché *così* possiamo sfruttare un potente meccanismo computazionale. Questo argomento perde la sua forza se si osserva che il sistema motorio non è l'unica fonte di codifica predittiva. Consideriamo l'esempio della sequenza PROSCIUTTO E UOVA VERDI. È improbabile che la nostra capacità di prevedere UOVA VERDI da PROSCIUTTO derivi da una familiarità motoria associata alla battitura di quella sequenza di lettere. Si tratta piuttosto di una familiarità di alto livello associata alla comprensione del nome di un libro famoso.

La questione che mi preoccupa è quindi la seguente (dovrebbe suonarvi familiare): perché disturbarsi a far passare il processo predittivo attraverso la via indiretta del sistema motorio quando possiamo usare il lettore di talpe per riconoscere la configurazione familiare e generare una previsione che colpisce le talpe prima che compaiano (se è corretta)? È lo stesso meccanismo computazionale della codifica predittiva generata dal sistema motorio, con gli stessi vantaggi computazionali, ma qui il sistema, invece di rilevare errori motori, rileva errori nel messaggio. Se non compare nessuna talpa, significa che il lettore del messaggio ha già previsto il messaggio corretto. Fatto. Se compare una talpa, significa che la previsione è sbagliata, la talpa che è sbucata fuori può quindi essere letta e la previsione corretta. Funziona esattamente come la codifica predittiva nel sistema motorio, ma la fonte predittiva è diversa. Potremmo chiamarla *codifica predittiva del flusso ventrale*, per specificare la fonte e distinguerla dalla previsione motoria del flusso dorsale.

Abbiamo qualche altra prova di codifica predittiva non motoria oltre all'esempio della sequenza PROSCIUTTO E UOVA VERDI? In realtà, nella psicologia e nelle neuroscienze l'idea che la percezione non sia semplicemente il risultato di una stimolazione degli occhi, delle orecchie e della pelle, ma sia una *costruzione* attiva del cervello, ha una lunga storia. Nel 1890, nei *Princìpi di psicologia*, lo psicologo americano William James delineò una «legge generale della percezione»:

> Se una parte di ciò che percepiamo ci giunge attraverso i sensi dall'oggetto che abbiamo davanti, un'altra parte (che potrebbe essere la maggior parte) proviene sempre [...] dalla nostra testa.[19]

Il principio è illustrato da questa figura:

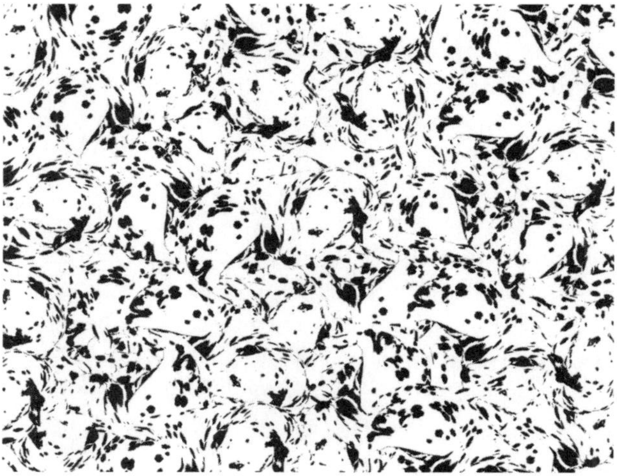

Quando vediamo per la prima volta questa immagine, di solito non ci dice granché. Dopo un po', tuttavia, possiamo notare la forma di un cane, un dalmata per la precisione, al centro dell'immagine (se non riuscite a trovarlo, guardate a p. 264). Il punto interessante è che, una volta visto il dalmata, non è più possibile non vederlo. Il cervello ha sviluppato un'aspettativa, una previsione (non motoria), dell'oggetto contenuto nell'immagine e non possiamo fare a meno di vederlo. Questo effetto viene citato spesso come esempio di *elaborazione top-down*, ovvero dell'uso di informazioni di livello superiore per guidare l'elaborazione sensoriale di livello inferiore. L'importanza dell'elaborazione top-down nella percezione è sottolineata dalle caratteristiche neuroanatomiche dei sistemi sensoriali. Sorprendentemente, le connessioni neurali top-down (dai livelli superiori ai livelli inferiori) sono molto più numerose delle connessioni neurali bottom-up (dai livelli inferiori ai livelli superiori), con una differenza di circa un ordine di grandezza (il rapporto è 10:1).[20] L'elaborazione top-down potrebbe veramente essere la maggior parte della percezione, come ipotizzò James.

L'elaborazione top-down come quella illustrata dall'immagine del dalmata può essere concettualizzata come un esempio di codifica predittiva del flusso ventrale. Secondo questa concezione, un'immagine, un ricordo o un'informazione contestuale di livello superiore (il lettore di talpe) genera una previsione delle caratteristiche sensoriali di livello inferiore di uno stimolo (la configurazione di talpe). L'interazione del codice predittivo con i segnali sensoriali poi conferma la previsione (le talpe vengono colpite) oppure genera un segnale di errore (le talpe sbucano fuori), coinvolgendo i livelli superiori per operare la modifica appropriata. Nell'esempio del dalmata, vedere l'immagine scatena un ricordo visivo di ciò che è contenuto nella scena – il ricordo della presenza di un cane, delle sue dimensioni, della sua posizione e del suo orientamento – che genererebbe una previsione, per esempio, di dove si dovrebbero trovare le linee di contorno dell'animale. Secondo alcuni teorici, queste previsioni percettive top-down in realtà si realizzano come segnali di soppressione,[21] proprio come le previsioni generate dal sistema motorio, ma è un'ipotesi che dev'essere ancora valutata.

La mia ipotesi è che vi siano due fonti di codifica predittiva, il sistema motorio del flusso dorsale e il sistema di riconoscimento percettivo del flusso ventrale. È un *modello di codifica predittiva basato su due flussi*. Entrambi usano il medesimo meccanismo computazionale, ma per due scopi diversi, il controllo motorio e il riconoscimento percettivo. Penso che la scoperta della codifica predittiva nel contesto del controllo motorio sia stata tanto emozionante da far pensare immediatamente ad alcuni teorici, me compreso, che le previsioni generate dal sistema motorio potessero potenziare la percezione. Oggi sono convinto che le previsioni del sistema motorio e dei neuroni specchio agiscano all'interno del flusso dorsale e non abbiano un ruolo importante nel riconoscimento percettivo. Ma è una questione empirica. Dobbiamo vedere che cosa ci riveleranno i dati.

I neuroni specchio sono creature interessanti. Su questo punto sono tutti d'accordo. La teoria della comprensione delle azioni basata sui neuroni specchio è altrettanto interessante e, anche se è sbagliata, è stata molto utile al settore dando origine a una profusione di nuove scoperte, idee e idee opposte. Per quanto mi riguarda, posso testimoniare che le teorie ispirate ai neuroni specchio mi hanno spinto a riflettere in maniera più approfondita su come sono implementati nel cervello il linguaggio e altre facoltà cognitive.

Da una prospettiva più ampia, i neuroni specchio hanno contribuito a stimolarci a tornare a riflettere su come funziona la mente, che relazione ha con quel pezzo di carne che chiamiamo cervello e come si è evoluta. Quando furono scoperte le cellule delle scimmie agli inizi degli anni novanta, la teoria computazionale della mente era il modello dominante. La vita mentale era considerata una conseguenza di un insieme di sistemi computazionali modulari, astratti (un punto di vista che rappresentava l'antidoto contro il comportamentismo di Skinner, che ha dominato la psicologia nella prima metà del Novecento).[22] Oggi l'opinione prevalente si è allontanata da quella prospettiva computazionale, orientandosi verso un punto di vista più fondato sull'ambiente e incarnato. I neuroni specchio hanno dato un grande contributo a questo cambiamento.

Anche se non credo che le teorie fondate/incarnate siano riuscite a sbarazzarsi della computazione, sono convinto che queste oscillazioni del pendolo dell'opinione generale siano importanti per il progresso scientifico: spingono i teorici ad affinare i loro argomenti e gli sperimentalisti a progettare nuovi studi per valutare la validità di tesi vecchie e nuove. Le oscillazioni del pendolo e le spinte teoriche in una direzione e nell'altra che ne risultano creano l'ambiente per una sorta di selezione naturale delle teorie scientifiche. Senza i cambiamenti dell'ambiente, non vi sono pressioni che portino nuove specie di idee a svilupparsi e vecchie specie di idee a migliorare o a estinguersi.

Prevedo che i neuroni specchio finiranno per essere completamente incorporati in un'ampia classe di cellule sensomotorie che partecipano al controllo delle azioni usando una grande varietà di input sensoriali attraverso una gerarchia di circuiti. Le cellule motorie la cui risposta alle azioni non è di tipo specchio (tu-fai-questo, io-faccio-quello) – che sono diffuse più o meno come i neuroni specchio nell'area F5 delle scimmie – sotto questo profilo saranno teoricamente interessanti tanto quanto i neuroni specchio. La comprensione delle azioni in sé continuerà a essere poco compresa, ma la sua complessità cognitiva (computazionale) sarà valutata ancora una volta; dopo tutto, dato il numero di parti mobili coinvolte, chiarire come funziona la comprensione delle azioni è dannatamente simile a risolvere il problema di come funziona la mente.

Prevedo anche un graduale riassorbimento della teoria della cognizione incarnata in una teoria computazionale della mente più «fondata» sui processi neurali. Ciò accadrà appena riconosceremo che la computazione non deve coinvolgere operatori matematici rappresentati negli ordini più elevati della mente, ma viene realizzata a scale grandi e piccole da reti di neuroni, dai microcircuiti della retina o del midollo spinale alle reti fortemente interattive, orchestrate da un CEO (*Cerebral Executive Officer*) neurale nella corteccia prefrontale. Il cervello, naturalmente, continuerà a eseguire processi di *simulazione* o *rispecchiamento*, ma in futuro questi termini saranno sostituiti da descrizioni del contenuto delle computazioni che indicano.

Il gruppo di Parma ha costruito una stalla usando soltanto metà del legname. Si è concentrato sulle cellule che mostravano una stretta congruenza tra l'azione osservata e l'azione eseguita, escludendo le cellule che mostravano una risposta non di tipo specchio (tu-fai-questo, io-faccio-quello). Ha sottolineato la centralità del sistema motorio nella cognizione escludendo i sistemi sensoriali, i sistemi multimodali di alto livello e l'architettura cerebrale basata su due flussi. Il risultato è stato una stalla da set di Hollywood, che appariva perfetta solo se osservata da una certa prospettiva. Se si va a guardare dietro, o vi si entra, risulta evidente che è soltanto una facciata. Alcune parti della facciata, tuttavia, come le caratteristiche di associazione sensomotoria relativa alle azioni, sono molto attraenti e possono essere riciclate nel progetto di ristrutturazione della stalla attualmente in corso nei laboratori di tutto il mondo. Inseriti nel contesto di una struttura più equilibrata e complessa, i neuroni specchio avranno senza dubbio un ruolo nei nostri modelli della base neurale della comunicazione e della cognizione.

Appendice A

Un'introduzione elementare all'organizzazione cerebrale

L'encefalo può essere suddiviso in quattro parti principali: il *tronco encefalico*, il *diencefalo*, il *cervelletto* e il *cervello* (si veda la figura di seguito). Il *tronco encefalico* sta sulla linea mediana alla base dell'encefalo e contiene aree importanti per il controllo della respirazione, la funzione cardiovascolare, la vigilanza e altre funzioni fondamentali per la vita.

Il *diencefalo* è posto al di sopra del tronco encefalico al centro dell'encefalo e contiene due strutture importanti, il *talamo*, che funziona come un quadro di controllo che collega molti sistemi diversi, e l'*ipotalamo*, che ha un ruolo importante nel controllo dei sistemi ormonali.

Il *cervelletto* è costituito da una parte centrale, detta verme, e da due emisferi cerebellari ed è una parte importante del sistema motorio, coinvolta nella realizzazione dei movimenti fini. L'intossicazione da alcol sembra influire in maniera significativa sulla funzione cerebrale; per farvi un'idea del ruolo del cervelletto nel controllo motorio, considerate gli effetti di un'ubriacatura: andatura barcollante, cattiva articolazione della parola, movimenti goffi. Il cervelletto può avere un ruolo anche in altre funzioni quali il linguaggio e l'attenzione.

Il *cervello* vero e proprio è la grande struttura posta sopra e intorno a tutte le altre (nell'uso comune, «cervello» è sinonimo di «encefalo»). È la parte più visibile dell'encefalo e la struttura critica per la funzione sensoriale, la funzione motoria e altre funzioni cognitive. Il cervello non lavora da solo, tuttavia: è densamente

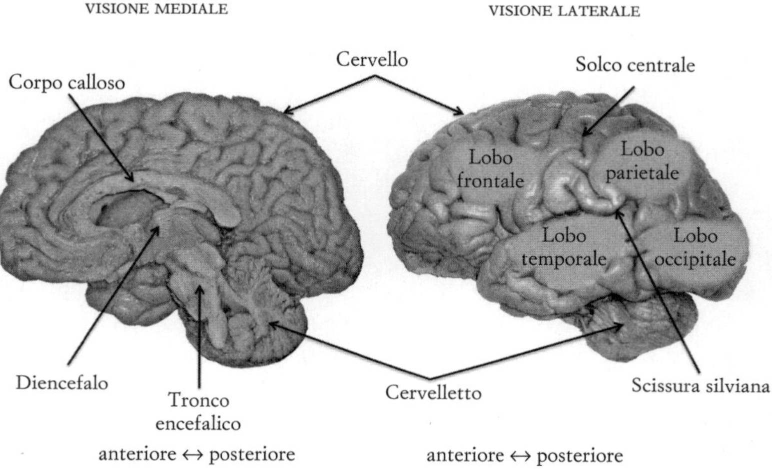

collegato alle altre parti dell'encefalo, con cui interagisce ampiamente. Vi sono due emisferi cerebrali, collegati principalmente dal corpo calloso. La superficie del cervello è composta da uno strato spesso 3-4 mm di corpi cellulari dei neuroni, la corteccia cerebrale (o corteccia). Quasi tutte le discussioni presentate in questo libro riguardano questa parte dell'encefalo. La corteccia in realtà è una struttura stratiforme. La maggior parte della corteccia contiene sei strati, ma alcune parti evolutivamente più antiche, appartenenti al sistema limbico (la porzione di corteccia coinvolta nella memoria e nelle funzioni emotive), ne contengono tre. La corteccia a sei strati è detta anche *neocorteccia*. Al di sotto della corteccia si trova la *subcorteccia*, che contiene diverse strutture. La maggior parte del volume della subcorteccia contiene *materia bianca*, cioè fasci di fibre neuronali che collegano i neuroni. Il circuito dei *gangli della base* è l'altra struttura importante nella subcorteccia. Questo sistema è importante anche per il controllo del movimento, ma più che per i movimenti fini come il cervelletto, i gangli della base sono importanti per la scelta e l'inizio dei movimenti (è il sistema colpito dal morbo di Parkinson). I gangli della base hanno un ruolo anche in funzioni non motorie.

Sappiamo dall'Ottocento, soprattutto grazie a ricerche neurologiche sul linguaggio e sul parlato, che la corteccia cerebrale non è uniforme quanto a funzione. Regioni diverse della corteccia realizzano compiti diversi, ma non agiscono in maniera isolata. La corteccia somiglia un po' a Internet: nodi diversi della rete fanno cose diverse e immagazzinano informazioni diverse, ma nel complesso il sistema è altamente connesso.

Tenendo a mente questa precisazione, possiamo delineare alcune caratteristiche generali dell'organizzazione. La corteccia può essere suddivisa approssimativamente in tre parti (molto interattive): i sistemi sensoriali, i sistemi motori e quelli che chiamo sistemi *dello stato interno*. Questi ultimi riguardano la memoria e le reti legate alle emozioni, che dipendono da regioni della corteccia situate soprattutto sulla superficie mediale degli emisferi cerebrali. I sistemi sensoriali si trovano nei lobi occipitali, temporali e parietali, mentre i sistemi motori si trovano nei lobi frontali. Anche questa è una grossolana semplificazione, che però è valida in relazione alle *aree sensoriali e motorie primarie*, il che ci conduce al concetto di gerarchie corticali.

L'encefalo è un sistema per l'elaborazione delle informazioni che agisce a molti livelli di analisi, o di granulosità, che iniziano da un livello basso, a grana fine, e aumentano progressivamente via via che le informazioni vengono elaborate più in profondità. Il sistema visivo, per esempio, analizza le scene scomponendole nelle loro caratteristiche e poi rimette insieme i pezzi. Al livello più basso, a grana più fine, i neuroni della retina codificano la presenza o assenza di macchie di luce o di colore. Le informazioni che giungono dalla retina sono inviate al talamo, dove le informazioni provenienti dall'occhio destro e da quello sinistro sono tenute separate, e poi nella corteccia cerebrale, attraverso una piccola striscia di tessuto sulla superficie mediale dei lobi occipitali chiamata *corteccia visiva primaria*, o V1. Questa regione codifica le informazioni visive a un livello leggermente superiore. Invece di macchie di luce, codifica (analizza) linee con particolari orientamenti, bordi e direzione del movimento; qui le informazioni provenienti dagli occhi vengono integrate. Oltre a V1 esistono decine di altre aree visive comprendenti gran parte dei lobi temporali e parietali che integrano le informazioni di parti più estese dello spazio visivo e codificano combinazioni sempre più complesse di caratteristiche. Per esempio, si ritiene che i volti siano codificati da una ben nota regione coinvolta in stadi avanzati di elaborazione nell'ambito del sistema visivo corticale umano, detta *area fusiforme dei volti*. Il quadro generale dell'elaborazione sensoriale, quindi, è simile a una catena di montaggio; i primi stadi di elaborazione (di basso livello) agiscono su piccoli pezzi, mentre gli stadi successivi elaborano il lavoro di livello inferiore fino a quando non emerge un tutto unitario. Come sia esattamente questo tutto unitario non è completamente noto e probabilmente varia a seconda di ciò che il sistema cerca di fare con le informazioni sensoriali, come vedremo tra poco (e in vari punti di questo libro).

Come esiste una corteccia visiva primaria, così anche altri sistemi sensoriali hanno aree, o campi, primari. In generale, la porzione di tessuto cerebrale attraverso la quale le informazioni provenienti dagli organi sensoriali entrano nella corteccia è chiamata *corteccia visiva, uditiva* o *somatosensoriale* (della *sensibilità corporea*) *primaria*, a seconda della modalità sensoriale in questione. Nella figura è illustrata la posizione delle aree corticali primarie, con l'eccezione della corteccia uditiva primaria, che è nascosta nelle profondità della scissura silviana (solco cerebrale laterale).

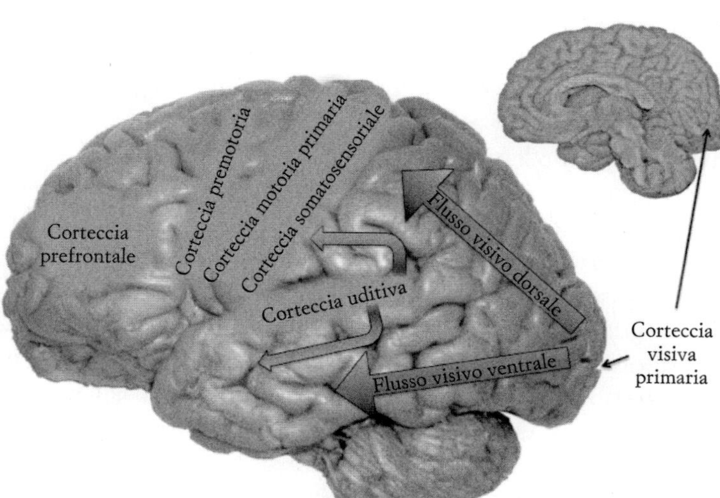

Anche il sistema motorio ha un'organizzazione gerarchica, però agisce nella direzione opposta. La *corteccia motoria primaria* (M1), situata di fronte al solco centrale, è essenzialmente l'ultima fermata in uscita dalla corteccia cerebrale quando il cervello esegue un movimento. I neuroni in M1 codificano caratteristiche di basso livello dei movimenti quali la direzione e inviano segnali giù lungo il midollo spinale o nei nervi cranici collegati ai muscoli del volto o della bocca. Gli stadi di elaborazione motoria precedenti a M1 avvengono in una regione chiamata *corteccia premotoria* (in realtà si tratta di un insieme di regioni, ma per i nostri scopi non occorre scendere nei dettagli). Le aree premotorie codificano i movimenti a un livello superiore, come sequenze di movimenti o movimenti coordinati che coinvolgono più articolazioni o arti. I neuroni specchio sono stati trovati originariamente nella corteccia premotoria delle scimmie. L'area (umana) di Broca, un personaggio importante in questo libro, probabilmente è anch'essa una sorta di area premotoria nel senso che partecipa alla codifica di movimenti a un livello alto, ma questo può confondere perché di solito l'area di Broca non viene indicata come una parte della corteccia premotoria umana. In queste pagine, la indico semplicemente come area di Broca.

Di fronte alla corteccia premotoria si trova la *corteccia prefrontale*, la regione dell'encefalo responsabile delle capacità cognitive di livello superiore: il ragionamento, la pianificazione, il processo decisionale e altre funzioni chiamate «esecutive». In questo libro non ci avventuriamo troppo a fondo nella misteriosa corteccia prefrontale.

Queste generalizzazioni dell'organizzazione cerebrale andrebbero considerate come punti d'appoggio per comprendere la funzione corticale, non come fatti immutabili. Vale la pena sottolineare nuovamente le dense interazioni tra questi sistemi, spesso tali da rendere insensato tracciare un qualunque confine tra un sistema e l'altro. Quando vediamo un oggetto, per esempio, la corteccia visiva elabora le informazioni visive, riconosce l'oggetto e poi passa i suoi risultati ad altri sistemi in modo da ricordare l'oggetto, afferrarlo o parlarne. L'elaborazione sensoriale, però, non funziona affatto così. In realtà, non esiste un solo sistema visivo, ve ne sono (almeno) due, uno per interagire con il sistema motorio, il *flusso dorsale*, e uno per interagire con il sistema della memoria concettuale, il *flusso ventrale*. I nomi dei flussi derivano dalla loro posizione nell'encefalo; uno ha una posizione più dorsale (verso la parte superiore dell'encefalo) e l'altro più ventrale (verso la parte inferiore). Il flusso dorsale ha un ruolo importante nelle funzioni sensomotorie (utilizzando le informazioni sensoriali per guidare l'azione), mentre il flusso ventrale è responsabile del riconoscimento del contenuto delle informazioni visive (collegandolo a esperienze precedenti con oggetti simili). Sembra quasi certo che la visione e l'udito abbiano architetture a due flussi (indicate dalle frecce nella figura) ed è ragionevole pensare che anche il sistema somatosensoriale sia organizzato nello stesso modo. L'architettura a due flussi è discussa più volte nel libro.

Appendice B
La cassetta degli attrezzi delle neuroscienze cognitive

I problemi legati alla risoluzione. Ciascun metodo di ricerca sul cervello ha i propri punti di forza e i propri lati deboli. Una caratteristica molto importante a questo proposito è la *risoluzione*, che può variare nella dimensione spaziale e in quella temporale. La risoluzione spaziale indica la precisione con cui determiniamo da dove proviene il segnale. La risoluzione temporale indica la precisione con cui possiamo determinare quando è stato generato il segnale. A mo' di illustrazione, immaginate di mettere a confronto due app di monitoraggio da installare sullo smartphone di vostro figlio. La App 1 genera un segnale di posizione al secondo, ma la localizzazione ha una precisione di un chilometro. La App 2 genera un segnale all'ora, ma la precisione è pari a un metro. Se scegliete la prima, saprete soltanto approssimativamente dove si trova il telefono (scarsa risoluzione spaziale), ma se c'è un (grosso) cambiamento di posizione lo saprete subito (buona risoluzione temporale). Se scegliete la App 2, saprete esattamente dove si trovava il telefono quando è stato generato il segnale (buona risoluzione spaziale), ma se il telefono si sposta lo scoprirete dopo molto tempo e non vedrete mai i movimenti avvenuti nell'intervallo tra due segnali successivi (scarsa risoluzione temporale). Com'è ovvio, preferireste un'applicazione che genera un segnale al secondo con la precisione di qualche metro. Noi neuroscienziati siamo nella stessa situazione. Vogliamo uno strumento di misurazione che abbia sia una buona risoluzione spaziale sia una buona risoluzione temporale, ma purtroppo spesso dobbiamo scegliere tra l'una e l'altra.

Il metodo basato sulle lesioni è il metodo più vecchio, ma tuttora molto prezioso, per analizzare le regioni cerebrali coinvolte nella cognizione. In questo approccio, si mette in correlazione il danno a varie regioni cerebrali con specifici deficit comportamentali. Il vantaggio di questo metodo è la sua utilità per valutare le relazioni causali tra cervello e comportamento. Se la capacità di parlare è gravemente compromessa in seguito a un danno cerebrale nell'area *x*, ne possiamo dedurre che l'area *x* ha un ruolo critico in *qualche aspetto* del processo.

L'EEG L'elettroencefalografia o EEG misura l'attività elettrica di grandi popolazioni di neuroni usando elettrodi di superficie fissati sullo scalpo. Ha una buona risoluzione temporale (i campioni sono presi ogni millisecondo), ma una risoluzione spaziale relativamente scarsa. Il motivo della risoluzione spaziale scarsa è duplice: da una parte, le grandi popolazioni di cellule che generano il segnale EEG si possono trovare in aree cerebrali moderatamente estese e, dall'altra, mentre la corrente viaggia fino allo scalpo, cercando il percorso di minor resistenza elettrica, i segnali elettrici provenienti da diverse popolazioni di neuroni si mescolano, il che rende difficile identificarne l'origine. Nei pazienti sottoposti a un intervento chirurgico, le registrazioni EEG possono essere effettuate direttamente sulla superficie del cervello; questa tecnica, chiamata ECoG (elettrocorticografia), migliora la localizzazione dell'origine dei segnali e quindi la risoluzione temporale e quella spaziale sono entrambe alte.

LA MEG La magnetoencefalografia o MEG misura i campi magnetici associati all'attività elettrica di grandi popolazioni di neuroni usando una specie di casco di sensori che viene appoggiato sulla testa (simile ai caschi che usavano un tempo i parrucchieri). La MEG, come l'EEG, ha una risoluzione temporale di millisecondi e poiché i campi magnetici non sono influenzati dalle proprietà di conduttanza del tessuto che attraversano evita una delle complicazioni della localizzazione inerenti all'EEG. Il mescolamento dei segnali, però, è un problema significativo anche nella MEG.

LA PET – La tomografia a emissione di positroni o PET è un metodo *emodinamico* di acquisizione di immagini che misura indirettamente l'attività cerebrale attraverso i cambiamenti del flusso ematico. Quando i neuroni sono attivi, il flusso ematico verso la regione cerebrale attiva aumenta localmente per soddisfare l'aumentata richiesta metabolica dei neuroni. La PET misura questi cambiamenti del flusso ematico in maniera diretta. Di solito prima della misurazione si introduce nel circolo ematico acqua marcata con un radiotracciante, l'ossigeno-15. Poiché le regioni cerebrali metabolicamente attive ricevono una concentrazione maggiore di radiotracciante, le concentrazioni locali possono essere misurate usando uno scanner PET, che rileva il decadimento del tracciante. La PET ha una risoluzione spaziale discreta (intorno a un centimetro), ma una risoluzione temporale molto bassa (le misure vengono prese a intervalli di minuti). In generale la PET è stata sostituita dalla fMRI, però è utile nelle ricerche per marcare composti diversi, come il glucosio o certi neurotrasmettitori, che permettono misurazioni diverse.

LA fMRI – L'acquisizione di immagini mediante risonanza magnetica funzionale o fMRI misura grosso modo gli stessi cambiamenti del flusso ematico misurati dalla PET, ma lo fa in un modo diverso. I cambiamenti del flusso ematico producono cambiamenti della concentrazione di ossigeno nel sangue, che a loro volta modificano l'intensità del segnale in una normale immagine MRI. Realizzando rapidamente molte immagini MRI, al posto di una sola per averne una molto buona, la fMRI può rilevare i *cambiamenti* dell'immagine nel corso del tempo. Questi sono correlati ai cambiamenti della concentrazione di ossigeno nel sangue, che sono correlati ai cambiamenti del flusso ematico, che sono correlati all'attività neurale. Anche se non è la misura più diretta, la fMRI si è dimostrata molto utile offrendo una risoluzione spaziale molto alta (fino a qualche millimetro) e una risoluzione spaziale mediocre (dell'ordine dei secondi).

I problemi legati all'imaging cerebrale funzionale – La fMRI e la PET producono immagini dell'attività o funzione neurale, non della struttura cerebrale, quindi sono metodi di «*imaging* cerebrale funzionale». Nonostante le belle immagini chiare che vediamo negli articoli pubblicati sulle riviste o nei giornali, è importante riconoscere che i dati su cui si basano queste immagini sono piuttosto rumorosi e possono non essere precisi. Una delle complicazioni principali è data dal fatto che le caratteristiche anatomiche e funzionali del cervello variano da una persona all'altra. È utile a questo proposito considerare l'analogia tra cervelli e volti: hanno tutti la stessa struttura fondamentale al livello macroscopico, ma differiscono nei dettagli. Non è un problema se l'obiettivo di uno studio è descrivere le caratteristiche anatomiche di un singolo cervello e metterle in relazione con la sua funzione. Se invece vogliamo capire come funziona «il cervello» in generale, dobbiamo esaminare un gruppo di soggetti e poi fare in qualche modo la media delle loro caratteristiche anatomiche e dei loro schemi di attivazione funzionale. L'approccio usuale nell'*imaging* funzionale consiste nel normalizzare (in sostanza deformare) le immagini digitali dei singoli soggetti per inserirle in uno spazio anatomico comune e poi fare la media dell'attività funzionale di tutti i soggetti per individuare gli schemi che si presentano in tutto il gruppo. A questo processo sono associate due fonti di errore: tanto le caratteristiche anatomiche dei singoli soggetti quanto i confini funzionali nell'ambito delle loro strutture anatomiche non si allineano mai in modo perfetto. La conseguenza di questo errore è che la risoluzione spaziale della media dei dati di *imaging* calcolata su tutti i soggetti è inferiore alla risoluzione spaziale offerta dallo stesso metodo se viene applicato a singoli soggetti. A volte ne possono derivare errori di localizzazione. Immaginate di fare la media (*morphing*) di due volti, uno in cui gli occhi sono molto distanti e uno in cui sono molto vicini. La media dei due porrà gli occhi tra i due estremi, in una posizione che non rappresenta né l'una né l'altra posizione reale. Considerare le medie può anche far diminuire la sensibilità. Molte persone hanno qualche macchia sul volto, ma se si fa la media dei volti di un gruppo, le macchie tendono a svanire poiché non sono sempre nello stesso punto. La stessa considerazione vale anche per gli schemi di attivazione cerebrale. Se un'area funzionale è relativamente piccola (meno di un centimetro quadrato, poniamo) e la sua posizione varia di più di un centimetro da una persona all'altra, nella media tende a svanire. Per questa ragione, alcuni ricercatori evitano di considerare i valori medi di un gruppo ed effettuano l'analisi dei singoli soggetti. Nella mappatura della corteccia visiva, per esempio, in cui le aree funzionali sono piccole e variabili, in generale si procede così. Pur essendo estremamente potente, l'*imaging* funzionale non è una bacchetta magica che rivela la verità sull'organizzazione del cervello.

LA TMS – La stimolazione magnetica transcranica o TMS non misura nulla, ma fornisce energia attraverso un forte impulso magnetico, che a sua volta genera una corrente elettrica nel cervello che attiva il tessuto stimolato o interrompe momentaneamente la funzione. La risoluzione spaziale della TMS è dell'ordine di un centimetro.

A parte il metodo basato sulle lesioni, che di solito si usa con i pazienti colpiti da ictus, tutti questi metodi sono considerati non invasivi e sono usati su soggetti sani, il che ci permette di studiare il cervello nel suo stato normale. A causa del materiale radioattivo usato per effettuare misure mediante la PET, esistono regole rigide riguardo al numero degli studi a cui una persona può partecipare (come per le radiografie a raggi X).

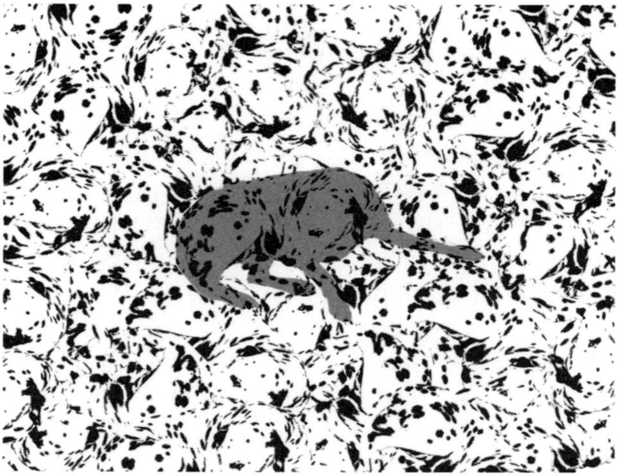

Note

Prefazione. Un progetto neurale per il comportamento umano?

1. J. D. Watson e F. H. Crick, *Molecular Structure of Nucleic Acids; a Structure for Deoxyribose Nucleic Acid*, in «Nature», vol. 171, 1953, pp. 737-38.
2. V. S. Ramachandran, *MIRROR NEURONS and Imitation Learning as the Driving Force behind "the Great Leap Forward" in Human Evolution*, Edge.org, http://edge.org/3rd_culture/ramachandran/ramachandran_p1.html, 2000.
3. M. Iacoboni, *Mirroring People: The New Science of How We Connect with Others*, Farrar, Straus and Giroux, New York 2008 [trad. it. *I neuroni specchio: come capiamo ciò che fanno gli altri*, Bollati Boringhieri, Torino 2008].
4. H. Mouras *et al.*, *Activation of Mirror-Neuron System by Erotic Video Clips Predicts Degree of Induced Erection: An fMRI Study*, in «Neuroimage», vol. 42, 2008, pp. 1142-50, doi:10.1016/j.neuroimage.2008.05.051.
5. G. Rizzolatti e L. Craighero, *The Mirror-Neuron System*, in «Annual Review of Neuroscience», vol. 27, 2004, pp. 169-92.

1. *Serendipità a Parma*

1. John Eccles vinse il Nobel nel 1963 per le sue ricerche sui motoneuroni e David Hubel e Torsten Weisel lo ottennero nel 1981 per il loro studio del sistema visivo.
2. G. Rizzolatti *et al.*, *Functional Organization of Inferior Area 6 in the Macaque Monkey. II. Area F5 and the Control of Distal Movements*, in «Experimental Brain Research. Experimentelle Hirnforschung. Expérimentation cérébrale», vol. 71, 1988, pp. 491-507.
3. G. di Pellegrino, L. Fadiga, L. Fogassi, V. Gallese, G. Rizzolatti, *Understanding Motor Events: A Neurophysiological Study*, in «Experimental Brain Research», vol. 91, 1992, pp. 176-80.
4. D. I. Perrett *et al.*, *Visual Analysis of Body Movements by Neurons in the Temporal Cortex of the Macaque Monkey: A Preliminary Report*, in «Behavioral Brain Research», vol. 16, 1985, pp. 153-70.

5. Di Pellegrino, Fadiga, Fogassi, Gallese, Rizzolatti *cit.*
6. *Ibid.*, p. 179.
7. K. M. Heilman, L. J. Rothi, E. Valenstein, *Two Forms of Ideomotor Apraxia*, in «Neurology», vol. 32, 1992, pp. 342-46.
8. Di Pellegrino, Fadiga, Fogassi, Gallese, Rizzolatti *cit.*, p. 179.
9. P. Broca, *Remarques sur le siège de la faculté du langage articulé; suivies d'une observation d'aphémie (perte de la parole)*, in «Bulletins de la Société Anatomique de Paris», vol. 6, 1861, pp. 330-57, 398-407; P. Broca, *Sur le siège de la faculté du langage articulé*, in «Bulletins de la Société d'Anthropologie», vol. 6, 1865, pp. 337-93.
10. D. P. Carey, *"Monkey See, Monkey Do" Cells. Neurophysiology*, in «Current Biology», vol. 6, 1996, pp. 1087-88.
11. V. Gallese, L. Fadiga, L. Fogassi, G. Rizzolatti, *Action Recognition in the Premotor Cortex*, in «Brain», vol. 119 (pt. II), 1996, pp. 593-609.
12. L. Fadiga, L. Fogassi, G. Pavesi, G. Rizzolatti, *Motor Facilitation During Action Observation: A Magnetic Stimulation Study*, in «Journal of Neurophysiology», vol. 73, 1995, pp. 2608-11.
13. G. Rizzolatti *et al.*, *Localization of Grasp Representations in Humans by PET: 1. Observation Versus Execution*, in «Experimental Brain Research», vol. 111, 1996, pp. 246-52.
14. Gallese, Fadiga, Fogassi, Rizzolatti *cit.*, p. 607.

2. *Come ciò che il DNA è stato per la biologia*

1. G. Rizzolatti e L. Craighero, *The Mirror-Neuron System*, in «Annual Review of Neuroscience», vol. 27, 2004, pp. 169-92; il brano citato è a p. 173.
2. G. Rizzolatti e M. Arbib, *Language Within Our Grasp*, in «Trends in Neurosciences», vol. 21, 1998, pp. 188-94.
3. V. Gallese e A. Goldman, *Mirror Neurons and the Simulation Theory of Mind Reading*, in «Trends in Cognitive Sciences», vol. 2, 1998, pp. 493-501.
4. Rizzolatti e Arbib *cit.*, p. 190.
5. Gallese e Goldman *cit.*, p. 500.
6. V. Gallese, *The «Shared Manifold» Hypothesis: From Mirror Neurons to Empathy*, in «Journal of Consciousness Studies», vol. 8, 2001, pp. 33-50; il brano citato è a p. 44.
7. J. H. Williams, A. Whiten, T. Suddendorf e D. I. Perrett, *Imitation, Mirror Neurons and Autism*, in «Neuroscience and Biobehavioral Reviews», vol. 25, 2001, pp. 287-295.
8. N. Nishitani e R. Hari, *Viewing Lip Forms: Cortical Dynamics*, in «Neuron», vol. 36, 2002, pp. 1211-20.
9. J. Kalinowski e T. Saltuklaroglu, *Speaking with a Mirror: Engagement of Mirror Neurons via Choral Speech and its Derivatives Induces Stuttering Inhibition*, in «Medical Hypotheses», vol. 60, 2003, pp. 538-43.

10. C. Fahim *et al.*, *Negative Socio-Emotional Resonance in Schizophrenia: A Functional Magnetic Resonance Imaging Hypothesis*, in «Medical Hypotheses», vol. 63, 2004, pp. 467-75, doi:10.1016/j.mehy.2004.01.035.
11. O. Hauk, I. Johnsrude e F. Pulvermüller, *Somatotopic Representation of Action Words in Human Motor and Premotor Cortex*, in «Neuron», vol. 41, 2004, pp. 301-07.
12. M. Iacoboni, *Neural Mechanisms of Imitation*, in «Current Opinion in Neurobiology», vol. 15, 2005, pp. 632-37, doi:10.1016/j.conb.2005.10.010.
13. E. H. Price, *A Critical Review of Congenital Phantom Limb Cases and a Developmental Theory for the Basis of Body Image*, in «Consciousness and Cognition», vol. 15, 2006, pp. 310-22, doi:10.1016/j.concog.2005.07.003.
14. G. Buccino, A. Solodkin e S. L. Small, *Functions of the Mirror Neuron System: Implications for Neurorehabilitation*, in «Cognitive and Behavioral Neurology: Official Journal of the Society for Behavioral and Cognitive Neurology», vol. 19, 2006, pp. 55-63.
15. E. L. Rossi e K. L. Rossi, *The Neuroscience of Observing Consciousness & Mirror Neurons in Therapeutic Hypnosis*, in «The American Journal of Clinical Hypnosis», vol. 48, 2006, pp. 263-78.
16. M. C. Gridley e R. Hoff, *Do Mirror Neurons Explain Misattribution of Emotions in Music?*, in «Perceptual and Motor Skills», vol. 102, 2006, pp. 600-02.
17. J. Ponseti *et al.*, *A Functional Endophenotype for Sexual Orientation in Humans*, in «Neuroimage», vol. 33, 2006, pp. 825-33, doi:10.1016/j.neuroimage.2006.08.002.
18. J. O. Pineda e L. M. Oberman, *What Goads Cigarette Smokers to Smoke? Neural Adaptation and the Mirror Neuron System*, in «Brain Research», vol. 1121, 2006, pp. 128-35, doi:10.1016/j.brainres.2006.08.128.
19. I. Molnar-Szakacs e K. Overy, *Music and Mirror Neurons: From Motion to "E"motion*, in «Social Cognitive and Affective Neuroscience», 1, 2006, pp. 235-41, doi:10.1093/scan/nsl029.
20. J. T. Kaplan, J. Freedman e M. Iacoboni, *Us Versus Them: Political Attitudes and Party Affiliation Influence Neural Response to Faces of Presidential Candidates*, in «Neuropsychologia», vol. 45, 2007, pp. 55-64, doi:10.1016/j.neuropsychologia.2006.04.024.
21. T. Nielsen, *Felt Presence: Paranoid Delusion or Hallucinatory Social Imagery?*, in «Consciousness and Cognition», vol. 16, 2007, pp. 975-83; discussione pp. 984-91, doi:10.1016/j.concog.2007.02.002.
22. P. G. Enticott, P. J. Johnston, S. E. Herring, K. E. Hoy e P. B. Fitzgerald, *Mirror Neuron Activation is Associated with Facial Emotion Processing*, in «Neuropsychologia», vol. 46, 2008, pp. 2851-54, doi:10.1016/j.neuropsychologia.2008.04.022.
23. D. A. Cohen, *Neurophysiological Pathways to Obesity: Below Awareness and Beyond Individual Control*, in «Diabetes», vol. 57, 2008, pp. 1768-73, doi:10.2337/db08-0163.

24. H. Mouras *et al.*, *Activation of the Mirror-Neuron System by Erotic Video Clips*, in «Neuroimage», vol. 42(3), 2008, pp. 1142-50, doi:10.1016/j.neuroimage.2008.05.051.
25. S. Fecteau, A. Pascual-Leone e H. Theoret, *Psychopathy and the Mirror Neuron System: Preliminary Findings from a Non-Psychiatric Sample*, in «Psychiatry Research», vol. 160, 2008, pp. 137-44, doi:10.1016/j.psychres.2007.08.022.
26. S. Ortigue e F. Bianchi-Demicheli, *Why is Your Spouse So Predictable? Connecting Mirror Neuron System and Self-Expansion Model of Love*, in «Medical Hypotheses», vol. 71, 2008, pp. 941-44, doi:10.1016/j.mehy.2008.07.016.
27. N. R. Cooper, I. Puzzo e A. D. Pawley, *Contagious Yawning: The Mirror Neuron System May Be a Candidate Physiological Mechanism*, in «Medical Hypotheses», vol. 71, 2008, pp. 975-76, doi:10.1016/j.mehy.2008.07.023.
28. D. Goleman e R. Boyatzis, *Social Intelligence and the Biology of Leadership*, in «Harvard Business Review», vol. 86, 2008, pp. 74-81, 136.
29. Y. Moriguchi *et al.*, *The Human Mirror Neuron System in a Population with Deficient Self-Awareness: An fMRI Study in Alexithymia*, in «Human Brain Mapping», vol. 30, 2009, pp. 2063-76, doi:10.1002/hbm.20653.
30. D. Diamond, *Empathy and Identification in Von Donnersmarck's «The Lives of Others»*, in «Journal of the American Psychoanalytic Association», vol. 56, 2008, pp. 811-32, doi:10.1177/0003065108323590.
31. D. Lenzi *et al.*, *Neural Basis of Maternal Communication and Emotional Expression Processing During Infant Preverbal Stage*, in «Cerebral Cortex», vol. 19, 2009, pp. 1124-33, doi:10.1093/cercor/bhn153.
32. V. Ramachandra, N. Depalma e S. Lisiewski, *The Role of Mirror Neurons in Processing Vocal Emotions: Evidence from Psychophysiological Data*, in «The International Journal of Neuroscience», vol. 119, 2009, pp. 681-90, doi:10.1080/00207450802572188.
33. S. Shimada e R. Abe, *Modulation of the Motor Area Activity During Observation of a Competitive Game*, in «Neuroreport», vol. 20, 2009, pp. 979-83, doi:10.1097/WNR.0b013e32832d2d36.
34. J. Knox, *Mirror Neurons and Embodied Simulation in the Development of Archetypes and Self-Agency*, in «The Journal of Analytical Psychology», vol. 54, 2009, pp. 307-23, doi:10.1111/j.1468-5922.2009.01782.x; G. B. Hogenson, *Archetypes as Action Patterns*, in «The Journal of Analytical Psychology», vol. 54, 2009, pp. 325-37, doi:10.1111/j.1468-5922.2009.01783.x.
35. Y. T. Lee e S. J. Tsai, *The Mirror Neuron System May Play a Role in the Pathogenesis of Mass Hysteria*, in «Medical Hypotheses», vol. 74, 2010, pp. 244-45, doi:10.1016/j.mehy.2009.09.031.
36. D. B. Newlin e R. M. Renton, *A Self in the Mirror: Mirror Neurons, Self-Referential Processing, and Substance Use Disorders*, in «Substance Use e Misuse», vol. 45, 2010, pp. 1697-1726, doi:10.3109/10826084.2010.482421.
37. D. Kourtis, N. Sebanz e G. Knoblich, *Favouritism in the Motor System: Social Interaction Modulates Action Simulation*, in «Biology Letters», vol. 6, 2010, pp. 758-61, doi:10.1098/rsbl.2010.0478.

38. M. Botbol, *Towards an Integrative Neuroscientific and Psychodynamic Approach to the Transmission of Attachment*, in «Journal of Physiology», Paris, vol. 104, 2010, pp. 263-71, doi:10.1016/j.jphysparis.2010.08.005.
39. V.L. Schermer, *Mirror Neurons: Their Implications for Group Psychotherapy*, in «International Journal of Group Psychotherapy», vol. 60, 2010, pp. 486-513, doi:10.1521/ijgp.2010.60.4.486.
40. D.C. Blanchard, G. Griebel, R. Pobbe e R.J. Blanchard, *Risk Assessment as an Evolved Threat Detection and Analysis Process*, in «Neuroscience and Biobehavioral Reviews», vol. 35, 2011, pp. 991-98, doi:10.1016/j.neubiorev.2010.10.016.
41. M.T. Saurat, M. Agbakou, P. Attigui, J.L. Golmard e I. Arnulf, *Walking Dreams in Congenital and Acquired Paraplegia*, in «Consciousness and Cognition», vol. 20, 2011, pp. 1425-32, doi:10.1016/j.concog.2011.05.015.
42. B.M. Fitzgibbon *et al.*, *Enhanced Corticospinal Response to Observed Pain in Pain Synesthetes*, in «Cognitive, Affective and Behavioral Neuroscience», vol. 12, 2011, pp. 406-18, doi:10.3758/s13415-011-0080-8.
43. L.M. Herman, *Body and Self in Dolphins*, in «Consciousness and Cognition», vol. 21, 2012, pp. 526-45, doi:10.1016/j.concog.2011.10.005.

3. *Uomo-vede-uomo-fa?*

1. L. Fadiga, L. Fogassi, G. Pavesi, G. Rizzolatti, *Motor Facilitation During Action Observation: A Magnetic Stimulation Study*, in «Journal of Neurophysiology», vol. 73, 1995, pp. 2608-11.
2. J. Grezes, M. Tucker, J. Armony, R. Ellis e R.E. Passingham, *Objects Automatically Potentiate Action: An fMRI Study of Implicit Processing*, in «European Journal of Neuroscience», vol. 17, 2003, pp. 2735-40.
3. G. Rizzolatti *et al.*, *Localization of Grasp Representations in Humans by PET: 1. Observation Versus Execution*, in «Experimental Brain Research», vol. 111, 1996, pp. 246-52.
4. *Ibid.*
5. D.I. Perrett *et al.*, *Visual Analysis of Body Movements by Neurons in the Temporal Cortex of the Macaque Monkey: A Preliminary Report*, in «Behavioral Brain Research», vol. 16, 1995, pp. 153-70; D.I. Perrett, A.J. Mistlin, M.H. Harries e A.J. Chitty, *Understanding the Visual Appearance of Hand Actions*, in M. A. Goodale (a cura di), *Vision and Action: The Control of Grasping*, Ablex, New York 1990, pp. 163-80.
6. G. Rizzolatti *et al. cit.*, p. 251.
7. S.T. Grafton, M.A. Arbib, L. Fadiga e G. Rizzolatti, *Localization of Grasp Representations in Humans by PET. 2. Observation compared with Imagination*, in «Experimental Brain Research. Experimentelle Hirnforschung. Expérimentation cérébrale», vol. 112, 1996, pp. 103-11.
8. Rizzolatti *et al. cit.*, p. 251.

9. F. Binkofski *et al.*, *A Parieto-Premotor Network for Object Manipulation: Evidence from Neuroimaging*, in «Experimental Brain Research. Experimentelle Hirnforschung. Expérimentation cérébrale», vol. 128, 1999, pp. 210-13.
10. J. Grezes e J. Decety, *Functional Anatomy of Execution, Mental Simulation, Observation, and Verb Generation of Actions: A Meta-Analysis*, in «Human Brain Mapping», vol. 12, 2001, pp. 1-19.
11. V. Gallese, L. Fogassi, L. Fadiga e G. Rizzolatti, *Action Representation and the Inferior Parietal Lobule*, in W. Prinz e B. Hommel (a cura di), *Common Mechanisms in Perception and Action*, Oxford University Press, Oxford 2002, pp. 247-66.
12. M. Iacoboni *et al.*, *Cortical Mechanisms of Human Imitation*, in «Science», vol. 286, 1999, pp. 2526-28.
13. I. Dinstein, C. Thomas, M. Behrmann e D.J. Heeger, *A Mirror up to Nature*, in «Current Biology», vol. 18, 2008, R13-18.
14. I. Dinstein, U. Hasson, N. Rubin e D.J. Heeger, *Brain Areas Selective for Both Observed and Executed Movements*, in «Journal of Neurophysiology», vol. 98, 2007, pp. 1415-27; A. Lingnau, B. Gesierich e A. Caramazza, *Asymmetric fMRI Adaptation Reveals No Evidence for Mirror Neurons in Humans*, in «Proceedings of the National Academy of Sciences of the United States of America», vol. 106, 2009, pp. 9925-30, doi:0902262106 [pii] 10.1073/pnas.0902262106; I. Dinstein, J.L. Gardner, M. Jazayeri e D.J. Heeger, *Executed and Observed Movements Have Different Distributed Representations in Human aIPS*, in «Journal of Neuroscience», vol. 28, 2008, pp. 11231-239, doi:10.1523/JNEUROSCI.3585-08.2008.
15. J.M. Kilner, A. Neal, N. Weiskopf, K.J. Friston e C.D. Frith, *Evidence of Mirror Neurons in Human Inferior Frontal Gyrus*, in «Journal of Neuroscience», vol. 29, 2009, pp. 10153-59, doi:10.1523/JNEUROSCI.2668-09.2009.

4. *Anomalie*

1. G. Rizzolatti e L. Craighero, *The Mirror-Neuron System*, in «Annual Review of Neuroscience», vol. 27, 2004, pp. 169-92; il brano citato è a p. 172.
2. G. Rizzolatti e C. Sinigaglia, *The Functional Role of the Parieto-Frontal Mirror Circuit: Interpretations and Misinterpretations*, in «Nature Reviews Neuroscience», vol. 11, 2010, pp. 264-74, doi:10.1038/nrn2805.
3. G. Buccino *et al.*, *Neural Circuits Involved in the Recognition of Actions Performed by Nonconspecifics: An fMRI Study*, in «Journal of Cognitive Neuroscience», vol. 16, 2004, pp. 114-26.
4. Rizzolatti e Sinigaglia *cit.*, p. 270.
5. C. Molnar, P. Pongracz e A. Miklosi, *Seeing with Ears: Sightless Humans' Perception of Dog Bark Provides a Test for Structural Rules in Vocal Communication*, in «Quarterly Journal of Experimental Psychology (Hove)», vol. 63, 2010, pp. 1004-13, doi:10.1080/17470210903168243.

6. M. Pazzaglia, N. Smania, E. Corato e S. M. Aglioti, *Neural Underpinnings of Gesture Discrimination in Patients with Limb Apraxia*, in «Journal of Neuroscience», vol. 28, 2008, pp. 3030-41.
7. P. Ekman, E. R. Sorenson e W. V. Friesen, *Pan-Cultural Elements in Facial Displays of Emotion*, in «Science», vol. 164, 1969, pp. 86-88; P. Ekman e W. V. Friesen, *A New Pan-Cultural Facial Express of Emotion*, in «Motivation and Emotion», vol. 10, 1986, pp. 159-68.
8. P. Ekman, R. W. Levenson e W. V. Friesen, *Autonomic Nervous System Activity Distinguishes Among Emotions*, in «Science», vol. 221, 1983, pp. 1208-10.
9. K. R. Bogart e D. Matsumoto, *Living with Moebius Syndrome: Adjustment, Social Competence, and Satisfaction with Life*, in «Cleft Palate-Craniofacial Journal», vol. 47, 2010, pp. 134-42, doi:10.1597/08-257.1.
10. K. R. Bogart e D. Matsumoto, *Facial Mimicry is Not Necessary to Recognize Emotion: Facial Expression Recognition by People with Moebius Syndrome*, in «Social Neuroscience», vol. 5, 2010, pp. 241-51.
11. D. V. Buonomano e M. M. Merzenich, *Cortical Plasticity: From Synapses to Maps*, in «Annual Review of Neuroscience», vol. 21, 1998, pp. 149-86, doi:10.1146/annurev.neuro.21.1.149.
12. A. Sharma, M. F. Dorman e A. J. Spahr, *A Sensitive Period for the Development of the Central Auditory System in Children with Cochlear Implants: Implications for Age of Implantation*, in «Ear & Hearing», vol. 23, 2002, pp. 532-39, doi:10.1097/01. AUD.0000042223.62381.01.
13. M. J. Osberger, S. Zimmerman-Phillips e D. B. Koch, *Cochlear Implant Candidacy and Performance Trends in Children*, in «Annals of Otology, Rhinology, and Laryngology», vol. 189, 2002, pp. 62-65.
14. T. A. Zwolan, P. R. Kileny e S. A. Telian, *Self-Report of Cochlear Implant Use and Satisfaction by Prelingually Deafened Adults*, in «Ear & Hearing», 17, 1996, pp. 198-210.
15. C. Catmur, V. Walsh e C. Heyes, *Sensorimotor Learning Configures the Human Mirror System*, in «Current Biology», vol. 17, 2007, pp. 1527-31.
16. P. F. Ferrari, S. Rozzi e L. Fogassi, *Mirror Neurons Responding to Observation of Actions Made with Tools in Monkey Ventral Premotor Cortex*, in «Journal of Cognitive Neuroscience», vol. 17, 2005, pp. 212-26; il brano citato è a p. 213.
17. A. D. Milner e M. A. Goodale, *The Visual Brain in Action*, Oxford University Press, Oxford 1995.
18. *Ibid.*; G. Hickok e D. Poeppel, *The Cortical Organization of Speech Processing*, in «Nature Reviews Neuroscience», vol. 8, 2007, pp. 393-402; J. P. Rauschecker, *Cortical Processing of Complex Sounds*, in «Current Opinion in Neurobiology», vol. 8, 1998, pp. 516-21.
19. M. J. Farah, *Visual Agnosia*, II ed., MIT Press, Cambridge (MA) 2004.
20. Milner e Goodale *cit.*

21. Y. Rossetti, L. Pisella e A. Vighetto, *Optic Ataxia Revisited: Visually Guided Action Versus Immediate Visuomotor Control*, in «Experimental Brain Research, Experimentelle Hirnforschung, Expérimentation cérébrale», vol. 153, 2003, pp. 171-79, doi:10.1007/s00221-003-1590-6.

22. M. A. Goodale e A. D. Milner, *Sight Unseen: An Exploration of Conscious and Unconscious Vision*, Oxford University Press, Oxford 2004.

23. B. R. Buchsbaum *et al.*, *Conduction Aphasia, Sensory-Motor Integration, and Phonological Short-Term Memory - an Aggregate Analysis of Lesion and fMRI Data*, in «Brain and Language», vol. 119, 2011, pp. 119-28, doi:10.1016/j.bandl.2010.12.001; G. Hickok, *Speech Perception, Conduction Aphasia, and the Functional Neuroanatomy of Language*, in Y. Grodzinsky, L. Shapiro e D. Swinney (a cura di), *Language and the Brain*, Academic Press, Waltham (MA) 2000, pp. 87-104.

24. G. Rizzolatti *et al.*, *Functional Organization of Inferior Area 6 in the Macaque Monkey. II. Area F5 and the Control of Distal Movements*, in «Experimental Brain Research. Experimentelle Hirnforschung. Expérimentation cérébrale», vol. 71, 1988, pp. 491-507.

25. M. Jeannerod, M. Arbib, G. Rizzolatti e H. Sakata, *Grasping Objects: The Cortical Mechanisms of Visuomotor Transformation*, in «Trends in Neurosciences», vol. 18, 1995, pp. 314-20, doi:016622369593921J [pii].

26. *Ibid.*

27. Ferrari, Rozzi e Fogassi *cit.*

28. V. Gallese, L. Fadiga, L. Fogassi, G. Rizzolatti, *Action Recognition in the Premotor Cortex*, in «Brain», vol. 119 (pt. II), 1996, pp. 593-609.

29. Rizzolatti e Craighero *cit.*, p. 172.

30. G. Csibra, *Action Mirroring and Action Understanding: An Alternative Account*, in P. Haggard, Y. Rosetti e M. Kawato (a cura di), *Sensorimotor Foundations of Higher Cognition, Attention and Performance* XXII, Oxford University Press, Oxford 2007, pp. 453-59.

31. L. Fogassi *et al.*, *Parietal Lobe: From Action Organization to Intention Understanding*, in «Science», vol. 308, 2005, pp. 662-67.

32. *Ibid.*, p. 663.

33. M. A. Umiltà *et al.*, *When Pliers Become Fingers in the Monkey Motor System*, in «Proceedings of the National Academy of Sciences of the United States of America», vol. 105, 2008, pp. 2209-13, doi:10.1073/pnas.0705985105.

34. M. Iacoboni *et al.*, *Grasping the Intentions of Others with One's Own Mirror Neuron System*, in «PLoS Biology», vol. 3, 2005, e79.

35. Csibra *cit.*, pp. 446-47.

36. M. Umiltà *et al.*, *I Know What You Are Doing. A Neurophysiological Study*, in «Neuron», vol. 31, 2001, pp. 155-65.

37. Non tutti i neuroni specchio avevano questo comportamento. In realtà, poco più di metà delle cellule (18 su 35 – sto escludendo i dati relativi alle prove relative al posare in cui l'oggetto era visibile durante la prima metà dell'azione)

non rispondeva nella situazione in cui l'oggetto era nascosto. Gli autori, naturalmente, hanno dato rilievo ai risultati positivi degli altri 17 neuroni che rispondevano, sostenendo che i neuroni specchio «sanno che cosa stai facendo». Ma si potrebbe benissimo anche dare rilievo al risultato opposto e concludere che metà di tutti i neuroni specchio non codificano lo scopo o il significato dell'azione. E se metà della popolazione di neuroni specchio non codifica lo scopo di un'azione, che cosa codifica quando scarica? Dovremmo quindi domandarci: la risposta a questa domanda modifica la nostra interpretazione dei neuroni specchio in generale?

38. Rizzolatti e Sinigaglia *cit.*

39. K. Nelissen, G. Luppino, W. Vanduffel, G. Rizzolatti e G. Orban, *Observing Others: Multiple Action Representation in the Frontal Lobe*, in «Science», vol. 310, 2005, pp. 332-36.

40. *Ibid.*, p. 336.

41. Gallese, Fadiga, Fogassi e Rizzolatti *cit.*

5. *Il cervello parlante*

1. A. M. Liberman, *Some Results of Research on Speech Perception*, in «Journal of the Acoustical Society of America», vol. 29, 1957, pp. 117-23; il brano citato è a p. 117.

2. C. M. Harris, *A Study of the Building Blocks in Speech*, in «Journal of the Acoustical Society of America», vol. 25, 1953, pp. 962-69.

3. A. M. Liberman, F. S. Cooper, D. P. Shankweiler e M. Studdert-Kennedy, *Perception of the Speech Code*, in «Psychological Review», vol. 74, 1967, pp. 431-61; il brano citato è a p. 436.

4. A. M. Liberman, K. S. Harris, H. S. Hoffman e B. C. Griffith, *The Discrimination of Speech Sounds Within and Across Phoneme Boundaries*, in «Journal of Experimental Psychology», vol. 54, 1957, pp. 358-68.

5. A. M. Liberman, I. G. Mattingly, *A Specialization for Speech Perception*, in «Science», vol. 243, 1989, pp. 489-94; T. C. Rand, *Dichotic Release from Masking for Speech*, in «Journal of the Acoustical Society of America», vol. 55, 1974, pp. 678-80.

6. H. McGurk e J. MacDonald, *Hearing Lips and Seeing Voices*, in «Nature», vol. 264, 1976, pp. 746-48.

7. P. D. Eimas, E. R. Siqueland, P. Jusczyk e J. Vigorito, *Speech Perception in Infants*, in «Science», vol. 171, 1971, pp. 303-06; P. K. Kuhl e J. D. Miller, *Speech Perception by the Chinchilla: Voiced-Voiceless Distinction in Alveolar Plosive Consonants*, in «Science», vol. 190, 1975, pp. 69-72.

8. N. L. Etcoff e J. J. Magee, *Categorical Perception of Facial Expressions*, in «Cognition», vol. 44, 1992, pp. 227-40; D. A. Nelson e P. Marler, *Categorical Perception of a Natural Stimulus Continuum: Birdsong*, in «Science», vol. 244, 1989, pp. 976-78; D. Roberson e J. Davidoff, *The Categorical Perception of Colors and Facial Expressions: The Effect of Verbal Interference*, in «Memory &

Cognition», 28, 2000, pp. 977-86; R. A. Wyttenbach, M. L. May e R. R. Hoy, *Categorical Perception of Sound Frequency by Crickets*, in «Science», vol. 273, 1996, pp. 1542-44; S. Locke e L. Kellar, *Categorical Perception in a Non-Linguistic Mode*, in «Cortex», 9, 1973, pp. 355-69; C. A. Fowler e L. D. Rosenblum, *Duplex Perception: A Comparison of Monosyllables and Slamming Doors*, in «Journal of Experimental Psychology: Human Perception and Performance», vol. 16, 1990, pp. 742-54.

9. D. W. Massaro e M. M. Cohen, *Categorical or Continuous Speech Perception: A New Test*, in «Speech Communication», vol. 2, 1983, pp. 15-35.

10. D. W. Massaro e D. G. Stork, *Speech Recognition and Sensory Integration*, in «American Scientist», vol. 86, 1998, pp. 236-44.

11. V. L. Gracco e J. H. Abbs, *Variant and Invariant Characteristics of Speech Movements*, in «Experimental Brain Research. Experimentelle Hirnforschung. Experimentation Cerebrale», vol. 65, 1986, pp. 156-66.

12. D. W. Massaro, *Preperceptual Images, Processing Time, and Perceptual Units in Auditory Perception*, in «Psychological Review», vol. 79, 1972, pp. 124-45.

13. B. Galantucci, C. A. Fowler e M. T. Turvey, *The Motor Theory of Speech Perception Reviewed*, in «Psychonomic Bulletin & Review», vol. 13, 2006, pp. 361-77.

14. M. Iacoboni, *The Role of Premotor Cortex in Speech Perception: Evidence from fMRI and rTMS*, in «Journal of Physiology», Paris, vol. 102, 2008, pp. 31-34, doi:10.1016/j.jphysparis.2008.03.003; il brano citato è a p. 32.

15. L. Fadiga, L. Craighero, G. Buccino e G. Rizzolatti, *Speech Listening Specifically Modulates the Excitability of Tongue Muscles: A TMS Study*, in «The European Journal of Neuroscience», vol. 15, 2002, pp. 399-402, doi:1874 [pii]; il brano citato è a p. 399.

16. *Ibid.*

17. A. D'Ausilio, F. Pulvermüller, P. Salmas, I. Bufalari, C. Begliomini, L. Fadiga, *The Motor Somatotopy of Speech Perception*, in «Current Biology», vol. 19, 2009, pp. 381-85, doi:S0960-9822(09)00556-9 [pii] 10.1016/j.cub.2009.01.017.

18. J. H. Venezia, K. Saberi, C. Chubb e G. Hickok, *Response Bias Modulates the Speech Motor System During Syllable Discrimination*, in «Frontiers in Psychology», vol. 3, 2012, doi:10.3389/fpsyg.2012.00157.

19. D. Poeppel, *Pure Word Deafness and the Bilateral Processing of the Speech Code*, in «Cognitive Science», vol. 25, 2001, pp. 679-93.

20. N. Geschwind, *Disconnexion Syndromes in Animals and Man*, in «Brain», vol. 88, 1965, pp. 237-94, 585-644.

21. E. D. Ross, *The Aprosodias: Functional-Anatomic Organization of the Affective Components of Language in the Right Hemisphere*, in «Archives of Neurology», vol. 38, 1981, pp. 561-69.

22. H. Damasio e A. R. Damasio, *The Anatomical Basis of Conduction Aphasia*, in «Brain», vol. 103, 1980, pp. 337-50.

23. E. Baker, S.E. Blumsteim e H. Goodglass, *Interaction Between Phonological and Semantic Factors in Auditory Comprehension*, in «Neuropsychologia», vol. 19, 1981, pp. 1-15.

24. A. Basso, G. Casati e L.A. Vignolo, *Phonemic Identification Defects in Aphasia*, in «Cortex», vol. 13, 1977, pp. 84-95.

25. G. Miceli, G. Gainotti, C. Caltagirone e C. Masullo, *Some Aspects of Phonological Impairment in Aphasia*, in «Brain and Language», vol. 11, 1980, pp. 159-69.

26. G. Hickok e D. Poeppel, *The Cortical Organization of Speech Processing*, in «Nature Reviews Neuroscience», vol. 8, 2007, pp. 393-402, doi :10.1038/nrn2113; G. Hickok e D. Poeppel, *Towards a Functional Neuroanatomy of Speech Perception*, in «Trends in Cognitive Sciences», vol. 4, 2000, pp. 131-38; G. Hickok e D. Poeppel, *Dorsal and Ventral Streams: A Framework for Understanding Aspects of the Functional Anatomy of Language*, in «Cognition», vol. 92, 2004, pp. 67-99.

27. J. Morais, P. Bertelson, L. Cary e J. Alegria, *Literacy Training and Speech Segmentation*, in «Cognition», vol. 24, 1986, pp. 45-64.

28. R. Mottonen e K.E. Watkins, *Motor Representations of Articulators Contribute to Categorical Perception of Speech Sounds*, in «The Journal of Neuroscience: The Official Journal of the Society for Neuroscience», vol. 29, 2009, pp. 9819-25, doi:29/31/9819 [pii] 10.1523/JNEUROSCI.6018-08.2009; I.G. Meister, S.M. Wilson, C. Deblieck, A.D. Wu e M. Iacoboni, *The Essential Role of Premotor Cortex in Speech Perception*, in «Current Biology», vol. 17, 2007, pp. 1692-96, doi:S0960-9822(07)01969-0[pii]10.1016/j.cub.2007.08.064.

29. F. Pulvermüller *et al.*, *Motor Cortex Maps Articulatory Features of Speech Sounds*, in «Procedings of the National Academy of Sciences of the United States of America», vol. 103, 2006, pp. 7865-70, doi:10.1073/pnas.0509989103; S.M. Wilson, A.P. Saygin, M.I. Sereno e M. Iacoboni, *Listening to Speech Activates Motor Areas Involved in Speech Production*, in «Nature Neuroscience», vol. 7, 2004, pp. 701-02.

30. Si veda la nota 17.

31. Si veda la nota 28.

32. Si veda la nota 28.

33. E.H. Lenneberg, *Understanding Language Without Ability to Speak: A Case Report*, in «Journal of Abnormal and Social Psychology», vol. 65, 1962, pp. 419-25.

34. M. Weller, *Anterior Opercular Cortex Lesions Cause Dissociated Lower Cranial Nerve Palsies and Anarthria but No Aphasia: Foix-Chavany-Marie Syndrome and "Automatic Voluntary Dissociation" Revisited*, in «Journal of Neurology», vol. 240, 1993, pp. 199-208.

35. D.V. Bishop, B.B. Brown e J. Robson, *The Relationship Between Phoneme Discrimination, Speech Production, and Language Comprehension in Cerebral-Palsied Individuals*, in «Journal of Speech and Hearing Research», vol. 33, 1990, pp. 210-19.

36. C. Rogalsky, K. Raphel, T. Poppa, S. Anderson, H. Damasio, T. Love e G. Hickok, *The Neural Basis of Speech Perception is Task-Dependent and Does Not Rely on the Motor System: A Lesion Study*, articolo presentato alla Cognitive Neuroscience Society, 2013.
37. G. Hickok *et al.*, *Bilateral Capacity for Speech Sound Processing in Auditory Comprehension: Evidence from Wada Procedures*, in «Brain and Language», vol. 107, 2008, pp. 179-84, doi:S0093-934X(08)00126-0 [pii] 10.1016/j.bandl.2008.09.006.

6. *Il cervello incarnato*

1. B.F. Skinner, *About Behaviorism*, Alfred A. Knopf, New York 1974, pp. 17-18 [trad. it. *La scienza del comportamento ovvero il behaviorismo*, SugarCo, Milano 1976, p. 18].
2. N. Chomsky, *A Review of B. F. Skinner's "Verbal Behavior* ", in «Language», vol. 35, pp. 26-58, 1959; il brano citato è alle pp. 31-32.
3. J. Fodor, *The Language of Thought*, MIT Press, Cambridge (MA) 1975; D. Marr, *Vision: A Computational Investigation into the Human Representation and Processing of Visual Information*, MIT Press, Cambridge (MA) 1981; S. Pinker, *How the Mind Works*, Norton, New York 1997 [trad. it. *Come funziona la mente*, Mondadori, Milano 2000].
4. A. Newell, J.C. Shaw e H.A. Simon, *Elements of a Theory of Human Problem Solving*, in «Psychological Review», vol. 65, 1958, pp. 151-66; il brano citato è a p. 153.
5. G.H. Recanzone e M.L. Sutter, *The Biological Basis of Audition*, in «Annual Review of Psychology», vol. 59, 2008, pp. 119-42, doi:10.1146/annurev.psych.59.103006.093544.
6. U. Neisser, *Cognitive Psychology*, Appleton-Century-Crofts, New York 1967, p. 40 [trad. it. *Psicologia cognitivista*, Martello-Giunti, Firenze 1976, p. 10].
7. *Ibid.*, p. 21.
8. T. Gollisch e M. Meister, *Eye Smarter than Scientists Believed: Neural Computations in Circuits of the Retina*, in «Neuron», vol. 65, 2010, pp. 150-64, doi:10.1016/j.neuron.2009.12.009; il brano citato è a p. 150.
9. D.M. Wolpert, R.C. Miall e M. Kawato, *Internal Models in the Cerebellum*, in «Trends in Cognitve Sciences», vol. 2, 1998, pp. 338-47.
10. Neisser *cit.*
11. A.K. Engel, A. Maye, M. Kurthen e P. Konig, *Where's the Action? The Pragmatic Turn in Cognitive Science*, in «Trends in Cognitive Sciences», vol. 17, 2013, pp. 202-09, doi:10.1016/j.tics.2013.03.006.
12. T. Gomila e P. Calvo, in P. Calvo e T. Gomila (a cura di), *Handbook of Cognitive Science: An Embodied Approach*, Elsevier, San Diego 2008, pp. 1-25.
13. S. Hurley, *The Shared Circuits Model (SCM): How Control, Mirroring, and Simulation Can Enable Imitation, Deliberation, and Mind Reading*, in «The Behavio-

ral and Brain Sciences», vol. 31, 2008, pp. 1-22, il brano citato è a p. 2; discussione, pp. 22-58, doi:10.1017/S0140525X07003123.

14. G. Pezzulo *et al.*, *The Mechanics of Embodiment: A Dialog on Embodiment and Computational Modeling*, in «Frontiers in Psychology», vol. 2 (5), 2011, pp. 1-21, doi:10.3389/fpsyg.2011.00005; il brano citato è a p. 3.
15. Gomila e Calvo *cit.*, p. 7.
16. *Ibid.*, p. 8.
17. Z. W. Pylyshyn, *The Imagery Debate: Analogue Media Versus Tacit Knowledge*, in «Psychological Review», vol. 88, 1981, pp. 16-45.
18. E. E. Smith e D. L. Medin, *Categories and Concepts*, Harvard University Press, Cambridge (MA) 1981.
19. E. K. Warrington e T. Shallice, *Category Specific Semantic Impairments*, in «Brain», vol. 107 (pt. III), 1984, pp. 829-54.
20. G. Gainotti, M. C. Silveri, A. Daniele e L. Giustolisi, *Neuroanatomical Correlates of Category-Specific Semantic Disorders: A Critical Survey*, in «Memory», vol. 3, 1995, pp. 247-64, doi:10.1080/09658219508253153; D. Tranel, D. Kemmerer, R. Adolphs, H. Damasio e A. R. Damasio, *Neural Correlates of Conceptual Knowledge for Actions*, in «Cognitive Neuropsychology», vol. 20, 2003, pp. 409-32.
21. R. N. Shepard e J. Metzler, *Mental Rotation of Three-Dimensional Objects*, in «Science», vol. 171, 1971, pp. 701-03; S. M. Kosslyn, *Image and Brain: The Resolution of the Imagery Debate*, MIT Press, Cambridge (MA) 1996.
22. S. Arora *et al.*, *Mental Practice Enhances Surgical Technical Skills: A Randomized Controlled Study*, in «Annals of Surgery», vol. 253, 2011, pp. 265-70, doi:10.1097/SLA.0b013e318207a789.
23. L. W. Barsalou, *The Human Conceptual System*, in M. J. K. McRae Spivey e M. F. Joanisse (a cura di), *The Cambridge Handbook of Psycholinguistics*, Cambridge University Press, New York 2012, pp. 239-58; il brano citato è a p. 251.
24. E. Oztop, M. Kawato e M. Arbib, *Mirror Neurons and Imitation: A Computationally Guided Review*, in «Neural Networks», vol. 19, 2006, pp. 254-71, doi:10.1016/j.neunet.2006.02.002.
25. G. Rizzolatti, L. Fogassi e V. Gallese, *Neurophysiological Mechanisms Underlying the Understanding and Imitation of Action*, in «Nature Reviews Neuroscience», vol. 2, 2001, pp. 661-70.
26. V. Gallese, *The «Shared Manifold» Hypothesis: From Mirror Neurons to Empathy*, in «Journal of Consciousness Studies», vol. 8, 2001, pp. 33-50; V. Gallese e C. Sinigaglia, *What is So Special about Embodied Simulation?*, in «Trends in Cognitive Sciences», vol. 15, 2011, pp. 512-19, doi:10.1016/j.tics.2011.09.003.
27. C. Keysers *et al.*, *A Touching Sight: SII/PV Activation During the Observation and Experience of Touch*, in «Neuron», vol. 42, 2004, pp. 335-46; M. V. Saarela *et al.*, *The Compassionate Brain: Humans Detect Intensity of Pain from Another's Face*, in «Cerebral Cortex», vol. 17, 2007, pp. 230-37, doi:10.1093/

cercor/bhj141; B. Wicker *et al.*, *Both of Us Disgusted in My Insula: The Common Neural Basis of Seeing and Feeling Disgust*, in «Neuron», vol. 40, 2003, pp. 655-64.

28. O. Hauk, I. Johnsrude e F. Pulvermüller, *Somatotopic Representation of Action Words in Human Motor and Premotor Cortex*, in «Neuron», vol. 41, 2004, pp. 301-07.
29. A.M. Glenberg e M.P. Kaschak, *Grounding Language in Action*, in «Psychonomic Bulletin & Review», vol. 9, 2002, pp. 558-65.
30. V. Gallese, L. Fadiga, L. Fogassi, G. Rizzolatti, *Action Recognition in the Premotor Cortex*, in «Brain», vol. 119 (pt. II), 1996, pp. 593-609.
31. S. Geyer, M. Matelli, G. Luppino e K. Zilles, *Functional Neuroanatomy of the Primate Isocortical Motor System*, in «Anatomy and Embryology», vol. 202, 2000, pp. 443-74; A.P. Georgopoulos, J.F. Kalaska, R. Caminiti e J.T. Massey, *On the Relations Between the Direction of Two-Dimensional Arm Movements and Cell Discharge in Primate Motor Cortex*, in «Journal of Neuroscience», vol. 2, 1982, pp. 1527-37.
32. B.Z. Mahon e A. Caramazza, *A Critical Look at the Embodied Cognition Hypothesis and a New Proposal for Grounding Conceptual Content*, in «Journal of Physiology», Paris, 102, 2008, pp. 59-70; si veda anche G. Hickok, *The Role of Mirror Neurons in Speech Perception and Action Word Semantics*, in «Language and Cognitive Processes», vol. 25, 2010, pp. 749-76.
33. G. de Zubicaray, J. Arciuli e K. McMahon, *Putting an "End" to the Motor Cortex Representations of Action Words*, in «Journal of Cognitive Neuroscience», vol. 25, 2013, pp. 1957-74, doi:10.1162/jocn_a_00437.
34. C.E. Watson, E.R. Cardillo, G.R. Ianni e A. Chatterjee, *Action Concepts in the Brain: An Activation Likelihood Estimation Meta-Analysis*, in «Journal of Cognitive Neuroscience», vol. 25, 2013, pp. 1191-1205, doi:10.1162/jocn_a_00401.
35. S. Pinker, *The Stuff Of Thought: Language as a Window into Human Nature*, Viking, New York 2007 [trad. it. *Fatti di parole: la natura umana svelata dal linguaggio*, Mondadori, Milano 2009].
36. T.H. Bak, D. G. O'Donovan, J.H. Xuereb, S. Boniface e J.R. Hodges, *Selective Impairment of Verb Processing Associated with Pathological Changes in Brodmann Areas 44 and 45 in the Motor Neuron Disease-Dementia-Aphasia Syndrome*, in «Brain», vol. 124, 2001, pp. 103-20.
37. A.M. Glenberg e V. Gallese, *Action-Based Language: a Theory of Language Acquisition, Comprehension, and Production*, in «Cortex», vol. 48, 2012, pp. 905-22, doi:10.1016/j.cortex.2011.04.010.
38. Bak, O'Donovan, Xuereb, Boniface e Hodges *cit.*
39. *Ibid.*
40. Hickok *cit.*; J.M. Novick, J.C. Trueswell, e S.L. Thompson-Schill, *Cognitive Control and Parsing: Reexamining the Role of Broca's Area in Sentence Comprehension*, in «Cognitive, Affective and Behavioral Neuroscience», vol. 5, 2005, pp. 263-81.

41. M. Grossman *et al.*, *Impaired Action Knowledge in Amyotrophic Lateral Sclerosis*, in «Neurology», vol. 71, 2008, pp. 1396-1401, doi:10.1212/01.wnl.0000319701.50168.8c.
42. Bono (senza data), http://www.u2star.com/blog/discography/how-to-dismantle-an-atomic-bomb/miracle-drug.
43. W. Grimes, *Christopher Nolan, Irish Author, Dies at 43*, in «The New York Times», 24 febbraio 2009, p. A18.
44. Autore non disponibile,*The Banyan Tree*, http://www.publishersweekly.com/978-1-55970-511-0, 3 gennaio 2000.
45. A. Geracimos, 2000, http://www.publishersweekly.com/pw/by-topic/authors/interviews/article/19743-pw-christopher-nolan-against-all-odds.html.
46. D. Tranel, R. Adolphs, H. Damasio e A. R. Damasio, *A Neural Basis for the Retrieval of Words for Actions*, in «Cognitive Neuropsychology», vol. 18, 2001, pp. 655-70.
47. A. E. Hillis, S. Oh e L. Ken, *Deterioration of Naming Nouns Versus Verbs in Primary Progressive Aphasia*, in «Annals of Neurology», vol. 55, 2004, pp. 268-75, doi:10.1002/ana.10812.
48. A. E. Hillis, E. Tuffiash, R. J. Wityk e P. B. Barker, *Regions of Neural Dysfunction Associated with Impaired Naming of Actions and Objects in Acute Stroke*, in «Cognitive Neuropsychology», vol. 19, 2002, pp. 523-34.
49. R. M. Willems, L. Labruna, M. D'Esposito, R. Ivry e D. Casasanto, *A Functional Role for the Motor System in Language Understanding: Evidence from Theta-Burst Transcranial Magnetic Stimulation*, in «Psychological Science», vol. 22, 2011, pp. 849-54, doi:10.1177/0956797611412387.
50. H. Hecht, S. Vogt e W. Prinz, *Motor Learning Enhances Perceptual Judgment: A Case for Action-Perception Transfer*, in «Psychological Research», vol. 65, 2001, pp. 3-14; K. H. James *et al.*, *"Active" and "Passive" Learning of Three-Dimensional Object Structure Within an Immersive Virtual Reality Environment*, in «Behavior Research Methods, Instruments, and Computers: A Journal of the Psychonomic Society, Inc», vol. 34, 2002, pp. 383-90.
51. G. Rizzolatti e C. Sinigaglia, *The Functional Role of the Parieto-Frontal Mirror Circuit: Interpretations and Misinterpretations*, in «Nature Reviews Neuroscience», vol. 11, 2010, pp. 264-74, doi:10.1038/nrn2805.
52. Oztop, Kawato e Arbib *cit.*

7. *Sentire, fare, sapere*

1. J. D. Cole e E. M. Sedgwick, *The Perceptions of Force and of Movement in a Man Without Large Myelinated Sensory Afferents Below the Neck*, in «The Journal of Physiology», vol. 449, 1992, pp. 503-15.
2. H. C. Bastian, *The "Muscular Sense": Its Nature and Cortical Localisation*, in «Brain», vol. 10, 1887, pp. 1-89.
3. J. N. Sanes, K. H. Mauritz, E. V. Evarts, M. C. Dalakas e A. Chu, *Motor Deficits in Patients with Large-Fiber Sensory Neuropathy*, in «Proceedings of the

National Academy of Sciences of the United States of America», vol. 81, 1984, pp. 979-82.

4. C. R. Smith, *Residual Hearing and Speech Production in Deaf Children*, in «Journal of Speech and Hearing Research», vol. 18, 1975, pp. 795-811.

5. M. L. Sancier e C. A. Fowler, *Gestural Drift in a Bilingual Speaker of Brazilian Portuguese and English*, in «Journal of Phonetics», vol. 25, 1997, pp. 421-36.

6. H. Davis, *Can You Say Something Without Turning It Into a Question?*, 6 ottobre 2010, http://www.psychologytoday.com/blog/caveman-logic/201010/the-uptalk-epidemic.

7. J. Gorman, *On language; Like, Uptalk?*, in «The New York Times», 15 agosto 1993, tratto da http://www.nytimes.com/1993/08/15/magazine/on-language-like-uptalk.html.

8. M. Liberman, *Uptalk Is Not* HRT, 28 marzo 2006, http://itre.cis.upenn.edu/žmyl/languagelog/archives/002967.html.

9. J. J. Gibson, *The Ecological Approach to Visual Perception*, Houghton Mifflin, Boston 1979.

10. V. Gallese, M. A. Gernsbacher, C. Heyes, G. Hickok e M. Iacoboni, *Mirror Neuron Forum*, in «Perspectives on Psychological Science», vol. 6, 2011, pp. 369-407.

11. A. M. Liberman e I. G. Mattingly, *The Motor Theory of Speech Perception Revised*, in «Cognition», vol. 21, 1985, pp. 1-36.

12. F. H. Guenther, M. Hampson e D. Johnson, *A Theoretical Investigation of Reference Frames for the Planning of Speech Movements*, in «Psychological Review», vol. 105, 1998, pp. 611-33.

13. Gallese, Gernsbacher, Heyes, Hickok e Iacoboni *cit.*

14. A. M. Glenberg e V. Gallese, *Action-Based Language: A Theory of Language Acquisition, Comprehension, and Production*, in «Cortex», vol. 48, 2012, pp. 905-22, doi:10.1016/j.cortex.2011.04.010.

15. P. A. Chouinard e T. Paus, *The Primary Motor and Premotor Areas of the Human Cerebral Cortex*, in «The Neuroscientist», vol. 12, 2006, pp. 143-52, doi:10.1177/1073858405284255; D. J. Felleman e Van D. C. Essen, *Distributed Hierarchical Processing in Primate Visual Cortex*, in «Cerebral Cortex», vol. 1, 1991, pp. 1-47.

16. Felleman e Van Essen *cit.*

17. R. Shadmehr, M. A. Smith e J. W. Krakauer, *Error Correction, Sensory Prediction, and Adaptation in Motor Control*, in «Annual Review of Neuroscience», vol. 33, 2010, pp. 89-108, doi:10.1146/annurev-neuro-060909-153135.

18. A. D. Milner e M. A. Goodale, *The Visual Brain in Action*, Oxford University Press, Oxford 1995.

19. J. R. Binder, R. H. Desai, W. W. Graves e L. L. Conant, *Where is the Semantic System? A Critical Review and Meta-Analysis of 120 Functional Neuroimaging Studies*, in «Cerebral Cortex», vol. 19, 2009, pp. 2767-96, doi:10.1093/cercor/bhp055.

20. M.E. Raichle, *The Brain's Dark Energy*, in «Science», vol. 314, 2006, pp. 1249-50, doi:10.1126/science. 1134405.
21. B.R. Cahn e J. Polich, *Meditation States and Traits: EEG, ERP, and Neuroimaging Studies*, in «Psychological Bulletin», vol. 132, 2006, pp. 180-211, doi:10.1037/0033 -2909.132.2.180.
22. E. Baron Short *et al.*, *Regional Brain Activation During Meditation Shows Time and Practice Effects: An Exploratory fMRI Study*, in «Evidence-Based Complementary and Alternative Medicine: eCAM», vol. 7, pp. 121-27, doi:10.1093/ecam/nem163.
23. J.R. Binder *et al.*, *Conceptual Processing During the Conscious Resting State. A Functional* MRI *Study*, in «Journal of Cognitive Neuroscience», vol. 11, 1999, pp. 80-95.
24. M.E. Raichle *et al.*, *A Default Mode of Brain Function*, in «Proceedings of the National Academy of Sciences of the United States of America», vol. 98, 2001, pp. 676-82, doi:10.1073/pnas.98.2.676.
25. R.L. Buckner, J.R. Andrews-Hanna e D.L. Schacter, *The Brain's Default Network: Anatomy, Function, and Relevance to Disease*, in «Annals of the New York Academy of Sciences», vol. 1124, 2008, pp. 1-38, doi:10.1196/annals.1440.011.
26. *Ibid.*
27. *Ibid.*
28. A. Martin, *The Representation of Object Concepts in the Brain*, in «Annual Review of Psychology», vol. 58, 2007, pp. 25-45, doi:10.1146/annurev.psych.57.102904.190143.
29. Martin *cit.*; A. Caramazza e J. R. Shelton, *Domain-Specific Knowledge Systems in the Brain: The Animate-Inanimate Distinction*, in «Journal of Cognitve Neuroscience», vol. 10, 1998, pp. 1-34.
30. P. Hoffman, G. Pobric, M. Drakesmith e M.A. Lambon Ralph, *Posterior Middle Temporal Gyrus is Involved in Verbal and Non-Verbal Semantic Cognition: Evidence from r*TMS, in «Aphasiology», vol. 26, 2012, pp. 1119-30.
31. Martin *cit.*; J.R. Hodges e K. Patterson, *Semantic Dementia: A Unique Clinicopathological Syndrome*, in «Lancet Neurology», vol. 6, 2007, pp. 1004-14; K. Patterson, P.J. Nestor e T.T. Rogers, *Where Do You Know What You Know? The Representation of Semantic Knowledge in the Human Brain*, in «Nature Reviews Neuroscience», vol. 8, 2007, pp. 976-87.
32. M.L. Gorno-Tempini *et al.*, *Classification of Primary Progressive Aphasia and Its Variants*, in «Neurology», vol. 76, 2011, pp. 1006-14, doi:WNL.0b013e31821103e6 [pii] 10.1212/WNL.0b013e31821103e6.
33. Hodges e Patterson *cit.*
34. J. Acosta-Cabronero *et al.*, *Atrophy, Hypometabolism and White Matter Abnormalities in Semantic Dementia Tell a Coherent Story*, in «Brain», vol. 134, 2011, pp. 2025-35, doi:10.1093/brain/awr119.
35. M. Pazzaglia, N. Smania, E. Corato e S.M. Aglioti, *Neural Underpinnings of Gesture Discrimination in Patients with Limb Apraxia*, in «Journal of Neuroscience», vol. 28, 2008, pp. 3030-41.

36. N. Nelissen *et al.*, *Gesture Discrimination in Primary Progressive Aphasia: The Intersection Between Gesture and Language Processing Pathways*, in «The Journal of Neuroscience: The Official Journal of the Society for Neuroscience», vol. 30, 2010, pp. 6334-41, doi:30/18/6334 [pii] 10.1523/JNEUROSCI.0321-10.2010.
37. S. Kalenine, L.J. Buxbaum e H.B. Coslett, *Critical Brain Regions for Action Recognition: Lesion Symptom Mapping in Left Hemisphere Stroke*, in «Brain», vol. 133, 2010, pp. 3269-80, doi:10.1093/brain/awq210.
38. D. Meligne *et al.*, *Verb Production During Action Naming in Semantic Dementia*, in «Journal of Communication Disorders», vol. 44, 2011, pp. 379-91, doi:10.1016/j.jcomdis.2010.12.001; P. Hoffman, R. W. Jones e M. A. Lambon Ralph, *Be Concrete to Be Comprehended: Consistent Imageability Effects in Semantic Dementia for Nouns, Verbs, Synonyms and Associates*, in «Cortex», vol. 49, 2012, pp. 1206-18, doi:10.1016/j.cortex.2012.05.007.
39. D. Tranel, D. Kemmerer, R. Adolphs, H. Damasio e A.R. Damasio, *Neural Correlates of Conceptual Knowledge for Actions*, in «Cognitive Neuropsychology», vol. 20, 2003, pp. 409-32.
40. A.D. Baddeley, *Working Memory*, in «Science», vol. 255, 1992, pp. 556-59.
41. J.M. Fuster, *Memory in the Cerebral Cortex*, MIT Press, Cambridge (MA) 1995.
42. A.R. Damasio e H. Damasio, *Cortical Systems for Retrieval of Concrete Knowledge*, in C. Koch e J.L. Davis (a cura di), *Large-Scale Neuronal Theories of the Brain*, MIT Press, Cambridge (MA) 1994, pp. 61-74.
43. E. Grossman *et al.*, *Brain Areas Involved in Perception of Biological Motion*, in «Journal of Cognitive Neuroscience», vol. 12, 2000, pp. 711-20; E.D. Grossman, L. Battelli e A. Pascual-Leone, *Repetitive TMS over Posterior STS Disrupts Perception of Biological Motion*, in «Vision Research», vol. 45, 2005, pp. 2847-53, doi:10.1016/j.visres.2005.05.027.
44. K.A. Pelphrey e J.P. Morris, *Brain Mechanisms for Interpreting the Actions of Others from Biological-Motion Cues*, in «Current Directions in Psychological Science», vol. 15, 2006, pp. 136-40, doi:10.1111/j.0963-7214.2006.00423.x.
45. K.A. Pelphrey, J.D. Singerman, T. Allison e G. McCarthy, *Brain Activation Evoked by Perception of Gaze Shifts: The Influence of Context*, in «Neuropsychologia», vol. 41, 2003, pp. 156-70; K.A. Pelphrey, R.J. Viola e G. McCarthy, *When Strangers Pass: Processing of Mutual and Averted Social Gaze in the Superior Temporal Sulcus*, in «Psychological Science», vol. 15, 2004, pp. 598-603, doi:10.1111/j.0956-76.2004.00726.x; S. Shultz, S.M. Lee, K. Pelphrey e G. McCarthy, *The Posterior Superior Temporal Sulcus Is Sensitive to the Outcome of Human and Non-Human Goal-Directed Actions*, in «Social Cognitive and Affective Neuroscience», vol. 6, 2011, pp. 602-11, doi:10.1093/scan/nsq087.
46. Shultz, Lee, Pelphrey e McCarthy *cit.*
47. D.I. Perrett *et al.*, *Visual Analysis of Body Movements by Neurons in the Temporal Cortex of the Macaque Monkey: A Preliminary Report*, in «Behavioral Brain Research», vol. 16, 1995, pp. 153-70; D.I. Perrett, A.J. Mistlin, M.H.

Harries e A. J. Chitty, *Understanding the Visual Appearance of Hand Actions*, in M. A. Goodale (a cura di), *Vision and Action: The Control of Grasping*, Ablex, New York 1990, pp. 163-80.

48. D. I. Perrett *et al.*, *Visual Cells in the Temporal Cortex Sensitive to Face View and Gaze Direction*, in «Proceedings of the Royal Society of London B Biological Sciences», vol. 223, 1985, pp. 293-317.

49. J. Jastorff, I. D. Popivanov, R. Vogels, W. Vanduffel e G. A. Orban, *Integration of Shape and Motion Cues in Biological Motion Processing in the Monkey* STS, in «Neuroimage», vol. 60, 2012, pp. 911-21, doi:10.1016/j.neuroimage.2011.12.087.

50. E. Oztop e M. A. Arbib, *Schema Design and Implementation of the Grasp-Related Mirror Neuron System*, in «Biological Cybernetics», vol. 87, 2002, pp. 116-40, doi:10.1007/s00422-002-0318-1.

51. E. Oztop, M. Kawato e M. Arbib, *Mirror Neurons and Imitation: A Computationally Guided Review*, in «Neural Networks», vol. 19, 2006, pp. 254-71, doi:10.1016/j.neunet.2006.02.002.

8. Homo imitans *e la funzione dei neuroni specchio*

1. A. N. Meltzoff, *The Human Infant as* Homo imitans, in T. R. Zentall e B. G. J. Galef (a cura di), *Social Learning*, Lawrence Erlbaum Associates, Hilssdale (NJ), 1988.

2. A. N. Meltzoff e M. K. Moore, *Newborn Infants Imitate Adult Facial Gestures*, in «Child Development», vol. 54, 1983, pp. 702-09.

3. A. N. Meltzoff, *Immediate and Deferred Imitation in Fourteen- and Twenty-Four-Month-Old Infants*, in «Child Development», vol. 56, 1985, pp. 62-72.

4. P. K. Kuhl e A. N. Meltzoff, *The Bimodal Perception of Speech in Infancy*, in «Science», vol. 218, 1982, pp. 1138-41.

5. A. N. Meltzoff e M. K. Moore, *Imitation, Memory, and the Representation of Persons*, in «Infant Behavior and Development», vol. 17, 1994, pp. 83-99.

6. M. Carpenter, N. Akhtar e M. Tomasello, *Fourteen- Through 18-Month-Old Infants Differentially Imitate Intentional and Accidental Actions*, in «Infant Behavior and Development», vol. 21, 1998, pp. 315-30.

7. A. N. Meltzoff, *Understanding the Intentions of Others: Re-Enactment of Intended Acts by 18-Month-Old Children*, in «Developmental Psychology», vol. 31, 1995, pp. 838-50.

8. A. N. Meltzoff, P. K. Kuhl, J. Movellan e T. J. Sejnowski, *Foundations for a New Science of Learning*, in «Science», vol. 325, 2009, pp. 284-88, doi:10.1126/science.1175626.

9. E. Hanna e A. N. Meltzoff, *Peer Imitation by Toddlers in Laboratory, Home, and Day-Care Contexts: Implications for Social Learning and Memory*, in «Developmental Psychology», vol. 29, 1993, pp. 701-10.

10. A. Hogberg, *Playing with Flint: Tracing a Child's Imitation of Adult Work in a Lithic Assemblage*, in «Journal of Archaeological Method and Theory», vol. 15, 2008, pp. 112-31.
11. A.N. Meltzoff e J. Decety, *What Imitation Tells Us about Social Cognition: A Rapprochement Between Developmental Psychology and Cognitive Neuroscience*, in «Philosophical Transactions of the Royal Society of London. Series B, Biological Sciences», vol. 358, 2003, pp. 491-500, doi:10.1098/rstb.2002.1261.
12. C. Heyes, *What Can Imitation Do for Cooperation?*, in K. Sterelny, R. Joyce, B. Calcott e B. Fraser (a cura di), *Cooperation and Its Evolution*, MIT Press, Cambridge (MA) 2013, pp. 313-32.
13. M. Jeannerod, *The Representing Brain: Neural Correlates of Motor Intention and Imagery*, in «Behavioral and Brain Sciences», vol. 17, 1994, pp. 187-202.
14. G. Rizzolatti e L. Craighero, *The Mirror-Neuron System*, in «Annual Review of Neuroscience», vol. 27, 2004, pp. 169-92; il brano citato è a p. 172.
15. Meltzoff e Decety *cit.*, p. 494.
16. E. Oztop, M. Kawato e M. Arbib, *Mirror Neurons and Imitation: A Computationally Guided Review*, in «Neural Networks», vol. 19, 2006, pp. 254-71, doi:10.1016/j.neunet.2006.02.002.
17. Rizzolatti e Craighero *cit.*
18. *Ibid.*, p. 183.
19. *Ibid.*; M. Iacoboni *et al.*, *Cortical Mechanisms of Human Imitation*, in «Science», vol. 286, 1999, pp. 2526-28.
20. G. di Pellegrino, L. Fadiga, L. Fogassi, V. Gallese, G. Rizzolatti, *Understanding Motor Events: A Neurophysiological Study*, in «Experimental Brain Research», vol. 91, 1992, pp. 176-80; il brano citato è a p. 179.
21. Heyes *cit.*
22. F. Subiaul, J. F. Cantlon, R.L. Holloway e H.S. Terrace, *Cognitive Imitation in Rhesus Macaques*, in «Science», vol. 305, 2004, pp. 407-10, doi:10.1126/science.1099136.
23. F. Subiaul, K. Romansky, J.F. Cantlon, T. Klein e H. Terrace, *Cognitive Imitation in 2-Year-Old Children (*Homo sapiens*): A Comparison with Rhesus Monkeys* (Macaca mulatta), in «Animal Cognition», vol. 10, 2007, pp. 369-75, doi:10.1007/s10071-006-0070-3.
24. M.A. Huffman, C.A.D. Nahallage e J.-B. Leca, *Cultured Monkeys: Social Learning Cast in Stones*, in «Current Directions in Psychological Science», vol. 17, 2008, pp. 410-14.
25. B. Voelkl e L. Huber, *Imitation as Faithful Copying of a Novel Technique in Marmoset Monkeys*, in «PLoS One», vol. 2, 2007, e611, doi:10.1371/journal.pone.0000611.
26. F. Range, Z. Viranyi e L. Huber, *Selective Imitation in Domestic Dogs*, in «Current Biology», vol. 17, 2007, pp. 868-72, doi:S0960-9822(07)01267-5 [pii] 10.1016/j.cub.2007.04.026.

27. C. A. Muller e M. A. Cant, *Imitation and Traditions in Wild Banded Mongooses*, in «Current Biology», vol. 20, 2010, pp. 1171-75, doi:S0960-9822(10)00514-2 [pii] 10.1016/j.cub.2010.04.037.

28. M. Krutzen *et al.*, *Cultural Transmission of Tool Use in Bottlenose Dolphins*, in «Proceedings of the National Academy of Sciences of the United States of America», vol. 102, 2005, pp. 8939-43, doi:0500232102 [pii] 10.1073/pnas.0500232102.

29. R. A. Page e M. J. Ryan, *Social Transmission of Novel Foraging Behavior in Bats: Frog Calls and Their Referents*, in «Current Biology», vol. 16, 2006, pp. 1201-05, doi:S0960-9822(06)01499-0 [pii] 10.1016/j.cub.2006.04.038.

30. S. Schuster, S. Wohl, M. Griebsch e I. Klostermeier, *Animal Cognition: How Archer Fish Learn to Down Rapidly Moving Targets*, in «Current Biology», vol. 16, 2006, pp. 378-83, doi:S0960-9822(06)01013-X [pii] 10.1016/j.cub.2005.12.037.

31. G. Fiorito e P. Scotto, *Observational Learning in* Octopus vulgaris, in «Science», vol. 256, 1992, pp. 545-47, doi:256/5056/545 [pii] 10.1126/science.256.5056.545.

32. E. Oztop e M. A. Arbib, *Schema Design and Implementation of the Grasp-Related Mirror Neuron System*, in «Biological Cybernetics», vol. 87, 2002, pp. 116-40, doi:10.1007/ s00422-002-0318-1.

33. C. Heyes, *Where Do Mirror Neurons Come From?*, in «Neuroscience and Biobehavioral Reviews», vol. 34, 2010, pp. 575-83, doi:S0149-7634(09)00173-0 [pii] 10.1016/j.neubiorev .2009.11.007.

34. Oztop, Kawato, e Arbib *cit.*

35. V. Gallese, L. Fadiga, L. Fogassi, G. Rizzolatti, *Action Recognition in the Premotor Cortex*, in «Brain», vol. 119 (pt. II), 1996, pp. 593-609; il brano citato è a p. 596.

36. M. Umiltà *et al.*, *I Know What You Are Doing. A Neurophysiological Study*, in «Neuron», vol. 31, 2001, pp. 155-65; il brano citato è a p. 99.

37. P. F. Ferrari, S. Rozzi e L. Fogassi, *Mirror Neurons Responding to Observation of Actions Made with Tools in Monkey Ventral Premotor Cortex*, in «Journal of Cognitive Neuroscience», vol. 17, 2005, pp. 212-26.

38. Di Pellegrino, Fadiga, Fogassi, Gallese e Rizzolatti *cit.*, p. 179.

39. Meltzoff 1995 *cit.*

40. J. Berko, *The Child's Learning of English Morphology*, in «Word», vol. 14, 1958, pp. 150-77.

41. R. B. Zajonc, P. K. Adelmann, S. T. Murphy e P. M. Niedenthal, *Convergence in the Physical Appearance of Spouses*, in «Motivation and Emotion», vol. 11, 1987, pp. 335-46.

42. T. L. Chartrand e J. A. Bargh, *The Chameleon Effect: The Perception-Behavior Link and Social Interaction*, in «Journal of Personality and Social Psychology», vol. 76, 1999, pp. 893-910.

43. R. van Baaren, L. Janssen, T.L. Chartrand e A. Dijksterhuis, *Where Is the Love? The Social Aspects of Mimicry*, in «Philosophical Transactions of the Royal Society of London. Series B, Biological Sciences», vol. 364, 2009, pp. 2381-89, doi:10.1098/rstb.2009.0057.
44. C. Ganos, T. Ogrzal, A. Schnitzler e A. Munchau, *The Pathophysiology of Echopraxia/Echolalia: Relevance to Gilles de la Tourette Syndrome*, in «Movement Disorders: Official Journal of the Movement Disorder Society», vol. 27, 2012, pp. 1222-29, doi:10.1002/mds.25103.
45. Van Baaren, Janssen, Chartrand e Dijksterhuis *cit.*
46. Chartrand e Bargh *cit.*, p. 238.
47. S.S. Jones, *The Development of Imitation in Infancy*, in «Philosophical Transactions of the Royal Society of London. Series B, Biological Sciences», vol. 364, 2009, pp. 2325-35, doi:10.1098/rstb.2009.0045.

9. *Specchi rotti*

1. J.H. Williams, A. Whiten, T. Suddendorf e D.I. Perrett, *Imitation, Mirror Neurons and Autism*, in «Neuroscience and Biobehavioral Reviews», vol. 25, 2001, pp. 287-95; V. Gallese, *Intentional Attunement: A Neurophysiological Perspective on Social Cognition and Its Disruption in Autism*, in «Brain Research», vol. 1079, 2006, pp. 15-24; S. Baron-Cohen, *Mindblindness: An Essay on Autism and Theory of Mind*, MIT Press, Cambridge (MA) 1995; S. Baron-Cohen, A.M. Leslie e U. Frith, *Does the Autistic Child Have a "Theory of Mind"?*, in «Cognition», vol. 21, 1985, pp. 37-46; M.A. Gernsbacher e J. L. Frymiare, *Does the Autistic Brain Lack Core Modules?*, in «The Journal of Developmental and Learning Disorders», vol. 9, 2005, pp. 3-16.
2. American Psychiatric Association, *Diagnostic and Statistical Manual of Mental Disorders*, v ed., American Psychiatric Publishing, Arlington (VA) 2013 [trad. it. *Manuale diagnostico e statistico dei disturbi mentali*, Raffaello Cortina, Milano 2014].
3. S. Tordjman *et al.*, *Pain Reactivity and Plasma Beta-Endorphin in Children and Adolescents with Autistic Disorder*, in «PLoS One», vol. 4, 2009, e5289, doi:10.1371/journal. pone.0005289.
4. Baron-Cohen, Leslie e Firth *cit.*
5. *Ibid.*
6. Gallese 2006 *cit.*, pp. 21-22.
7. *Ibid.*, p. 21.
8. Williams, Whiten, Suddendorf e Perrett *cit.*; L.M. Oberman *et al.*, EEG *Evidence for Mirror Neuron Dysfunction in Autism Spectrum Disorders*, in «Cognitive Brain Research», vol. 24, 2005, pp. 190-98.
9. A.F. Hamilton, *Goals, Intentions and Mental States: Challenges for Theories of Autism*, in «Journal of Child Psychology and Psychiatry, and Allied Disciplines», vol. 50, 2009, pp. 881-92, doi:10.1111/j.1469-7610.2009.02098.x.

10. A.F. Hamilton, R.M. Brindley e U. Frith, *Imitation and Action Understanding in Autistic Spectrum Disorders: How Valid Is the Hypothesis of a Deficit in the Mirror Neuron System?*, in «Neuropsychologia», vol. 45, 2007, pp. 1859-68, doi:10.1016/j.neuropsychologia.2006.11.022.
11. V. Gallese, M.A. Gernsbacher, C. Heyes, G. Hickok e M. Iacoboni, *Mirror Neuron Forum*, in «Perspectives on Psychological Science», vol. 6, 2011, pp. 369-407; il brano citato è a p. 390.
12. Oberman *et al. cit.*; M. Dapretto, M.S. Davies, J.H. Pfeifer, A.A. Scott, M. Sigman, S.Y. Bookheimer, M. Iacoboni, *Understanding Emotions in Others: Mirror Neuron Dysfunction in Children with Autism Spectrum Disorders*, in «Nature Neuroscience», vol. 9, 2006, pp. 28-30, doi:10.1038/nn1611.
13. Gallese, Gernsbacher, Heyes, Hickok e Iacoboni *cit.*
14. *Ibid.*; G. Bird, J. Leighton, C. Press e C. Heyes, *Intact Automatic Imitation of Human and Robot Actions in Autism Spectrum Disorders*, in «Proceedings of the Royal Society of London B Biological Sciences», vol. 274, 2007, pp. 3027-31, doi:10.1098/rspb.2007.1019.
15. P. Bloom e T.P. German, *Two Reasons to Abandon the False-Belief Task as a Test of Theory of Mind*, in «Cognition», vol. 77, 2000, B25-31.
16. Gernsbacher e Frymiare *cit.*; J.M. Moran, L.L. Young, R. Saxe, S.M. Lee, D. O'Young, P.L. Mavros e J.D. Gabrieli, *Impaired Theory of Mind for Moral Judgment in High-Functioning Autism*, in «Proceedings of the National Academy of Sciences of the United States of America», vol. 108, 2011, pp. 2688-92, doi:10.1073/pnas.1011734108.
17. Gernsbacher e Frymiare *cit.*
18. Bloom e German *cit.*
19. C.C. Peterson, H.M. Wellman e D. Liu, *Steps in Theory-of-Mind Development for Children with Deafness or Autism*, in «Child Development», vol. 76, 2005, pp. 502-17, doi:10.1111/j.1467-8624.2005.00859.x.
20. Hamilton *cit.*, p. 888.
21. H. Markram, T. Rinaldi e K. Markram, *The Intense World Syndrome – an Alternative Hypothesis for Autism*, in «Frontiers in Neuroscience», vol. 1, 2007, pp. 77-96, doi:10.3389/neuro.01.1.1.006.2007.
22. K. Markram e H. Markram, *The Intense World Theory – a Unifying Theory of the Neurobiology of Autism*, in «Frontiers in Human Neuroscience», vol. 4, 2010, pp. 1-29, doi:10.3389/fnhum.2010.00224.
23. *Ibid.*, p. 3.
24. E.J. Marco, L.B. Hinkley, S.S. Hill e S.S. Nagarajan, *Sensory Processing in Autism: A Review of Neurophysiologic Findings*, in «Pediatric Research», vol. 69, 2011, 48R-54R, doi:10.1203/PDR.0b013e3182130c54.
25. T. Grandin, 2006, http://www.npr.org/templates/story/story.php?storyId = 5488844.
26. K.M. Dalton *et al.*, *Gaze Fixation and the Neural Circuitry of Face Processing in Autism*, in «Nature Neuroscience», vol. 8, 2005, pp. 519-26, doi:10.1038/nn1421.
27. Gernsbacher e Frymiare *cit.*

10. *Prevedere il futuro dei neuroni specchio*

1. G. Rizzolatti, L. Fogassi e V. Gallese, *Neurophysiological Mechanisms Underlying the Understanding and Imitation of Action*, in «Nature Reviews Neuroscience», vol. 2, 2001, pp. 661-70.
2. *Ibid.*
3. G. Csibra, *Action Mirroring and Action Understanding: An Alternative Account*, in P. Haggard, Y. Rosetti e M. Kawato (a cura di), *Sensorimotor Foundations of Higher Cognition, Attention and Performance* XXII, Oxford University Press, Oxford 2007, pp. 453-59.
4. M. A. Arbib, *Beyond the Mirror*, Oxford University Press, Toronto in corso di pubblicazione.
5. Csibra *cit.*
6. C. Heyes, *Where Do Mirror Neurons Come From?*, in «Neuroscience and Biobehavioral Reviews», vol. 34, 2010, pp. 575-83, doi:S0149-7634(09)00173-0 [pii] 10.1016/j.neubiorev .2009.11.007.
7. J. Hurford, *Language Beyond Our Grasp: What Mirror Neurons Can, and Cannot, Do for Language Evolution*, in D. Kimbrough Oller e U. Griebel (a cura di), *Evolution of Communication Systems: A Comparative Approach*, MIT Press, Cambridge (MA) 2004, pp. 297-313.
8. P. Jacob e M. Jeannerod, *The Motor Theory of Social Cognition: A Critique*, in «Trends in Cognitive Sciences», vol. 9, 2005, pp. 21-25, doi:10.1016/j.tics.2004.11.003.
9. J. M. Kilner, *More Than One Pathway to Action Understanding*, in «Trends in Cognitive Sciences», vol. 15, 2011, pp. 352-57, doi:10.1016/j.tics.2011.06.005; J. M. Kilner, K. J. Friston e C. D. Frith, *Predictive Coding: An Account of the Mirror Neuron System*, in «Cognitive Processing», vol. 8, 2007, pp. 159-66, doi:10.1007/s10339-007-0170-2.
10. E. Oztop e M. A. Arbib, *Schema Design and Implementation of the Grasp-Related Mirror Neuron System*, in «Biological Cybernetics», vol. 87, 2002, pp. 116-40, doi:10.1007/ s00422-002-0318-1.
11. Kilner *cit.*; Kilner, Friston e Frith *cit.*
12. M. Kawato, *Internal Models for Motor Control and Trajectory Planning*, in «Current Opinion in Neurobiology», vol. 9, 1999, pp. 718-27; R. Shadmehr e J. W. Krakauer, *A Computational Neuroanatomy for Motor Control*, in «Experimental Brain Research. Experimentelle Hirnforschung. Experimentation Cerebrale», vol. 185, 2008, pp. 359-81, doi:10.1007/ s00221-008-1280-5; D. M. Wolpert, Z. Ghahramani e M. I. Jordan, *An Internal Model for Sensorimotor Integration*, in «Science», vol. 269, 1995, pp. 1880-82.
13. S. J. Blakemore, D. Wolpert e C. Frith, *Why Can't You Tickle Yourself?*, in «Neuroreport», vol. 11, 2000, R11-16.
14. F. Bremmer, M. Kubischik, K. P. Hoffmann e B. Krekelberg, *Neural Dynamics of Saccadic Suppression*, in «The Journal of Neuroscience: The Official Journal of the Society for Neuroscience», vol. 29, 2009, pp. 12374-383, doi:10.1523/JNEUROSCI.2908-09.2009.

15. J.F. Houde, S.S. Nagarajan, K. Sekihara e M.M. Merzenich, *Modulation of the Auditory Cortex During Speech: An MEG Study*, in «Journal of Cognitive Neuroscience», vol. 14, 2002, pp. 1125-38, doi:10.1162/089892902760807140.
16. S.J. Eliades e X. Wang, *Neural Substrates of Vocalization Feedback Monitoring in Primate Auditory Cortex*, in «Nature», vol. 453, 2008, pp. 1102-06, doi:10.1038/nature06910; S.J. Eliades e X. Wang, *Comparison of Auditory-Vocal Interactions Across Multiple Types of Vocalizations in Marmoset Auditory Cortex*, in «Journal of Neurophysiology», vol. 109, 2013, pp. 1638-57, doi:10.1152/jn.00698.2012.
17. K.N. Stevens e M. Halle, *Remarks on the Analysis by Synthesis and Distinctive Features*, in W. Walthen-Dunn (a cura di), *Models for the Perception of Speech and Visual Form*, MIT Press, Cambridge (MA) 1967, pp. 88-102; S.M. Wilson e M. Iacoboni, *Neural Responses to Non-Native Phonemes Varying in Producibility: Evidence for the Sensorimotor Nature of Speech Perception*, in «Neuroimage», vol. 33, 2006, pp. 316-25, doi:10.1016/j.neuroimage.2006.05.032; T.G. Bever e D. Poeppel, *Analysis by Synthesis: A (Re-)Emerging Program of Research for Language and Vision*, in «Biolinguistics», vol. 4, 2010, pp. 2-3, 174-200.
18. G. Hickok, J. Houde e F. Rong, *Sensorimotor Integration in Speech Processing: Computational Basis and Neural Organization*, in «Neuron», vol. 69, 2011, pp. 407-22, doi:S0896-6273(11)00067-5 [pii]10.1016/j.neuron.2011.01.019.
19. W. James, *The Principles of Psychology*, vol. II., Henry Holt and Company, New York 1890 [trad. it. *Princìpi di psicologia*, Principato, Messina 1965].
20. P.A. Salin e J. Bullier, *Corticocortical Connections in the Visual System: Structure and Function*, in «Physiological Reviews», vol. 75, 1995, pp. 107-54; L. Muckli e L.S. Petro, *Network Interactions: Non-Geniculate Input to V1*, in «Current Opinion in Neurobiology», vol. 23, 2013, pp. 195-201, doi:10.1016/j.conb.2013.01.020.
21. K. Friston, *The Free-Energy Principle: A Unified Brain Theory?*, in «Nature Reviews Neuroscience», vol. 11, 2010, pp. 127-38, doi:10.1038/nrn2787; K.J. Friston, J. Daunizeau, J. Kilner e S.J. Kiebel, *Action and Behavior: A Free-Energy Formulation*, in «Biological Cybernetics», vol. 102, 2010, pp. 227-60, doi:10.1007/s00422-010-0364-z.
22. J.A. Fodor, *The Modularity of Mind: An Essay on Faculty Psychology*, MIT Press, Cambridge (MA) 1983 [trad. it. *La mente modulare: saggio di psicologia delle facoltà*, il Mulino, Bologna 1988].

Ringraziamenti

Per essere del tutto sincero e per evitare i soliti cliché, probabilmente *avrei potuto* portare a termine questo libro senza l'aiuto di nessuno. Il libro, però, non sarebbe stato pubblicato e probabilmente non varrebbe la pena leggerlo. Sono quindi profondamente grato e in debito nei confronti delle molte persone da cui ho ricevuto consigli, incoraggiamenti, commenti, critiche, aiuto artistico ed editoriale.

Alcuni amici e colleghi, tra cui Michael Arbib, Patricia Churchland, Steve Cramer, Morton Ann Gernsbacher, Melvyn Goodale, Cecilia Heyes, Norbert Hornstein e Kourosh Saberi, mi hanno offerto un feedback critico sul contenuto di vari capitoli. David Poeppel, mio amico e collaboratore da molto tempo, ha letto e commentato ampie sezioni del libro, dandomi di tanto in tanto l'incoraggiamento generale di cui avevo molto bisogno. Sono particolarmente in debito nei confronti di Steve Pinker che mi ha offerto consigli pratici in varie fasi del progetto, oltre a un'avvincente lezione sull'uso della virgola (che continuo a non capire). Ha anche risposto a domande fatte a casaccio su *come funziona la mente* (dopo tutto, è il titolo di un suo libro), ha letto e commentato alcune parti del manoscritto e ha contribuito al titolo.

Le mie figlie, Taylor e Ally, mi hanno dato un aiuto prezioso per il manoscritto. Grazie Taylor per il feedback e le correzioni editoriali. Grazie Ally per avermi prestato il tuo talento per il disegno e la computer graphics; il merito delle illustrazioni è tutto tuo.

Desidero ringraziare anche Sandy Blakeslee per avermi incoraggiato inizialmente riguardo all'idea del libro e per avermi messo in contatto con il suo agente, Jim Levine, che ora è anche il mio agente. Jim e la sua équipe mi hanno fornito commenti e consigli preziosi sullo sviluppo del libro, per i quali sono profondamente grato a tutti loro. Il mio curatore, Brendan Curry, merita molti ringraziamenti non solo da me, ma anche dai lettori. Il suo lavoro ha migliorato radicalmente la leggibilità del testo e mi ha spinto a sviluppare in modo più approfondito alcune delle mie idee. Ringrazio inoltre Carol Rose per il suo fantastico lavoro nella fase di correzione.

Tornando un po' indietro nel tempo, desidero esprimere la mia gratitudine ai numerosi studenti, colleghi, revisori, editor di riviste, membri del pubblico e blogger che hanno contribuito a rendere più precise le mie idee sui neuroni specchio e sulla base neurale della comunicazione e della cognizione. Sono troppi per essere citati tutti, ma ne sceglierò alcuni. Mark D'Esposito e Rich Ivry hanno contribuito fattivamente alla pubblicazione del mio articolo di critica dei neuroni specchio del 2009 sul «Journal of Cognitive Neuroscience», che ha gettato le basi per questo libro; ho molto apprezzato il loro buonsenso editoriale. Le discussioni faccia a faccia e via e-mail con Michael Arbib, Vittorio Gallese, Art Glenberg, Luciano Fadiga e Corrado Sinigaglia sono state fondamentali per aiutarmi a chiarire varie prospettive sulla funzione dei neuroni specchio. In particolare, Michael Arbib è stato di grande aiuto indicandomi molti articoli e punti di vista che avevo trascurato. Infine, sono grato alle tante persone, anche se non le conosco tutte per nome, che hanno letto e a volte commentato anonimamente i miei post sui neuroni specchio pubblicati sul blog *Talking Brains*. Sono stati scambi divertenti e istruttivi.

Per tornare all'inizio di tutto, vorrei ringraziare i miei genitori per il loro sostegno infinito. A differenza di tutti gli altri citati qui, senza di loro non avrei proprio potuto farcela.

Più di tutti voglio ringraziare mia moglie Krissy. Per essere una persona che sostiene di non lavorare nel mio campo, mi ha fornito una sorprendente quantità di feedback mentre le esponevo le mie idee e i miei argomenti. Ancor più, tuttavia, mi è caro l'incoraggiamento e il sostegno che mi dà costantemente. È la mia scintilla.

Indice analitico

Saggi. Scienze

Marco Iacoboni

I neuroni specchio

Come capiamo ciò che fanno gli altri

Come descrivere la straordinaria capacità umana di leggere nella mente degli altri individui, comprendendo in modo immediato i loro pensieri e sentimenti, cogliendo le loro intenzioni e reagendo in modo appropriato alle azioni da essi compiute? Finora la scienza non era riuscita a spiegare questa fondamentale possibilità del nostro cervello, che, creando un ponte tra il sé e l'altro, permette lo sviluppo della cultura e della società. Oggi, grazie alla scoperta dei neuroni specchio a opera del gruppo di neurofisiologi di Parma coordinato da Giacomo Rizzolatti, si è aperta una prospettiva di ricerca rivoluzionaria, che rende possibile indagare le basi neurobiologiche della cognizione sociale.
I neuroni specchio sono stati localizzati inizialmente, circa una ventina di anni fa, nella corteccia premotoria delle scimmie, durante esperimenti di registrazione del singolo neurone. La loro attività è stata subito connessa al riconoscimento di azioni finalizzate al raggiungimento di oggetti. In particolare, si è constatato che durante l'osservazione di un'azione eseguita da un altro individuo, il sistema neurale dell'osservatore si attiva come se fosse egli stesso a compiere la medesima azione che osserva: di qui il nome «neuroni specchio», per rendere conto di questa reazione speculare del sistema nervoso. In seguito, grazie all'impiego di tecniche non invasive di *neuroimaging* come la tomografia a emissione di positroni o la risonanza magnetica funzionale, si è descritto un sistema specchio anche nell'uomo e nei laboratori di tutto il mondo si lavora oggi per affinarne la conoscenza: si ritiene che l'attività dei neuroni specchio sia alla base del riconoscimento delle intenzioni e delle emozioni altrui, che essi rendano possibile l'apprendimento imitativo e la comunicazione verbale, e che un loro cattivo funzionamento provochi un grave deficit come l'autismo.
Marco Iacoboni, pioniere della descrizione del ruolo dei neuroni specchio nel comportamento umano, ci conduce direttamente al cuore di queste affascinanti ricerche, illustrando in modo dettagliato e chiaro i principali esperimenti che ne hanno segnato le tappe e discutendo la loro ricaduta non solo a livello scientifico, ma anche filosofico e sociale.

Bollati Boringhieri

Saggi. Scienze

Aubrey Manning
Marian Stamp Dawkins

Il comportamento animale

Mai come negli ultimi decenni la fascinazione per il regno animale ha prodotto un sapere così esteso, che a sua volta ha alimentato in un pubblico via via più largo curiosità sempre nuova e inesauribile meraviglia. Circolo virtuoso che va ascritto a merito di quegli scienziati capaci di coniugare rigore nella ricerca e talento espositivo. Aubrey Manning e Marian Stamp Dawkins in questo si sono rivelati dei capiscuola. Difficile eguagliare la loro abilità di riuscire accattivanti nel sintetizzare gli aspetti neuroetologici, fisiologici, sociobiologici ed ecologici delle faune selvatiche e delle specie domestiche. Persuasi che «il modo migliore per introdurre il comportamento animale non sia quello di seguire linee funzionali, ma di studiare la sua organizzazione nell'individuo», si chiedono quali fattori interni e componenti ambientali, risposte ereditarie e informazioni acquisite interagiscano nel dar vita agli schemi comportamentali tipici di una determinata specie, al pari dei colori della livrea o dei caratteri morfologici. Una stupefacente varietà governa infatti il repertorio dei rituali e delle parate di corteggiamento, dell'esibizione di autorità, delle posture di allarme o di minaccia, delle reazioni di fuga, della difesa nei confronti dei predatori, della caccia solitaria o cooperativa, del pattugliamento del territorio, dei sistemi nuziali monogami o poligami, dell'investimento parentale nell'accudire la prole, delle gerarchie fluide o rigide di dominanza e subordinazione. Attraverso la ricchissima esemplificazione di Manning e Stamp Dawkins, e l'apparato illustrativo che la correda, si comprende in che senso si possa parlare, per gli animali, di «corrispondenza quasi perfetta fra comportamento e modalità di vita».

Bollati Boringhieri